U0364033

中国气象灾害年鉴

(2009)

中国气象局

气象出版社
China Meteorological Press

中国气象灾害年鉴
Yearbook of Meteorological Disasters in China

内 容 简 介

本年鉴是中国气象局主要业务产品之一。全书共分为六章。第一章重点描述和分析2008年重大气象灾害及异常气候事件及其成因；第二章按灾种分析了年内对我国国民经济产生较大影响的干旱、暴雨洪涝、热带气旋、局地强对流、沙尘暴、低温冷冻害和雪灾、雾、雷电、高温热浪、酸雨、森林草原火灾、病虫害、空间天气事件等发生的特点、重大事例，并对其影响进行评估；第三、四章分别从月和省（自治区、直辖市）的角度概述气象灾害的发生情况；第五章分析2008年全球气候特征、重大气象灾害及其成因；第六章介绍2008年中国气象局防灾减灾重大事例。本年鉴附录给出气象灾害灾情统计资料和月、季、年气候特征分布图以及港澳台地区的部分气象灾情。本书比较全面地总结分析了2008年我国气象灾害特点及其影响，可供从事气象、农业、水文、地质、地理、生态、环境、保险、人文、经济、社会其他行业以及灾害风险评估管理等方面的业务、科研、教学和管理决策人员参考。

图书在版编目(CIP) 数据

中国气象灾害年鉴. 2009/ 中国气象局编. —北京：气象出版社，2009.11
ISBN 978-7-5029-4840-5

Ⅰ. 中... Ⅱ. 中... Ⅲ. 气象灾害 - 中国 -2009- 年鉴
Ⅳ. P429-54

中国版本图书馆 CIP 数据核字（2009）第 180803 号

出 版：气象出版社	地 址：北京市海淀区中关村南大街 46 号
网 址：http://cmp.cma.gov.cn	邮 编：100081
E — mail：qxcbs@263.net	电 话：总编室 010 — 68407112 发行部 010 — 62175925

责任编辑：李太宇 申乐琳
终 审：林 海
封面设计：王 伟
责任技编：吴庭芳
印 刷：北京佳信达恒智彩印有限公司
发 行：气象出版社

开 本：889mm × 1194mm 1/16	印 张：13.75	字 数：377 千字
版 次：2009 年 11 月第一版	印 次：2009 年 11 月第一次印刷	

印 数：1 ~ 1000
定 价：120.00 元

中国气象灾害年鉴（2009年）

2009年3月4-7日，2008年度气象灾情核灾会在
浙江杭州召开（国家气候中心提供）

2008年1月26日至2月2日福建省建宁县持续8天
出现冰冻灾害（福建省建宁县气象局提供）

2008年3月中旬河南兰考县冬小麦受旱
（河南省气象局提供）

2008年4月8日湖南长沙望城冰雹打破屋顶
（湖南省长沙市气象局提供）

2008年4月18日新疆吐鲁番遭沙尘暴袭击
（新疆自治区吐鲁番地区气象局提供）

2008年5月28日浙江衢州暴雨洪涝造成公路受淹
（浙江省气象局提供）

2008年6月21日安徽天长市一玩具厂因雷击引发
火灾（安徽省气象局提供）

2008年6月25日河南安阳玉米被大风刮倒
（河南省安阳市气象局提供）

2008年7月21日湖北恩施暴雨造成部分城区被淹
（中新社发 田代明 摄）

2008年9月24日强台风"黑格比"造成广东茂名市政
设施损毁严重（中新社发 陈明 摄）

2008年10月下旬西藏山南地区错那县遭受雪灾
（西藏自治区气象局提供）

2008年12月15日湖北武汉天河机场遭受大雾袭击
（湖北省气候中心提供）

序 言

气象灾害是指由气象原因直接或间接引起的,给人类和社会经济造成损失的灾害现象。20世纪90年代以来,在全球气候变暖背景下,气象灾害呈明显上升趋势,对经济社会发展的影响日益加剧,给国家安全、经济社会、生态环境以及人类健康带来了严重威胁。随着我国社会经济发展进程的加快,气象灾害的风险越来越大,影响范围也越来越广。因此,必须把加强防灾减灾作为重要的战略任务,不断提高气象服务水平和服务手段,加强气象灾害的监测、分析、预警能力和水平,为我国经济社会可持续发展提供科技支撑。

气象灾害信息是气象服务的重要组成部分,也是气象灾害评估与预测的基础资料。中国气象局立足于经济社会发展,为适应提高防灾抗灾能力、保护人民生命财产安全和构建和谐社会的需求,发挥气象部门优势,从2005年开始组织国家气候中心、国家气象中心、中国气象科学研究院、国家气象卫星中心以及各省(直辖市、自治区)气象局共同编撰出版《中国气象灾害年鉴》。《中国气象灾害年鉴》为研究自然灾害的演变规律、时空分布特征和致灾机理等提供了宝贵的基础信息,为开展灾害风险综合评估、科学预测和预防气象灾害提供了有价值的参考资料。

2008年我国气象灾害发生频繁:南方部分地区遭遇了历史罕见的低温雨雪冰冻极端气象灾害;台风登陆时间早、登陆数量多;夏季局地暴雨洪涝严重;高温、干旱、大雾、雷电等气象灾害不断,直接经济损失远超过1990—2007年的平均水平,为1990年以来受灾程度最重,属气象灾害重灾年份。全国气象及其衍生灾害受灾人口超过4.3亿人次,因灾造成2018人死亡,农作物受灾面积4000万公顷,绝收面积403.3万公顷,直接经济损失3244.5亿元。《中国气象灾害年鉴(2009)》系统地收集、整理和分析

了2008年我国所发生的干旱、暴雨洪涝、台风、冰雹和龙卷风、沙尘暴、低温冷冻害和雪灾等主要气象灾害及其对国民经济和社会发展的影响,还收录了港澳台地区的部分气象灾情及全球重大气象灾害,给出了全年主要气象灾害灾情图表、主要气象要素和天气现象特征分布图。我们希望,通过本年鉴对2008年气象灾害的总结分析,能为有关部门加强防灾减灾工作和减少气象灾害损失提供帮助。

中国气象局副局长

许小峰

2009年9月

编写说明

一、资料来源

本年鉴气象资料和灾情数据来自我国各级气象部门的气象观测整编资料、天气气候情报分析、气象灾情报告、气候影响评估报告以及民政部、水利部、农业部、国土资源部、国家统计局等有关部门提供的信息材料。某区域同一熟农作物多次遭受干旱、洪涝、风雹等灾害，在统计全年受灾面积时，不重复计算；在统计全年人员伤亡、经济损失时，则进行累计统计。

空间天气资料来自国外和国内监测资料。太阳活动资料主要来自美国和欧洲的观测资料，地球同步轨道资料（含太阳耀斑、太阳质子事件和Kp指数等）来自美国（GOES）卫星资料；Dst指数资料来自日本地磁数据中心；磁暴类型和起始时间资料来自中国地震局地球物理研究所的磁暴报告；电离层总电子含量资料由基于华北区域（含北京）的中国气象局全球定位系统（GPS）监测数据反演得到。

二、气象灾害收录标准

1.干旱

指因一段时间内少雨或无雨，降水量较常年同期明显偏少而致灾的一种气象灾害。干旱影响到自然环境和人类社会经济活动的各个方面。干旱导致土壤缺水，影响农作物正常生长发育并造成减产；干旱造成水资源不足，人畜饮水困难，城市供水紧张，制约工农业生产发展；长期干旱还会导致生态环境恶化，甚者还会导致社会不稳定进而引发国家安全等方面的问题。

本年鉴收录整理的干旱标准为一个省（自治区、直辖市）或约5万平方千米以上的某一区域，发生持续时间20天以上，并造成农业受灾面积10万公顷以上，或造成10万以上人口生活、生产用水困难的干旱事件。

2.暴雨洪涝

指长时间降水过多或区域性持续的大雨（日降水量25.0～49.9毫米）、暴雨以上强度降水（日降水量大于等于50.0毫米）以及局地短时强降水引起江河洪水泛滥，冲毁堤坝、房屋、道路、桥梁，淹没农田、城镇等，引发地质灾害，造成农业或其他财产损失和人员伤亡的一种灾害。

本年鉴收录整理的标准为某一地区发生局地或区域暴雨过程，并造成洪水或引发泥石流、滑坡等地质灾害，使农业受灾面积达5万公顷以上，或造成死亡人数10人以上，或造成直接经济损失1亿元以上。

3.热带气旋

指生成于热带或副热带海洋上伴有狂风暴雨的大气涡旋，在北半球作逆时针方向旋转，在南半球作顺时针方向旋转。它在围绕自己中心旋转的同时，不断向前移动，其形状像旋转的

陀螺边行边转。热带气旋主要是依靠水汽凝结时释放的潜热而形成和发展起来的。其强度以中心附近最大平均风力划分为热带低压（中心附近最大平均风力6～7级）、热带风暴（中心附近最大平均风力8～9级）、强热带风暴（中心附近最大平均风力10～11级）、台风（中心附近最大平均风力12～13级）、强台风（中心附近最大平均风力14～15级）、超强台风（中心附近最大平均风力16级或16级以上）。热带气旋尤其是达到台风强度的热带气旋具有很强的破坏力，狂风会掀翻船只、摧毁房屋和其他设施，巨浪能冲破海堤，暴雨能引发山洪。

本年鉴收录整理的标准为中心附近最大平均风力大于等于8级，在我国登陆或虽未登陆但对我国有影响，并造成10人以上死亡，或造成直接经济损失1亿元以上的热带气旋。

4. 冰雹和龙卷风

冰雹是指从发展强盛的积雨云中降落到地面的冰球或冰块，其下降时巨大的动量常给农作物和人身安全带来严重危害。冰雹出现的范围虽较小，时间短，但来势猛，强度大，常伴有狂风骤雨，因此往往给局部地区的农牧业、工矿企业、电讯、交通运输以及人民生命财产造成较大损失。龙卷风是一种范围小、生消迅速，一般伴随降雨、雷电或冰雹的猛烈涡旋，是一种破坏力极强的小尺度风暴。

本年鉴收录整理的标准为在某一地区出现的风雹过程，使农业受灾面积1000公顷以上，或造成2人以上死亡，或造成直接经济损失1000万元以上。

5.沙尘暴

指由于强风将地面大量尘沙吹起，使空气浑浊，水平能见度小于1000米的天气现象。水平能见度小于500米为强沙尘暴，水平能见度小于50米为特强沙尘暴。沙尘暴是干旱地区特有的一种灾害性天气。强风摧毁建筑物、树木等，甚至造成人畜伤亡；流沙埋没农田、渠道、村舍、草场等，使北方脆弱的生态环境进一步恶化；沙尘中的有害物及沙尘颗粒造成环境污染，危害人们的身体健康；恶劣的能见度影响交通运输，并间接引发交通事故。

本年鉴收录整理的标准是沙尘暴以上等级，并且造成直接经济损失超过10万元以上的沙尘天气过程。

6. 低温冷（冻）害及雪（白）灾

低温冷（冻）害包括低温冷害、霜冻害和冻害。低温冷害是指农作物生长发育期间，因气温低于作物生理下限温度，影响作物正常生长发育，引起农作物生育期延迟，或使生殖器官的生理活动受阻，最终导致减产的一种农业气象灾害。霜冻害指在农作物、果树等生长季节内，地面最低温度降至0℃以下，使作物受到伤害甚至死亡的农业气象灾害。冻害一般指冬作物和果树、林木等在越冬期间遇到0℃以下（甚至–20℃以下）或剧烈降温天气引起植株体冰冻或丧失一切生理活力，造成植株死亡或部分死亡的现象。雪灾指由于降雪量过多，使蔬菜大棚、房屋被压垮，植株、果树被压断，或对交通运输及人们出行造成影响，导致人员伤亡或经济损失。白灾是草原牧区冬春季由于降雪量过多或积雪过厚，加上持续低温，雪层维持时间长，积雪掩埋牧场，影响牲畜放牧采食或不能采食，造成牲畜饿冻或因而染病、甚至发生大量死亡的一种灾害。

本年鉴收录整理的标准为影响范围1万平方千米以上并造成农业受灾面积1000公顷以上，或造成2人以上死亡，或死亡牲畜1万头（只）以上，或造成经济损失100万元以上。

7.雾

指近地层空气中悬浮的大量水滴或冰晶微粒的乳白色集合体,使水平能见度降到1千米以下的天气现象。雾使能见度降低会造成水、陆、空交通灾难,也会对输电、人们日常生活等造成影响。

本年鉴收录整理的标准为影响范围1万平方千米以上,持续时间2小时以上;并因雾造成2人以上死亡,或造成经济损失100万元以上。

8. 雷电

雷电是在雷暴天气条件下发生于大气中的一种长距离放电现象,具有大电流、高电压、强电磁辐射等特征。雷电多伴随强对流天气产生,常见的积雨云内能够形成正负荷电中心,当聚集的电量足够大时,形成足够强的空间电场,异性荷电中心之间或云中电荷区与大地之间就会发生击穿放电,这就是雷电。雷电导致人员伤亡,建筑物、供配电系统、通信设备、民用电器的损坏,引起森林火灾,造成计算机信息系统中断,致使仓储、炼油厂、油田等燃烧甚至爆炸,危害人民财产和人身安全,同时也严重威胁航空航天等运载工具的安全。

本年鉴所收集整理的雷电灾害事件标准为雷击死亡3人及以上,或者死亡和受伤4人及以上,或者直接经济损失超过100万元的雷击事件。

9. 酸雨

pH值小于5.6的雨水、冻雨、雪、雹、露等大气降水称为酸雨。酸雨的形成是由于大气中发生了错综复杂的物理和化学过程,但其最主要因素是二氧化硫和氮氧化物在大气或水滴中转化为硫酸和硝酸所致。酸雨的危害包括森林退化,湖泊酸化,导致鱼类死亡,水生生物种群减少,农田土壤酸化、贫瘠,有毒重金属污染增强,粮食、蔬菜、瓜果大面积减产,使建筑物和桥梁损坏,文物遭受侵蚀等。

本年鉴按照大气降水 pH 值 ≥ 5.6 为非酸性降水、5.59 > pH 值 ≥ 4.5 为弱酸性降水、pH 值 < 4.5 为强酸性降水的标准对酸雨基本情况进行分析和整理。

10. 高温热浪

本年鉴将日最高气温大于或等于35℃定义为高温日;连续5天以上的高温过程称为持续高温或"热浪"天气。高温热浪对人们日常生活和健康影响极大,使与热有关的疾病发病率和死亡率增加;加剧土壤水分蒸发和作物蒸腾作用,加速旱情发展;导致水电需求量猛增,造成能源供应紧张。

本年鉴收录整理的标准为对人体健康、社会经济等产生较大影响的高温热浪过程。

11. 森林草原火灾

指失去人为控制,并在森林内或草原上自由蔓延和扩展,对森林草原生态系统和人类带来一定危害和损失的森林草原火灾。

本年鉴收录整理的标准为造成森林草原受灾面积100公顷以上或造成人员伤亡、或造成经济损失 100 万元以上的森林草原火灾。

12. 病虫害

病虫害是农业生产中的重大灾害之一,是虫害和病害的总称,它直接影响作物产量和品

质。虫害指农作物生长发育过程中，遭到有害昆虫的侵害，使作物生长和发育受到阻碍，甚至造成枯萎死亡；病害指植物在生长过程中，遇到不利的环境条件，或者某种寄生物侵害，而不能正常生长发育，或是器官组织遭到破坏，表现为植物器官上出现斑点、植株畸形或颜色不正常，甚至整个器官或全株死亡与腐烂等。

本年鉴收录整理的标准为与气象条件相关的病虫害，造成受灾面积 100 万公顷以上。

13. 空间天气事件

（1）太阳耀斑。指发生在太阳表面局部区域中突然和大规模的能量释放过程。当 1~8 埃波段软 X 射线流量值超过 1.0×10^{-5} 瓦／平方米，且小于 1.0×10^{-4} 瓦／平方米时则称耀斑为 M 级耀斑，当 1~8 埃波段软 X 射线流量值超过 1.0×10^{-4} 瓦／平方米，则称耀斑为 X 级耀斑。

（2）日冕物质抛射(简称CME)。指大批太阳物质因某种物理原因突然离开太阳进入行星际空间，又称太阳风暴。朝地球运动的日冕物质抛射才可能会对磁层的空间天气造成剧烈的影响，形成灾害性的空间天气，如太阳质子事件、磁暴和电离层暴。

（3）太阳质子事件。来自太阳的高能粒子经行星际空间的传播后到达地球磁层，在地球同步轨道能量大于等于 10 兆电子伏的高能质子的流量达到或超过 10pfu（1 pfu = 1 p cm$^{-2} \cdot$ sr$^{-1} \cdot$ s^{-1})，称为在磁层空间发生了太阳质子事件。太阳质子事件对卫星上的功能器件、宇航员的健康都会构成威胁，还影响南北两极地区的通讯。

（4）地磁暴。指地球磁场的剧烈扰动，磁暴是全球性的，而且几乎是全球同时的。国际上采用Dst指数来描述磁暴，Dst 大于 −50 且小于等于 −30 为小磁暴，Dst 大于 −100 且小于等于 −50 为中等磁暴，Dst 大于 −200 且小于等于 −100 为大磁暴，Dst 小于等于 −200 为特大磁暴。磁暴越强，地磁扰动越剧烈，其危害越大。按磁暴的起始特征分为急始型磁暴和缓变型磁暴。

（5）电离层暴。指因太阳活动（如大耀斑等）引发的大量粒子和能量同地球高层大气发生相互作用，使得电离层状态发生异常变化，称为电离层暴。发生电离层暴时，电离层的结构受到了严重破坏，层次不清，呈现混乱状态。E 层和 F 层的最大电子浓度以及电离层最大可用频率变化很大，并伴随地磁活动的扰动。此时靠 F 层和 E 层作为反射层的短波通信受到严重干扰，信号不稳定，幅度衰减，对无线电通信、导航等与电磁有关的业务活动产生很大影响。

三、港澳台地区灾情

全国气象灾情统计数据未包含香港、澳门和台湾地区，港澳台地区的部分气象灾害事例见附录6。

目　录

中国气象灾害年鉴

Yearbook of Meteorological Disasters in China

概　述

2008年，中国平均年降水量651.3毫米，比常年多38.4毫米，为近10年降水最多的年份（图1）；冬季略偏多，春季略偏少，夏、秋季偏多。中国年平均气温9.5℃，较常年偏高0.7℃，为1951年以来的第7暖年，也是连续第12年偏高（图2）。

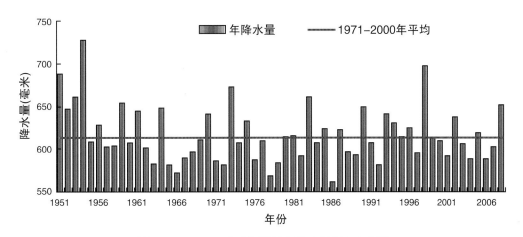

图1　1951-2008年全国平均年降水量历年变化图

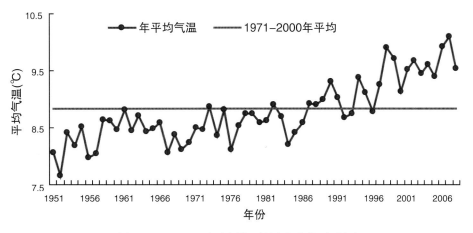

图2　1951-2008年全国年平均气温历年变化图

2008年，我国气象灾害发生频繁，损失重。年初，我国大部尤其南方遭受历史罕见低温雨雪冰冻灾害，经济损失之大、受灾人口之多为近50年来同类灾害之最；夏季，珠江流域和湘江上游发生严重暴雨洪涝灾害，长江中上游和淮河流域强降水造成局地暴雨洪涝灾害；秋季，南方出现1951年以来最强秋雨，部分地区发生秋涝和滑坡、泥石流等地质灾害；东北、华北等地发生严重冬春连旱，西北、华北等地夏季出现阶段性严重干旱；台风登陆时间之早、登陆比例之高均破历史记录，强台风"凤凰"、"黑格比"造成较重损失。

据统计，2008年全国气象及其衍生灾害受灾人口超过4.3亿人次，因灾造成2018人死亡（其中大雾引发的交通事故死亡194人），农作物受灾面积4000万公顷，绝收面积403.3万公顷，直接经济损失3244.5亿元（图3）。总体来看，2008年气象灾害直接经济损失远超过1990–2007年的平均水平，为1990年以来最重，属气象灾害重灾年份。

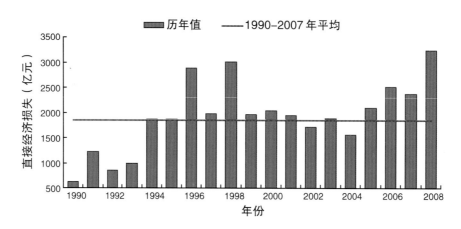

图3　1990–2008年全国气象灾害直接经济损失直方图

图4给出2008年全国主要气象灾种在各项损失指标中所占比例。除"死亡人口"一项外，其他各项损失指标中均以低温冷冻害和雪灾所占比例最高。低温冷冻害和雪灾在"直接经济损失"中所占比例高达52.3%，在"受灾人口"中占46.8%，在"受灾面积"中占36.7%，在"绝收面积"中占45.3%，在"倒塌房屋"中占44.9%。因暴雨洪涝灾害造成死亡人数最多，占因灾总死亡人数的50.2%。

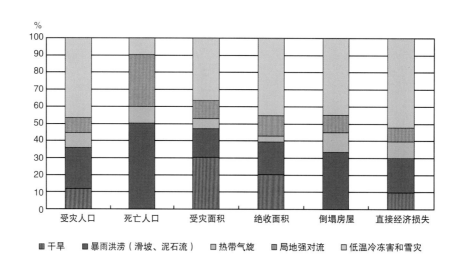

图4　2008年全国主要气象灾种各项损失指标比例图

与2007年相比，2008年全国气象灾害造成的受灾人口和直接经济损失偏多，死亡人数及农作物受灾面积、绝收面积偏少。分灾种比较，2008年干旱、暴雨洪涝的直接经济损失较2007年偏轻，低温冷冻害和雪灾的直接经济损失远高于2007年，热带气旋、局地强对流损失较2007年略有增加

（图5a）；低温冷冻害和雪灾、热带气旋造成的死亡人数较2007年增加，暴雨洪涝、局地强对流死亡人数减少（图5b）。

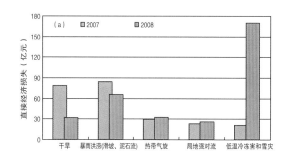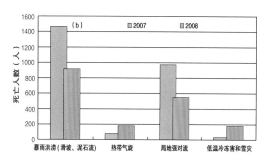

图5　2008年全国主要气象灾种直接经济损失(a) 和死亡人数(b)与2007年比较图

2008年主要气象灾种概述：

干旱　2008年东北、华北等地发生严重冬春连旱，西北、华北等地夏季出现阶段性干旱。总体来看，我国除北方部分地区出现阶段性干旱、局地旱情严重外，其余大部地区未出现大范围持续性严重干旱，干旱范围偏小，灾情偏轻。全国农作物受旱面积1213.7万公顷，明显低于1990-2007年平均值，比2007年减少1724.9万公顷，为1990年以来干旱最轻的年份（图6）。

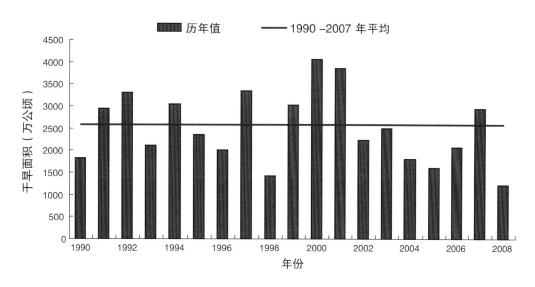

图6　1990-2008年全国干旱受灾面积直方图

暴雨洪涝（及其引发的滑坡和泥石流）　2008年夏季，珠江流域和湘江上游发生严重暴雨洪涝灾害，长江中上游和淮河流域强降水造成局地暴雨洪涝灾害；秋季，南方出现1951年以来最强秋雨，部分地区发生秋涝和滑坡、泥石流等地质灾害。全国因暴雨洪涝灾害造成668.2万公顷农作物受灾，较2007年减少378.1万公顷，为2002年以来最小（图7）；因灾死亡915人，较2007年减少552人；直接经济损失651.8亿元，较2007年减少193.5亿元。

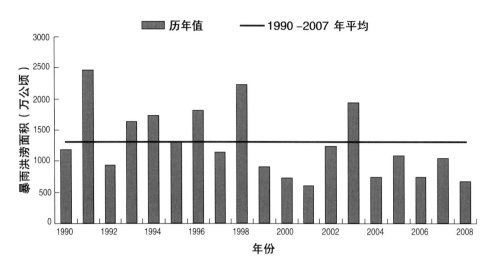

图7 1990—2008年全国暴雨洪涝受灾面积直方图

热带气旋（台风） 2008年，有10个热带气旋在我国登陆，较常年偏多3个。热带气旋登陆时间之早、登陆比例之高均破历史记录，且登陆强度强、登陆时间集中。热带气旋共造成179人死亡，直接经济损失320.8亿元。2008年热带气旋直接经济损失接近1990年以来的平均水平，死亡人数少于1990年以来的平均值，但较2007年偏多（图8）。

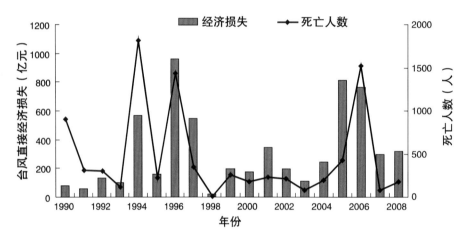

图8 1990—2008年全国热带气旋直接经济损失和死亡人数直方图

局地强对流（大风、冰雹、龙卷及雷电等） 2008年全国共有30个省(直辖市、自治区)发生局地强对流灾害，死亡549人，农作物受灾面积418万公顷，直接经济损失258.6亿元。局地强对流灾害中因雷击造成446人死亡，直接经济损失2.2亿元；湖南、浙江、河北、江苏、广东等省雷电灾害较为严重。与2007年相比，局地强对流造成的农作物受灾面积和直接经济损失均偏多，死亡人数偏少。

低温冷冻害及雪灾 2008年为低温冷冻害及雪灾异常严重年，低温冷冻害和雪灾是2008年最突出的气象灾害。全国因灾造成2亿多人受灾，181人死亡；农作物受灾面积1469.5万公顷，绝收面积182.8万公顷，直接经济损失1696.4亿元。其中，江西、广西、贵州、浙江、湖南等省（自治区）损失比较严重。1月中旬至2月上旬，我国遭受了历史罕见低温雨雪冰冻灾害，影响范围广、持续时间长、灾害强度大，影响涉及各行业的多个方面，直接经济损失之大、受灾人口之多均为近50

年来同类灾害之最。

沙尘暴 2008年，我国共出现了13次沙尘天气过程，其中10次出现在春季。春季沙尘天气过程较2000–2007年平均次数偏少，较2007年春季偏少5次，强度较同期多年平均（2000–2007年）偏弱。5月26–28日的强沙尘暴天气是2008年影响范围最大、强度最强的一次沙尘天气过程。

酸雨 2008年我国酸雨区范围与2007年基本相当。重庆、湖南、广东和江西等地依然是我国酸雨最严重的地区；湖北大部、湖南东部、四川中东部和江苏北部部分站点酸雨强度有所加强，其中四川成都站降水酸度、酸雨频率和强酸雨频率均为近16年来的最高值；北京、吉林和河南西部等地降水酸化明显，天津、辽宁和安徽北部等地降水酸度减弱。

第一章 重大气象灾害和气候事件及气候异常成因分析

1.1 重大气象灾害和异常气候事件

1.1.1 历史罕见低温雨雪冰冻灾害肆虐南方

2008年1月10日至2月2日，我国南方地区连续遭受4次低温雨雪冰冻天气过程袭击，其影响范围之广、强度之大、持续时间之长、造成灾害之重，达百年一遇。灾害影响范围广：涉及全国近2/3省（直辖市、自治区），西北中东部、华北西部、黄淮西部、长江中下游地区、西南东部等地均出现5~20天冰冻日（日平均气温<1℃，且有降水）。强度大：表现为降温幅度大、气温异常偏低、降雪量异常偏多。持续时间长：安徽、贵州、湖北、湖南和江西5省冬季最大连续低温日数（日平均气温<1℃）达19天，较常年同期（5天）偏多近3倍，为1951年以来最大值。上述5省冬季最长连续冰冻日数达11天，较常年同期偏多8.1天，如此长的连续冰冻天气达百年一遇。造成的灾害重：持续低温雨雪冰冻灾害给交通运输、电力传输、通讯设施、农业及人民群众生活造成严重影响和损失。低温雨雪冰冻灾害共造成农作物受灾面积1100多万公顷，受灾人口达1亿多人，直接经济损失超过1500亿元，并对电网运行造成灾难性影响，其经济损失、受灾人口为近50年来同类灾害之最，也居2008年各种气象灾害损失之首。

1.1.2 春季全国气温创历史同期新高，黄河发生1949年以来最严重凌汛

春季，全国平均气温为11.5℃，比常年同期（9.7℃）偏高1.8℃，比2007年偏高0.6℃，为1951年以来历史同期最高值，也是自1997年以来连续第12个暖春。3月，黄河内蒙古段因气温回升迅速，开河速度明显加快。由于开河期河槽蓄水量大，水位高，黄河内蒙古部分河段发生1949年以来最为严重的凌汛灾害。

1.1.3 东北、华北等地发生严重冬春连旱

1月1日至3月18日，东北大部、华北东部及内蒙古等地雨雪稀少，其中，黑龙江、吉林、辽宁、内蒙古、北京、天津、河北7省（直辖市）平均降水量仅5.5毫米，为1951年以来历史同期最少值。由于降水异常偏少，加之气温偏高，导致东北西南部、华北东部、黄淮的部分地区及内蒙古中东部出现了中至重度气象干旱，局部地区出现特旱。河北、黑龙江、辽宁、河南等地农业生产受到不利影响，并出现临时性饮水困难。

1.1.4 台风登陆个数多，登陆时间之早破历史记录

2008年，共有10个热带气旋（中心附近最大风力≥8级）在我国登陆，登陆个数比常年偏多3个。登陆时间之早、登陆比例之高均破历史记录，并具有登陆强度强（有6个登陆时达到台风以上强度）、

登陆时间集中、影响范围小（主要影响沿海地区，很少深入内陆）等特点。0801号强热带风暴"浣熊"于4月18日在海南省文昌市登陆，其登陆时间比常年台风初次登陆时间提早了2个多月，比历史上台风初次最早登陆时间（1971年5月3日）提前了15天，为1949年以来登陆我国最早的一个热带气旋。

1.1.5 初夏珠江流域和湘江上游发生严重洪涝灾害

5月26日至6月19日，南方连续4次出现大范围强降雨天气过程。广东、广西、福建、湖南、湖北、江西、浙江、安徽、贵州、云南10省（自治区）平均降水量282.2毫米，比常年同期偏多99.9毫米，为1951年以来历史同期最多。由于强降水覆盖范围广、持续时间长、强度大，致使珠江流域和湘江上游发生较大洪水。上述10省（自治区）及重庆因暴雨洪涝及其引发的山体滑坡、泥石流等灾害共造成3600多万人受灾，死亡177人；农作物受灾170多万公顷；倒塌房屋15.6万间，损坏房屋41.1万间；直接经济损失296.6亿元。

1.1.6 长江中上游和淮河流域出现强降水，局地暴雨洪涝成灾

7月20-24日，四川盆地、黄淮、江淮、江汉等地普降暴雨到大暴雨，四川盆地、陕西西南部、湖北西部和北部、湖南西北部、河南大部、山东东部和南部、江苏北部、安徽北部累计降水量一般有100~180毫米，部分地区达200~240毫米。湖北、四川、江苏、山东、安徽、重庆部分地区发生暴雨洪涝灾害，淮河流域出现超警戒水位的洪水。此次强降雨过程共造成820多万人受灾，死亡24人；直接经济损失28.2亿元。

1.1.7 强台风"黑格比"强度强、损失重

0814号强台风"黑格比"于9月24日在广东电白登陆，登陆时中心气压950百帕，中心附近最大风力15级（48米/秒）。"黑格比"具有强度强、移速快、范围广、破坏大等特点，是2008年登陆我国大陆地区强度最强、造成损失最重的热带气旋。受"黑格比"影响，珠江口及其以西海面和广东沿海地区普遍出现9~12级的大风，广东、广西、海南、云南等地出现大到暴雨，部分地区出现大暴雨，珠江口出现超百年一遇的风暴潮。据统计，广东、广西、海南、云南4省（自治区）共有1500多万人受灾，死亡35人，直接经济损失133.3亿元。

1.1.8 上海遭受超百年一遇暴雨袭击

8月25日，上海市出现入汛后最强暴雨天气，徐汇区1小时最大降水量117.5毫米，突破自1872年有气象资料以来1小时最大降水量记录。因强降水发生在人口密集的市区和上班高峰期，并且远远超过上海市现有的排水能力，造成市区150多条马路严重积水，最深处达1.5米，交通堵塞，部分路段封闭达10小时，虹桥机场138架航班延误，长途班车400多个班次晚点。

1.1.9 9月四川地震灾区遭受暴雨及滑坡、泥石流袭击

9月22-27日，四川省先后有12市38个县遭受暴雨袭击，其中9个县出现大暴雨；峨眉山市月最大降水量达159.8毫米；北川县连续5天出现暴雨；彭山和新都日降水量均突破9月历史极值。由于降水持续时间长、强度大，导致地震灾区部分地方道路中断，山体滑坡和泥石流频发，造成严重人员伤亡和财产损失。

1.1.10 10月西藏出现罕见雪灾

10月26-28日，西藏东部出现有气象资料以来范围最广、强度最强的雨雪天气过程。全区有3个站过程降水量超过100毫米，7个站积雪厚度超过10厘米，其中错那、嘉黎、帕里和索县分别达64厘米、33厘米、28厘米和25厘米。强降雪（雨）天气过程致使林芝、昌都、山南、那曲和日喀

则等地 19 个县受灾，造成 11 人死亡；山南地区隆子、错那和措美 3 县严重受灾；受持续强降雪和雪崩影响，川藏公路交通中断。

1.1.11 南方地区出现 1951 年以来最强秋雨

10 月下旬至 11 月上旬，我国南方出现秋季罕见的持续强降水天气，强度大、持续时间长、影响范围广。10 月 21 日至 11 月 8 日，南方地区平均降水量为 94.9 毫米，比常年同期多 1.6 倍，为 1951 年以来最大值；平均降水日数有 8.8 天，较常年同期偏多 3.0 天，为历史同期第四多。受持续强降雨影响，南方多条河流发生罕见秋汛，广西郁江、西江干流，湖南洞庭湖水系沅水、资水及云南元江均发生了历史同期最大洪水，部分地区发生秋涝、滑坡和泥石流等地质灾害。云南、广西人员伤亡重，其中云南楚雄、昆明、临沧等 13 个州（市）252 万人受灾，死亡（含失踪）90 人，直接经济损失 6 亿元。

1.2 主要异常气候事件成因分析

1.2.1 南方低温雨雪冰冻灾害

2008 年 1 月中旬至 2 月上旬初，我国经历了一场历史罕见的低温雨雪冰冻灾害。这次气候异常，与前期和同期的海洋状况和大气环流异常有着密切的联系。

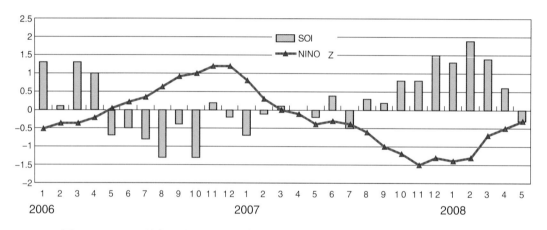

图 1.2.1　NINO 综合区（NINO Z）海温距平（℃）和南方涛动指数（SOI）演变图

Fig.1.2.1　Evolutions of NINO Z (NINO 1+2+3+4) index and SOI

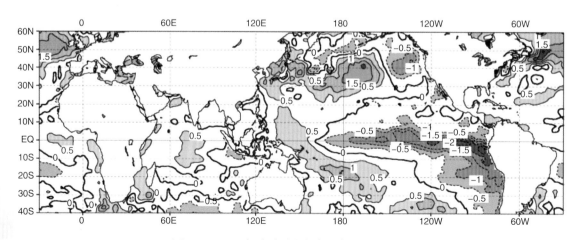

图 1.2.2　2007 年秋季平均海表温度距平分布图（℃）

Fig.1.2.2　Mean sea surface temperature anomalies in Autumn 2007 (℃)

1. 拉尼娜事件的影响

2007年8月，NINO综合区海温指数降为−0.6℃，随后赤道中东太平洋冷水状态迅速加强，11月NINO综合区指数达到−1.5℃；同时，8月以后，SOI指数（南方涛动指数）稳定维持为正值，热带海洋和大气的异常状况相匹配，均表现出典型的拉尼娜特征，形成了一次拉尼娜事件（图1.2.1）。此后，热带太平洋维持拉尼娜状态（图1.2.2），直到2008年4月结束。2007/2008年冬季我国的气候异常即是在这样的海洋异常背景下形成的。

2. 冬季东亚大气环流异常

2008年1月起，中高纬度欧亚地区的大气环流出现调整，呈现为西高东低的异常分布，即乌拉尔山地区位势高度场异常偏高，乌拉尔山阻塞高压稳定维持达19天之多，而中亚至蒙古国西部直到俄罗斯远东地区高度场偏低。这种环流异常特征在冬季的中后期维持时间很长，有利于冷空气从南疆盆地连续不断自西向东入侵我国，为我国自北向南出现大范围低温、雨雪天气提供了冷空气活动条件。

同时，北半球欧亚地区500百帕位势高度从低纬到高纬度呈"＋－＋"分布，副热带高压位置偏北，脊线位置位于17°N，超过1955年的16°N，为50余年来同期最北位置。欧亚中高纬度高度场呈西高东低的分布，而东亚中低纬地区呈东高西低分布。这样的环流配置，使得高纬冷空气不断分裂南下时，冷暖空气主要交汇在我国中东部地区，形成从黄河流域到江南北部区域的雨雪天气。

3. 南支槽异常活跃

除由于西太平洋副热带影响及东南暖湿气流输送偏强外，进入2008年，青藏高原南缘的系统异常活跃，特别是1月中旬以后，南支槽活动频繁，且强度加剧，导致西南暖湿气流的输送也异常偏强，有利于来自印度洋和孟加拉湾的暖湿气流沿青藏高原东部不断向我国输送，为我国长江中下游及其以南地区的强降雪天气提供了更加充足的水汽来源。

1.2.2 夏季长江中上游和淮河流域严重暴雨洪涝灾害

2008年夏季，我国降水较常年同期偏多，中东部地区出现了南北两个主要多雨带，北方的多雨带位于黄河至长江之间，长江中上游和淮河流域发生严重暴雨洪涝灾害。

1. 海洋异常

对一百多年的ENSO和我国夏季降水异常的分析发现，当前期海洋出现拉尼娜异常状态，有利于夏季我国北方，特别是黄河与长江之间多雨。2007/2008年冬季的拉尼娜事件尽管在春季结束，但通过海洋对大气环流一些关键成员的滞后作用，引起我国夏季北方、特别是淮河流域降水偏多的异常。

2. 副高演变

受前期海洋的影响，副热带高压（以下简称副高）自2007/2008年冬季以后明显减弱，且西伸脊点偏东、脊线位置正常到偏北，副高的这些主要特征在2008年春季至初夏的大部分时间内持续。随着拉尼娜事件的结束，西太平洋副高开始逐渐转强，整个夏季平均面积偏大，且副高位置变化较大，脊线6月正常偏北、7月正常偏南、8月偏南，西伸脊点6月偏东、7月正常偏东、8月偏西。这样的夏季副高特征，使得我国夏季主要多雨区易出现在黄河至长江之间，而华北和江南则相对易于出现少雨的异常分布。

3. 中高纬大气环流

夏季亚洲中高纬环流场上，纬向环流偏强，经向环流偏弱，中高纬度的阻塞活动较弱，不利于

长江中下游出现异常多雨。而伴随着7—8月副高位置正常到偏南的演变，日本以南的洋中槽异常发展且长期维持，对应盛夏西太平洋副高总体位置偏南，造成盛夏华北地区降水偏少，季风雨带停留在黄河以南地区，有利于主要多雨带出现在淮河。

4. 热带对流及季风演变

2008年春季，南海至菲律宾周围的热带对流活动较常年同期偏强。南海夏季风在5月第1候爆发，属爆发偏早。之后，夏季菲律宾周围的对流活动并没有持续异常地活跃，而是仅出现了3次阶段性加强，且伴随有明显的向北方副热带甚至中纬度地区传播的特征。2008年东亚夏季风总体上偏强，其中在前期5月份明显偏强，6月份正常略偏弱，7月至8月中上旬，基本为正常，有阶段性偏强的波动（特别是在7月中旬至8月上旬期间），8月中旬以后季风减弱。东亚季风夏季偏强的特点，有利于我国夏季多雨区偏北，而长江中下游降水不易偏多。

1.2.3 热带气旋登陆个数多，登陆时间早

2008年在南海和西北太平洋生成的热带气旋个数明显偏少，但是登陆个数偏多，且初次登陆时间异常偏早。

1. 西太平洋暖池区对流活跃

热带气旋活动偏早与2008年春季西太平洋暖池区对流活跃存在密切联系。2008年6月之前，西太平洋暖池区对流比较活跃，在4月下旬至5月中旬期间出现明显的活跃阶段，OLR（向外长波辐射）距平值在 −40 瓦/平方米以下。在这一个活跃阶段内，4月中旬"浣熊"生成并于4月18日登陆海南，成为1949年以来登陆我国大陆最早的热带气旋。

2. 东亚季风槽偏短且位置偏西

2008年东亚季风槽偏短且位置偏西，是造成热带气旋活动总体偏少、主要生成在台风源区西部而东部显著偏少的另一个重要原因。而且季风槽平均只伸展到130°E左右，使得热带气旋绝大多数生成在140°E以西的地区，由于离我国东部沿海地区较近，影响和登陆我国的热带气旋反而偏多。

第二章 气象灾害分述

2.1 干旱

2.1.1 基本概况

2008年全国平均年降水量为651.3毫米，比常年偏多38.4毫米，为近10年来降水最多的年份，但全国各地降水分布不均，与常年相比，西北西部和东北部、华北西南部、东北北部、江南东部的部分地区降水量偏少，其中新疆的部分地区、甘肃西部等地较常年偏少20%～50%；内蒙古西部、青海西部、西藏中部、广西中南部、广东西南部等地偏多20%～50%，局部地区偏多50%以上。从各省（直辖市、自治区）平均降水看，江西、新疆、宁夏年降水量较常年偏少10%～16%；广西、广东、西藏、贵州、山东、海南、青海、北京、天津偏多10%～32%。各地季节降水量分布不均，造成了区域阶段性气象干旱：2008年1-3月，东北、华北等地雨水稀少，发生严重冬春连旱；5-7月，西北、内蒙古和山西春夏连旱严重；秋季，新疆、内蒙古、黑龙江、河北等地发生阶段性秋旱。

总体来看，2008年，我国干旱范围较常年偏少，全国干旱受灾面积低于20世纪90年代以来的平均水平，并且为近30年来干旱面积最小的年份，属于干旱偏轻年份，但局部地区干旱严重。受旱面积较大或旱情较重的省（直辖市、自治区）有：山西、内蒙古、黑龙江、新疆、甘肃、河北、河南、宁夏等。2008年旱区分布如图2.1.1所示。

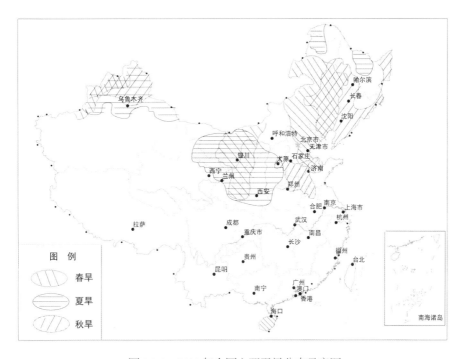

图 2.1.1 2008 年全国主要干旱分布示意图

Fig.2.1.1 Sketch of major droughts over China in 2008

2008年总体来看我国干旱范围小、持续时间短，新疆、甘肃和宁夏等局部地区干旱持续时间较长，且旱情较重。2008年主要干旱事件见表2.1.1。干旱发生日数（中旱以上）达80天以上的地区有新疆北部、甘肃中南部、宁夏大部、陕西西部、内蒙古中部和西藏的西南部。内蒙古东部、辽宁大部、云南东部等地的干旱日数一般在60～80天（图2.1.2）。

表2.1.1 2008年我国主要干旱事件简表

Table 2.1.1 List of major drought events over China in 2008

时间	地区	程度	旱情概况
1月至3月中旬	黑龙江、吉林、辽宁、内蒙古、北京、天津、河北	黑龙江、吉林、辽宁、内蒙古、北京、天津、河北7省（直辖市、自治区）区域平均降水量仅5.5毫米，不到常年同期（12.5毫米）的一半，为1951年以来最少值	黑龙江579.9万公顷农田受旱，是近20多年来同期最严重的一年；河北省有85%的地区达到了重旱程度，耕地受旱面积达333.3万公顷，有25万人饮水困难
5月至7月中旬	新疆、陕西、宁夏、甘肃和内蒙古	西北大部地区以及内蒙古中西部降水量普遍比常年同期偏少25%～80%，其中宁夏平均降水量仅17.9毫米，为有气象记录以来最小值，新疆北部部分地区降水偏少幅度居历史同期第一位	陕西、宁夏、甘肃和内蒙古4省（自治区）的农作物干旱受灾面积超过160万公顷。其中，新疆的旱情仅次于1974年，是历史上第二个干旱严重年。全区有1900万公顷天然草场干旱严重；同时干旱导致昌吉、塔城个别水库临近空库
7月至8月上旬	山西	7月全省平均降水量比常年同期偏少50%，是1971年以来历史最少值	全省农作物受灾面积160万公顷，90万人饮水困难
9月下旬至10月下旬	内蒙古、黑龙江、辽宁等地	东北大部及内蒙古东部等地降水量较常年同期偏少30%～90%，气温偏高1～4℃，其中东北地区的降水量仅11.4毫米，为1971年以来次小值	内蒙古和黑龙江农作物及草原牧场受旱面积超过560万公顷，其中内蒙古的草牧场受旱面积近500万公顷
10月下旬至12月初	新疆、河北、山西、河南	新疆、河北、山西、河南平均降水量较常年同期偏少65.2%，河北省绝大部分地区降水量不足1毫米，部分地区近40天无降水，50%地区降水量为建站以来同期最少	河北、河南等地冬小麦受旱较为严重。河南省多个地市发生森林火灾

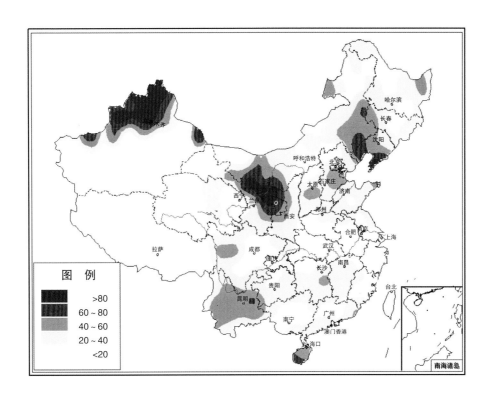

图2.1.2 2008年全国干旱发生日数分布图（天）

Fig.2.1.2 Distribution of the number of drought days over China in 2008 (d)

2008年全国农作物受旱面积1213.7万公顷，绝收面积81.2万公顷。受旱面积较常年偏小，是近30年来最小的年份，其中，山西、新疆（含建设兵团）、甘肃、黑龙江、河北5省（自治区）因旱绝收面积占全国因旱绝收面积的56%，山西的因旱受灾和绝收面积都居全国第一。2008年全国因干旱造成5082.4万人次受灾，其中饮水困难人口达1145.8万人次，因旱造成的直接经济损失316.9亿元。

2.1.2 主要旱灾事例

1. 东北、华北冬春连旱

2008年1月1日至3月18日，东北大部及内蒙古、河北、北京等地雨水稀少，降水量普遍不足10毫米，比常年同期偏少30%～80%，部分地区偏少80%以上。黑龙江、吉林、辽宁、内蒙古、北京、天津、河北7省（直辖市、自治区）区域平均降水量仅5.5毫米，不到常年同期（12.5毫米）的一半，为1951年以来最少值（图2.1.3）。与此同时，上述大部地区气温比常年同期偏高，其中东北北部及内蒙古东北部普遍偏高2℃以上。由于降水异常偏少，气温偏高，导致土壤墒情下降，干旱急剧发展。据3月19日干旱监测显示，黑龙江西南部、吉林西部、辽宁西部、内蒙古中东部、河北大部及京津等地有中至重度气象干旱，局部地区出现特旱。

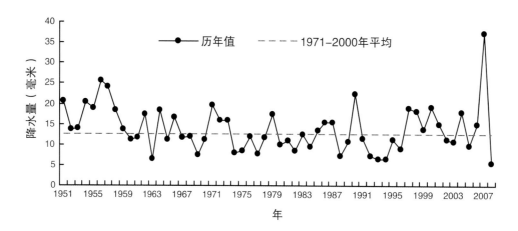

图2.1.3　1月1日至3月18日黑吉辽内蒙京津冀平均降水量历年变化图（1951–2008年）

Fig 2.1.3　Precipitation amounts from January 1 to March 18 averaged over

Heilongjiang, Jilin, Liaoning, Inner Mongolia, Beijing, Tianjin and Hebei during 1951–2008

黑龙江　继2007年发生严重夏伏连旱后，黑龙江省至2008年春季降水仍严重不足，春旱形势十分严重。全省有96个县（市）、579.9万公顷农田受旱，其中严重干旱面积233.3万公顷，50多万人饮水困难。旱情与2007年同期相比，范围明显偏大，全省干旱范围广、程度重，是近20多年来同期最严重的一年。

吉林　2008年1月至3月上旬吉林省降水持续偏少，气温偏高，干旱发展迅速。西部地区及中部地区的个别县（市）土壤缺墒严重；乾安、长岭、农安和榆树出现了3～7厘米的干土层。截至3月9日统计，全省旱地缺墒面积达374万公顷。

辽宁　自2007年冬季开始辽宁省降水稀少，干旱发展，其中朝阳部分地区、锦州中部、阜新东部、葫芦岛东北部、沈阳北部地区耕层平均土壤相对湿度为33%～49%，处于中到重度干旱，部分地区出现3～7厘米的干土层。据3月初统计，全省旱地缺墒面积103.4万公顷，有57.36万人、20.6万头大牲畜发生不同程度饮水困难。

河北　2007/2008年冬季至3月中旬河北省大部分地区气温偏高，降水异常偏少，致使旱情发展迅速。据3月上旬统计，全省有85%的地区达到了重旱程度，耕地受旱面积达333.3万公顷，有25万人存在饮水困难。严重受旱区主要分布在承德南部、张家口南部、保定、廊坊、石家庄、沧州、衡水等地。

内蒙古　2008年1月赤峰市、通辽市基本无降水，加上前期大部分地区降水严重偏少，旱情持续发展，赤峰市除岗子和锦山连续干旱152天外，其余大部分地区连旱169～176天。

2. 西北地区、内蒙古和山西春夏连旱严重

2008年5月1日至7月12日，我国西北大部地区以及内蒙古中西部地区降水量在50毫米以下，普遍比常年同期偏少25%～80%，其中宁夏区域平均降雨量仅17.9毫米，比常年同期（88.8毫米）偏少79.8%，为有气象记录以来最小值（图2.1.4）。新疆北部部分地区的降水偏少幅度居历史同期第一位，同时新疆大部气温显著偏高，温高少雨导致新疆北部出现有气象记录以来仅次于1974年以来最严重的旱灾。7月12日后几次降雨过程缓解了西北地区的旱情，但陕西北部、山西中部、内蒙古东北部、新疆北部由于缺少有效降水，仍有中等以上程度气象干旱维持。

新疆　2008年夏季，北疆大部分地区降水较常年同期明显偏少，4个站降水量偏少幅度居历史

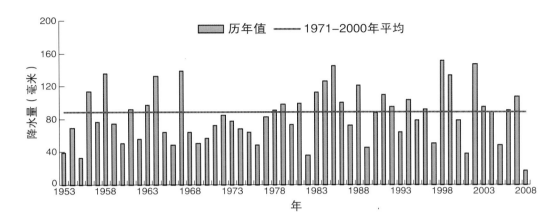

图 2.1.4　5 月 1 日至 7 月 12 日宁夏平均降水量历年变化图（1953–2008 年）

Fig 2.1.4　Precipitation amounts in Ningxia from May 1 to July 12 during 1953–2008

同期第一位，南疆和田的偏少幅度也居历史同期第一位。5–8 月塔城地区由于降水偏少、气温持续偏高出现旱情，因旱造成的直接经济损失达 3.4 亿元，其中农业经济损失 3.1 亿元。此外，由于干旱，塔城地区鼠害、虫害等较为严重：全区鼠害发生面积 40 万公顷，严重危害面积 20 万公顷；虫害发生面积 42.7 万公顷，严重危害面积 26.5 万公顷。

　　陕西　2008 年 6 月下旬至 8 月上旬，陕西省降水持续偏少，陕北、渭北及关中局部出现不同程度的旱情。截至 8 月 12 日，干旱已造成渭南市 11 个县（市）171.96 万人受灾，受灾面积 23.5 万公顷，16.6 万人饮水困难，全省因干旱造成农业经济损失 4.98 亿元。

　　宁夏　2008 年 4 月 21 日至 8 月 31 日，宁夏中部干旱带各地降水量一般在 70.4～141.4 毫米，较常年同期偏少 3～6 成。干旱使宁夏的受灾人口达 127 万人，其中 51.9 万人存在饮水困难。旱灾还造成 40 多万公顷作物受灾，3.0 万公顷作物绝收。

　　甘肃　5 月上旬至 7 月中旬，陇中北部部分地方及庆阳市中北部旱情较重。截至 7 月上旬，河西区有 10.7 万公顷水地不能正常灌水，浅山雨养农田受旱面积 7.8 万公顷，牧区草场受旱面积 258 万公顷，约 22 万人和 68 万头（只）大牲畜存在饮水困难。

　　内蒙古　入春到 6 月底的持续干旱使内蒙古通辽地区的受灾人口达 219 万，农作物受灾面积 62.5 万公顷，成灾面积 34.2 万公顷，死亡大牲畜 2.7 万头，直接经济损失达 10 亿元，其中农业损失 9.5 亿元。

　　山西　7 月至 8 月上旬，山西省降水偏少，气温偏高，致使部分县（市）出现严重干旱。尤其是 7 月份，全省平均降水量比常年同期偏少 50%，是 1971 年以来历史最少值。截至 8 月初，山西省因旱农作物受灾面积 160 万公顷，90 万人饮水困难。

　　3. 新疆、内蒙古、黑龙江、河北等地发生阶段性秋旱

　　9 月 27 日至 10 月 22 日，东北大部及内蒙古东部、江南大部等地降水量较常年同期偏少 30%～90%，气温偏高 1～4℃，其中东北地区平均降水量仅 11.4 毫米，是自 1971 年以来的次小值。高温少雨致使辽宁、吉林、内蒙古、江西、湖南、广西等地的部分地区气象干旱一度发展加重。10 月 24 日至 12 月 4 日，新疆、河北、山西、河南平均降水量较常年同期偏少 65.2%，降水持续偏少再次引发严重的气象干旱。新疆、河北、河南 3 省（自治区）的农作物及草场受旱面积达 236.9 万公顷。其中，河北省的秋旱近 50 年来罕见。

　　内蒙古　9 月内蒙古区降水量在 2～118 毫米之间，比常年同期偏少，大部地区出现气象干旱，

其中兴安盟部分地区发生重旱，局部特旱。至9月底，赤峰市大部分地区连旱47～52天，作物受旱面积近55万公顷，草牧场受旱面积近500万公顷。到10月末旱情最为严重，大部地区连续干旱71～82天，最长连续干旱114天。

辽宁 9月辽宁省平均降水量为33毫米，比常年同期（69.7毫米）偏少5成以上。进入10月后，辽宁省降水持续偏少，平均降水量为64毫米，比常年同期（124毫米）偏少近5成，偏少程度居历史同期第三位。而且，同期气温持续偏高，尤其10月中旬全省平均气温偏高5℃，致使部分地区出现旱情，朝阳、阜新地区处于轻度到重度干旱。10月下旬各地降水偏多，尤其是辽西和辽南地区，旱情有所缓解。

黑龙江 9月黑龙江省大部分地区降水量偏少1～9成，其中松嫩平原西南部、牡丹江东部、三江平原南部偏少5成以上。降水偏少导致黑龙江齐齐哈尔市富裕县受旱面积约6.7万公顷。

江西 8月7日"立秋"以后，江西省"秋老虎"逞威，降水明显偏少，并且9月19-24日全省持续晴热高温天气，平均气温达29.7℃，比历史同期偏高6.3℃。温高雨少导致部分地区出现了不同程度的干旱，9月24日全省有52个县（市）出现轻度以上干旱，其中赣县达到重度干旱等级。

广西 9月中旬至10月下旬，桂东大部降水偏少1～9成，导致大部地区出现干旱。截至10月20日统计，全区共有6个地（市）出现干旱灾情，农作物受旱面积18.7万公顷，因旱饮水困难16.8万人，水库干涸14座。

新疆 2008年秋季降水分布不均匀，北疆大部分地区降水接近常年或偏少1～9成。其中，降水偏少导致阿勒泰地区吉木乃县大面积受旱，全县受灾人口8870人，农作物及草场受灾面积5.6万公顷，经济损失超过2300万元。

河北 10月24日至11月底，河北省各地均无有效降水。与历史同期相比，全省平均降水量为1961年以来次少，95%的地区降水量偏少8成以上，约50%的地区降水量为建站以来同期最少。与此同时，全省大部分区域平均气温较常年同期偏高1～4℃，加速了旱情的持续发展。气象干旱监测结果显示，11月底，旱情已发展到全省，且大部分地区达到重旱或特旱程度。

山西 自10月开始山西省因降水持续偏少，加之气温偏高，旱情不断发展。截至11月底，全省大部分地区均发生气象干旱。11月上旬，全省平均降水量为0.2毫米，比常年平均值偏少97%，致使旱情持续发展，干旱面积进一步扩大。11月中、下旬，气温仍然偏高，降水偏少，大部分地区的旱情仍然持续和发展，中度及以上干旱面积增加且主要出现在中部和北部地区。气候干燥使得森林火险等级趋高，加大了森林防火的难度。

河南 从10月开始河南省降水明显偏少，尤其11月上旬至12月中旬全省平均降水量只有8.9毫米，比常年同期偏少73%，为1961年以来同期第7少值，加之气温持续偏高，致使土壤墒情下降较快。据12月18日全省117个墒情监测站实测资料分析表明：全省有30个测站出现不同程度的干旱，占测站总数的25.6%。全省农作物重旱面积5.7万公顷。自11月上旬至12月中旬，全省共监测到森林火点113个，火情遍布13个市41个县（市、区）。

2.2 暴雨洪涝

2.2.1 基本概况

2008年，我国暴雨洪涝灾害较常年偏轻。年内，我国年平均降水量比常年偏多，季节分布不均，春季偏少，夏、秋季偏多，局地暴雨洪涝灾害频繁发生。春季南方部分地区发生局地暴雨洪涝灾害；初夏，南方地区连续出现大范围强降雨天气过程，珠江流域和湘江上游遭受严重暴雨洪涝灾害；盛夏，华南、江南中西部、淮河流域出现强降雨，长江中上游和淮河流域发生暴雨洪涝灾害；秋季，西南地区遭受暴雨袭击，南方出现1951年以来最强秋雨（图2.2.1）。2008年全国暴雨洪涝及其引发的滑坡和泥石流灾害共造成1亿多人受灾，因灾死亡（含失踪）915人；农作物受灾面积668.2万公顷，其中绝收77.2万公顷；倒塌房屋37万间；直接经济损失651.8亿元。受灾较重的有湖南、广西、湖北、广东、四川、云南等省（自治区）。

总体上看，2008年全国暴雨洪涝灾害造成的损失轻于2000年以来同期平均水平，也轻于2007年。2008年主要暴雨洪涝过程见表2.2.1。

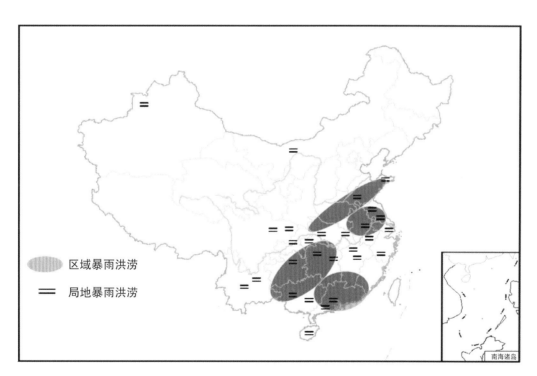

图 2.2.1　2008 年全国主要暴雨洪涝分布示意图

Fig.2.2.1　Sketch map of major rainstorm induced floods over China in 2008

表 2.2.1　2008 年全国主要暴雨洪涝过程简表

Table 2.2.1　List of major rainstorm induced flood events over China in 2008

时间	地区	主要过程降水量（毫米）	死亡（人）	受灾面积（万公顷）	直接经济损失（亿元）
5月下旬至6月中旬	湖南张家界、湘西、怀化、邵阳、株洲、常德、衡阳、郴州、长沙等市（州）	100～400	18	29.7	56.9
	江西南昌、鹰潭、萍乡、宜春、景德镇、上饶、九江、新余等市	200～400	9	29.6	41.7
	浙江衢州、杭州、嘉兴、湖州、金华等市	200～400		9.1	23.4
	安徽省黄山市休宁、徽州等区（县）	100～200		4.3	9.6
	广西玉林、贵港、崇左等市	200～600	31	52.1	73.5
	云南昭通、曲靖、文山、大理、昆明等州（市）	100～200，局部200以上	11	0.3	2.3
6月下旬	湖南怀化、张家界、岳阳、常德、郴州、临湘等市	50～100			2.2
6月底至7月上旬	云南昭通、昆明、楚雄、红河、临沧、玉溪等地	50～100	16	0.3	5.6
7月上旬	四川甘孜、凉山、攀枝花等州（市）	50～100，局部100以上	9		2.2
	湖北黄冈、恩施、孝感、武汉、十堰、荆门、宜昌等市（州）	50～200	6	10.5	7.1
	广东珠海、汕头、汕尾、潮州、揭阳等市	100～200，局部大于200	3		18.6
	江西南昌、上饶、抚州、赣州、宜春等市	50～100			2.9
7月中旬	广西河池、百色、南宁、北海等市	50～100	1	1.7	1.9
	云南昭通、红河、昆明、普洱、楚雄、曲靖、丽江等市	50～100	11		2.7
7月下旬	湖北恩施、宜昌、襄樊、随州、荆门、孝感等市（州）	50～150	10	26.6	13.2
	四川江油、乐山、广安、达州	50～200	8	13.9	5.6
7月中下旬	山东临沂、济宁、日照、聊城、潍坊、烟台、青岛、威海等市	50～200		8.9	6.3
7月下旬	江苏徐州、连云港、宿迁、淮安、泰州等市	50～200		1.7	2.8
	安徽亳州、合肥、蚌埠、淮北、阜阳、宿州等市	50～200	1		4.9
8月中旬	湖北恩施、宜昌、荆州、荆门、孝感、随州、襄樊、黄冈等市（州）	50～200	10	22.5	10.8
	湖南张家界、湘西州、怀化、常德、岳阳、邵阳、娄底等市（州）	50～100	3		11.0
	贵州贵阳、六盘水、遵义、铜仁、毕节、安顺等地	50～100	6		1.2
8月下旬	湖北孝感、荆门、襄樊、黄冈、宜昌等市	50～150	6	45.4	25.0

时间	地区	主要过程降水量 （毫米）	死亡 （人）	受灾面积 （万公顷）	直接经济损失 （亿元）
9月下旬	四川盆地西部	50～100，局部100以上	27		23.5
10月中旬	海南大部	200～400		9.3	6.0
10月底至 11月上旬	广西防城港、崇左、南宁、百色等市	50～150	11	8.0	7.4
	云南楚雄、昆明、临沧、红河等市（州）	50～150	47		6.0
	湖南长沙、常德、益阳、娄底、怀化、湘西等市（州）	100～250		10.2	6.0

2.2.2 主要暴雨洪涝灾害事例

1. 春季南方部分地区发生局地暴雨洪涝灾害

春季，我国洪涝灾害比常年同期偏轻，但局地暴雨频繁，南方部分地区受灾严重。

（1）4月中旬，南方部分地区遭受暴雨袭击

4月12-13日，华南部分地区遭受暴雨袭击，广西东部、广东西部、福建北部过程降水量为30～75毫米，广西玉林日降水量达200.4毫米，打破当地4月最大日降水量历史极值（1959年4月22日为159毫米）。广西因灾死亡1人，紧急转移安置1.3万人，直接经济损失6452万元。

4月18-20日，湖北、安徽等地遭受暴雨袭击，过程降水量为20～50毫米，其中湖北中部、安徽北部、河南南部有50～100毫米。暴雨造成湖北、安徽两省死亡2人，直接经济损失3亿元，其中湖北省恩施州、宜昌市、随州市有16县（市）83万人受灾，紧急转移安置灾民2533人；农作物受灾面积6.0万公顷，其中绝收6756公顷；倒塌房屋782间，损坏房屋4258间；直接经济损失1.5亿元。

（2）4月底5月初，新疆、广西、广东等省（自治区）局地出现暴雨天气

新疆 4月27-30日，伊犁河谷、北疆沿天山一带的部分地区出现大到暴雨，伊犁州霍城县清水镇小西沟流域甘河子河上游暴雨引发洪水，最大流量95立方米/秒，造成7人死亡。

广西 5月1日，百色市西林县足别、那劳、普合、那佐等乡遭受暴雨、泥石流灾害，造成10人死亡。5月3-5日，北海市出现了一次较明显的降雨天气过程，合浦县公馆、白沙、山口三镇普降大暴雨到特大暴雨，造成严重洪涝灾害。受灾人口6.1万人，转移安置9500人，农作物受灾面积1706公顷，直接经济损失8930万元，其中农业直接经济损失7277万元。

广东 5月5日，湛江、肇庆、茂名、云浮等4市8县（市）遭受暴雨洪涝灾害，造成7.9万人受灾，倒塌房屋167间，直接经济损失6290万元。

2. 初夏，南方地区连续出现大范围强降雨天气过程，珠江流域和湘江上游遭受严重暴雨洪涝灾害

（1）5月下旬至6月中旬，南方地区连续出现大范围强降水天气

5月26日至6月19日，我国南方地区连续出现4次大范围强降雨天气过程。华南、江南大部以及贵州南部、云南东部过程降水量普遍有200～600毫米，广东东南部有600～800毫米，广东、广西、福建、湖南、湖北、江西、浙江、安徽、贵州、云南10省（自治区）平均降水量282.2毫米，比常年同期偏多99.9毫米，为1951年以来历史同期最多（图2.2.2）。上述10省（自治区）因暴雨洪涝及引发的山体滑坡、泥石流等灾害共造成3629.3万人受灾，死亡177人；农作物受灾面积172.1万公顷；倒塌房屋15.6万间，损坏房屋41.1万间；直接经济损失296.6亿元。

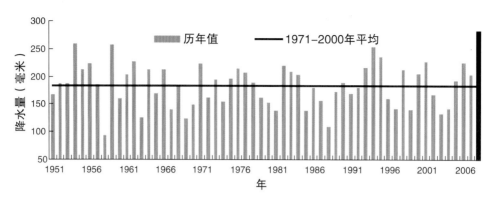

图 2.2.2　5 月 26 日至 6 月 19 日粤桂闽湘鄂赣浙皖黔滇 10 省（自治区）
区域平均降水量历年变化图（1951–2008 年）

Fig.2.2.2　Precipitation amounts from May 26 to June 19 averaged over Guangdong, Guangxi, Fujian, Hunan, Hubei, Jiangxi,
Zhejiang, Anhui, Guizhou and Yunan during 1951–2008

　　广东　广东省出现 1949 以来最严重的"龙舟水"，全省平均雨量 626 毫米，较常年同期偏多 1 倍，创历史新高，19 个市（县）的雨量破历史同期最高记录，其中深圳（980.7 毫米）、阳江（966.3 毫米）、增城（951.4 毫米）、台山（925.4 毫米）、汕尾（915.5 毫米）、惠来（836.8 毫米）等地超过 800 毫米。广州、深圳、台山、增城降水总量超过百年一遇，汕头、惠阳、广宁超过 50 年一遇。强降水导致西江、北江出现超警戒水位，部分地区山洪暴发、山体滑坡、房屋倒塌、农田受浸、交通中断、城市内涝严重。

　　湖南　湖南省过程降水量普遍有 100～400 毫米。降雨波及范围广，局部地区强度大，导致山洪暴发。张家界、湘西自治州、怀化、邵阳、株洲、常德、衡阳、郴州、长沙 9 个市 26 个县（市）600 万人受灾，紧急转移群众 77.3 万人，死亡 18 人，倒塌房屋 4.8 万间，直接经济损失 56.9 亿元。

　　江西　江西省出现强对流天气，局地出现特大暴雨，过程降水量普遍有 200～400 毫米。由于降水强度大，江西省遭受大范围暴雨洪涝灾害，南昌、鹰潭、萍乡、宜昌、景德镇、上饶、九江、新余等 16 个县（市）601.5 万人受灾，死亡 9 人，紧急安置 35.5 万人，农作物受灾面积 29.6 万公顷，绝收 4.1 万公顷；倒塌房屋 1.1 万间，损坏房屋 3.2 万间，直接经济损失 41.7 亿元。

　　浙江　浙江省过程降水量普遍有 200～400 毫米，衢州、杭州、嘉兴、湖州、金华及浙江东南沿海等地区普降暴雨，其中浙西部分地区为大暴雨。受其影响，浙江省 194 万人受灾，紧急安置 2.2 万人，农作物受灾面积 9.1 万公顷，倒塌房屋 2800 多间，损坏房屋 3000 间，直接经济损失 23.4 亿元。

　　安徽　安徽省过程降水量普遍有 100～200 毫米，省内出现暴雨洪涝灾害，黄山市休宁县、徽州区等地受灾较重。强降水共造成 93 万人受灾，紧急安置 1.4 万人，农作物受灾面积 4.3 万公顷，绝收 6200 公顷，倒塌房屋 1000 间，损坏房屋 8000 间，直接经济损失 9.6 亿元。

　　云南　云南省过程降水量普遍有 100～200 毫米，东部地区有 200～400 毫米。全省 88.1 万人受灾，因灾死亡 11 人，紧急安置 0.3 万人，农作物受灾面积 3100 公顷，绝收 500 公顷，倒塌房屋 1000 间，损坏房屋 8000 间，直接经济损失 2.3 亿元。

　　广西　6 月 8–18 日，受冷空气和西南暖湿气流的共同影响，广西出现 2008 年最强的大暴雨、特大暴雨。此次强降雨过程具有范围广、强度强、持续时间长等特点，全区平均过程降水量为 291.8 毫米，是 6 月常年平均降水量的 1.1 倍。强降雨导致山洪暴发，部分江河水位暴涨。连日暴雨造成的洪涝和山体滑坡、崩塌、泥石流等灾害使得广西部分地区公路被毁，水利设施遭受破坏，通信、交通、电力中断，农作物受灾，学校校舍和民房倒塌，人民生命财产遭受损失。全区共有 103 个县（市）

受灾，受灾人口921.5万人，累计转移安置人口102.4万人，因灾死亡31人；农作物受灾面积52.1万公顷，绝收8.3万公顷；倒塌房屋6.7万间，因灾造成直接经济损失73.5亿元。

（2）6月下旬，长江中下游及重庆等地部分地区出现暴雨洪涝灾害

6月20-25日，长江中下游地区及重庆等地出现大到暴雨，局地大暴雨，江苏、安徽、重庆的部分地区过程降水量100～150毫米。由于降水集中，强度大，导致河流及水库水位普遍上涨，太湖水位持续10天超过警戒水位。安徽、江苏、湖北、湖南、重庆、贵州等省（直辖市）近300万人受灾，直接经济损失超过6亿元。

安徽 6月21-22日，安徽省合肥、铜陵、巢湖、安庆、六安等地的14个县（市）发生内涝和山洪。受灾人口75.7万人，紧急转移安置5234人，倒塌房屋1759间，直接经济损失3.7亿元。

湖南 6月22-24日，湖南部分地区降大到暴雨，局部大暴雨。怀化、张家界、岳阳、常德、郴州、临湘6市发生洪涝灾害，112.6万人受灾，紧急转移2.8万人，倒塌房屋2043间，直接经济损失2.2亿元。

（3）6月，云南、内蒙古遭受暴雨洪涝灾害

云南 6月9-10日，云南省丽江永胜县的东风乡突降暴雨，致使鲁地拉水电站工地遭遇泥石流灾害，共造成8人死亡。6月21-27日，云南西北部地区出现强降水，降水量普遍有50～100毫米，楚雄、大理、文山、临沧、昭通、丽江、红河、普洱等地遭受不同程度的暴雨洪涝灾害，造成11人死亡，直接经济损失7895万元。

内蒙古 6月24日，内蒙古东部地区出现强降水，赤峰、通辽、锡林郭勒等地发生不同程度的洪涝灾害，受灾人口6.1万人，死亡4人，直接经济损失1.2亿元。6月25-28日，内蒙古东南部出现10～50毫米降水，赤峰、兴安盟等地部分地区（县）发生洪涝灾害，造成4人死亡，倒塌房屋669间，直接经济损失2.1亿元。

3. 盛夏，华南、江南中西部、淮河流域出现强降雨，长江中上游和淮河流域发生严重暴雨洪涝灾害

（1）7月初，西南地区出现不同程度的暴雨洪涝灾害

云南 6月30日至7月7日，云南省昭通、昆明、楚雄、红河、临沧、玉溪等地连续遭遇暴雨，局地大暴雨天气，引发洪涝、滑坡、泥石流等灾害。受灾人口89万人，死亡16人，紧急转移安置1万多人，倒塌房屋6000间，直接经济损失5.6亿元。

四川 7月2-5日，四川省甘孜州、凉山州、攀枝花市以及四川盆地南部、东部部分地区普降大到暴雨，凉山州、攀枝花市出现局地山洪和山地灾害，造成近10万人受灾，9人死亡，紧急转移安置2.9万人。直接经济损失2.2亿元。

重庆 7月4-5日，重庆出现明显降水天气过程，北部地区降水量有50～100毫米，巫山、石柱、开县、云阳、巫溪、奉节、城口、武隆、彭水、黔江10个区(县)不同程度遭受暴雨洪涝灾害，因灾死亡2人，紧急转移安置1.3万人，倒塌房屋1289间，直接经济损失1.7亿元。

湖北 7月1-5日，湖北省中西部出现强降水天气过程，其中鄂西部分地区出现暴雨至大暴雨，引发洪涝灾害：造成黄冈、恩施、孝感、武汉、十堰、荆门、宜昌、神农架林区的25个县市258.4万人受灾，死亡6人、失踪4人，紧急转移安置2.6万人；农作物受灾面积10.5万公顷，其中绝收1.4万公顷；倒塌房屋2656间，损坏房屋6728间；直接经济损失7.1亿元。

（2）7月上旬，华南、江南中西部、淮河流域出现强降雨

7月6-10日，华南大部、贵州东部、江南中西部、江汉东部、江淮西部、黄淮中东部、吉林北部等地部分地区出现了大到暴雨，局部大暴雨，上述地区过程总雨量有50～120毫米，广西东南部、

广东中东部沿海地区、福建东南部、江西北部等地的部分地区以及湖北东南部、湖南东北部等局地为150~280毫米，广东东部沿海有300~380毫米。强降水导致广东、江西、湖南等省遭受暴雨洪涝灾害。

广东 7月6-10日，广东省大部地区出现大到暴雨，局部大暴雨，海丰、普宁累计降雨量达到459毫米和554毫米。强降水导致粤东和珠三角沿海地区洪涝灾害严重，造成珠海、汕头、汕尾、潮州、揭阳等4个市21个县290多万人受灾，死亡3人，紧急转移安置21.9万人；倒塌房屋2828间，损坏小型水库8座，堤防决口66处，损坏水电站5座；造成直接经济损失18.6亿元。

江西 7月6-9日，江西省南昌、上饶、抚州、赣州、宜春等市遭受暴雨洪涝灾害，紧急转移安置1882人，倒塌房屋969间，直接经济损失2.9亿元。

湖南 7月6-10日，湖南省出现强降水天气，过程降水量一般有50~100毫米，湘潭、衡阳、益阳等市发生洪涝灾害。紧急转移安置1.1万人，倒塌房屋3923间，因灾直接经济损失1.3亿元。

广西 7月6-9日，广西部分地区出现大到暴雨，局部大暴雨或特大暴雨。全区受灾人口22.6万人；农作物受灾面积6860公顷，绝收290公顷，倒塌房屋466间；因灾造成直接经济损失3620万元，其中农业直接经济损失2908万元。

（3）7月中旬，河南、广西、云南出现强降雨

河南 7月11-13日，河南中部、沿黄及黄河以北地区出现85~100毫米降水，其中郑州、濮阳等地遭遇特大暴雨袭击。郑州部分街道积水成河，市区多处低洼地带水深近1米，造成城市内涝。暴雨洪涝导致河南全省5.51万人受灾，倒塌房屋144间，农业受灾面积3701公顷，造成直接经济损失1678万元。7月13-14日，河南省再次出现强降水过程，许昌、新乡、郑州、鹤壁、焦作、济源等地41.99万人受灾，紧急转移安置人口8229人，倒塌居民住房714间，损坏房屋468间，农作物受灾面积2.6万公顷，造成直接经济损失1.3亿元。7月17-18日，河南新乡、洛阳、安阳市部分地区出现强降水，造成人员伤亡。

广西 7月11-12日，受季风槽和热带云团影响，广西河池、百色、南宁、北海等市16个区（县）出现大到暴雨，局部大暴雨，部分地区出现洪涝灾害：受灾人口47.37万人，因灾死亡1人，紧急转移安置人口3.0万人；因灾倒塌房屋1082间；农作物受灾面积1.7万公顷，绝收面积1300公顷；因灾直接经济损失1.9亿元。

云南 7月8-17日，云南省大部地区出现明显降水天气过程，降水量有50~100毫米。强降雨造成昭通、红河、昆明、普洱、楚雄、曲靖、丽江、文山、保山9个市不同程度暴雨洪涝灾害。因灾死亡11人，紧急转移安置1.9万人，倒塌房屋1310间，直接经济损失2.7亿元。

（4）7月下旬，长江中上游和淮河流域发生严重暴雨洪涝灾害

7月20-24日，四川盆地、黄淮、江淮、江汉等地普降暴雨到大暴雨，四川盆地、陕西西南部、湖北西部和北部、湖南西北部、河南大部、山东东部和南部、江苏北部、安徽北部等地累计降水量一般有100~180毫米，部分地区达200~240毫米。其中21-24日，淮河流域的河南东南部、江苏北部、安徽北部等地出现区域性大到暴雨，局部大暴雨天气，淮河流域出现今年汛期以来最强的降雨过程。受强降雨影响，淮河干流水位明显上涨，25日8时王家坝水位达27.91米，超警戒水位0.41米。湖北、四川、湖南、江苏、山东、安徽、重庆部分地区发生了暴雨洪涝灾害，淮河流域出现超警戒水位的洪水，此次强降雨过程导致820多万人受灾，死亡24人，直接经济损失28.2亿元。

湖北 7月20-23日，受高空低槽和西太平洋副热带高压西侧、北侧西南暖湿气流共同影响，湖北省西部、北部出现了大到暴雨，部分地区大暴雨，局部特大暴雨天气过程。暴雨区主要集中出现在恩施、宜昌、襄樊、随州、荆门、孝感北部等地，全省有22个县市过程累计雨量超过100

毫米，其中襄樊最大，达 344 毫米。襄樊、恩施、宜昌等市遭受暴雨洪涝灾害，城区多条道路和部分居民小区被淹，部分城区街道受淹最深达 2 米多，致使交通中断、居民被迫转移安置。强降雨造成 301.2 万人受灾，死亡 10 人，紧急转移安置人口 10.7 万人，倒塌房屋 2961 间，直接经济损失 13.2 亿元。

四川 7 月 20—21 日，四川省出现了 2008 年范围最大、强度最强的暴雨天气过程。乐山等 15 个市州 45 个县市出现暴雨，其中 17 个县市降大暴雨，江油、乐山降特大暴雨，日降水量分别达 288.4 和 280 毫米。江油、广安两市的日降水量突破历史极值，乐山市的日降水量排历史第二位。暴雨过程共造成乐山、达州等市州 230 万人受灾，13.9 万公顷农作物受灾，绝收 6000 公顷；倒塌房屋 7609 间、损毁 1.5 万间。另外地震灾区绵阳市活动板房被淹 1.3 万套，损毁帐篷 1930 顶。因灾死亡 8 人，直接经济损失达 5.6 亿元。

湖南 7 月 19—24 日，湘中及其北部地区发生较大降雨过程，其中常德、张家界和湘西等市州部分县（市）遭遇暴雨或特大暴雨袭击，局部地区暴雨成灾。降雨导致常德、张家界、湘西自治州、邵阳、郴州、永州 6 市的 17 个县（市）131.1 万人受灾，倒塌房屋 1363 间，因灾死亡 1 人，紧急转移和疏散群众 2.7 万多人，直接经济损失 6 亿元。

山东 7 月 17—24 日，山东省大部分地区降中到大雨，半岛、鲁东南及鲁中部分地区出现暴雨到大暴雨。临沂、济宁、日照、聊城、潍坊、烟台、青岛、威海 8 市的 24 个县（市）受灾人口共计 135.1 万人；农作物受灾面积 8.9 万公顷，成灾面积 6 万公顷，绝收面积 1519 公顷；倒塌房屋 1636 间，损坏房屋 5570 间；直接经济损失 6.3 亿元。

江苏 7 月 22—23 日，江苏省徐州、连云港、宿迁、淮安、泰州市 13 个县（市）出现暴雨天气，部分地区遭受暴雨洪涝灾害。受灾人口 87.5 万人，死亡 1 人，紧急转移安置 2017 人，损坏房屋 1376 间，农作物受灾面积 1.7 万公顷，直接经济损失 2.8 亿元。

安徽 7 月 22—24 日，安徽省亳州、合肥、蚌埠、淮北、阜阳、宿州等地区遭受暴雨洪涝灾害，受灾人口 233.7 万人，死亡 1 人，紧急转移安置 4163 人，倒塌房屋 3051 间，直接经济损失 4.9 亿元。

（5）7 月末，淮河流域遭受暴雨袭击

7 月 31 日至 8 月 2 日，安徽中东部、江苏西南部等地出现了暴雨或特大暴雨，累计降水量有 50 ~ 200 毫米，局地 250 ~ 530 毫米。部分台站 24 小时降水量创历史极值：安徽全椒 423 毫米、含山 410 毫米、巢湖 254 毫米、滁州 429 毫米。受强降雨影响，滁河水位迅速上涨，发生了有实测记录以来仅次于 1991 年的大洪水。安徽、江苏两省部分地区发生暴雨洪涝灾害，直接经济损失超过 10 亿元。

（6）8 月中旬，江汉、江南西部等地出现暴雨

8 月 13—17 日，湖北、湖南、重庆、贵州、河南、安徽、江苏等省（直辖市）的部分地区出现大到暴雨、局部大暴雨，湖北南部和东部、湖南西北部、河南东南部、安徽西部等地过程降水量一般有 100 ~ 200 毫米，部分地区超过 200 毫米。其中湖南桑植（164.4 毫米）、通道（113.4 毫米）、平江（108.0 毫米），湖北天门（139.7 毫米），贵州贵阳（113.3 毫米）等地 24 小时降水量破 8 月日降水量历史记录。湖北、湖南、重庆、贵州、安徽 5 省（直辖市）暴雨洪涝共造成 804.9 万人受灾，19 人死亡，直接经济损失 24.7 亿元。

湖北 8 月 13—17 日，湖北出现大到暴雨，局部大暴雨，导致恩施、宜昌、荆州、荆门、孝感、随州、襄樊、黄冈等 49 个县（市）293.4 万人遭受暴雨洪涝灾害，死亡 10 人，紧急转移 2.7 万人，倒塌房屋 3861 间，直接经济损失 10.8 亿元。

湖南 8 月 13—17 日，湘中以北出现暴雨和大暴雨天气过程，全省共出现 31 站次暴雨，其中大暴雨 11 站次，强降雨导致张家界、湘西州、怀化、常德、岳阳、邵阳、娄底等 7 市 26 个县（市）

299.6 万人受灾，死亡 3 人，紧急转移 3.3 万人，倒塌房屋 2008 间，直接经济损失 11 亿元。

重庆　8 月 15—16 日，重庆市部分区（县）因强降雨引发暴雨洪涝灾害，导致 85.3 万人受灾，死亡 1 人，紧急转移安置 2320 人，倒塌房屋 3885 间，直接经济损失 5800 万元。

安徽　8 月 15—17 日，安徽阜阳、六安部分县（区）遭受暴雨袭击，造成 41.9 万人受灾，死亡 1 人，紧急转移安置 1200 多人，倒塌房屋 1260 间，直接经济损失 1 亿元。

贵州　8 月 15—17 日，贵州出现强降水，贵阳、六盘水、遵义、铜仁、毕节、安顺 8 个市（州）不同程度遭受暴雨洪涝灾害。受灾人口 78.1 万人，死亡 4 人，紧急转移安置 4364 人，直接经济损失 1.2 亿元。

内蒙古　8 月 15—16 日，内蒙古巴彦淖尔市五原县、乌拉特中旗遭暴雨袭击，造成 15.2 万人受灾，直接经济损失 2.9 亿元。

（7）8 月下旬，西南地区东部、江汉、江淮西部等地出现强降水天气，浙江、上海等地遭受短时强降水袭击

8 月下旬，浙江、上海等地出现短时强降水。8 月 27—31 日，西南东部、江汉、江淮西部等地出现强降水天气，过程降水量一般有 50 ~ 250 毫米，湖北、安徽、重庆等省（直辖市）出现不同程度暴雨洪涝灾害。

浙江　8 月 24 日，浙江湖州市普降雷阵雨，部分地区出现短时强降水。主要强降水区呈南北带状分布，集中在湖州市区、妙西、梅峰、乔溪、德清、莫干山一带。湖州市吴兴区东林、道场、妙西、梅峰、乔溪等乡镇遭受暴雨洪涝灾害，房屋、农田受损，还出现了不同程度的山体滑坡等次生灾害，受灾人口 1.8 万人，倒塌房屋 81 间。直接经济损失 5632 万元。

上海　8 月 25 日早晨，上海出现入汛后最强暴雨天气，徐汇区 1 小时最大降水量 117.5 毫米，突破 1872 年有气象记录以来 1 小时最大降水量记录。因强降水发生在居住密集的市区和上班高峰期，并且降水强度远远超过上海市排水能力，造成市区 150 多条马路严重积水，最深达 1.5 米，造成交通堵塞，有的路段封闭达 10 小时，虹桥机场 138 架航班延误，长途班车 400 多个班次晚点。

湖北　8 月 28—30 日，湖北省出现强降水天气过程，降水量一般有 50 ~ 100 毫米，其中云梦、红安、安陆、应城、钟祥、京山等地超过 250 毫米。孝感、荆门、襄樊、黄冈、宜昌等 47 县（市）遭受暴雨洪涝灾害，526.5 万人受灾，死亡 6 人，紧急转移安置 10.6 万人，倒塌房屋 7479 间，直接经济损失 25 亿元。

4. 秋季，西南地区遭受暴雨袭击，南方遭遇 1951 年以来最强秋雨

（1）9 月，西南地区遭受暴雨袭击，四川、重庆等地出现洪涝灾害

9 月，四川、重庆、陕西等地出现大到暴雨天气过程，部分地区暴雨引发严重的地质灾害。

四川　9 月 8—10 日，四川东部出现大到暴雨天气过程。其中，四川广元（130.3 毫米）、万源（109.8 毫米）、遂宁（95.5 毫米）、成都（90.0 毫米）等地过程降水量较大。暴雨造成内江、资中、资阳、冕宁、越西、平昌等县（市）97.6 万人受灾，4 人因灾死亡，直接经济损失 1.2 亿元。9 月 22—27 日，四川盆地西部先后有 12 市 38 个县（市）遭受暴雨袭击：其中 9 个县（市）降了大暴雨；日最大降水量出现在峨眉山市，达 159.8 毫米；北川县连续 5 天出现暴雨；彭山和新都 2 个县（市）日降水量突破 9 月历史极值。由于降水持续时间长、强度大，导致地震灾区部分地方道路中断，山体滑坡和泥石流频发，对灾区的恢复重建十分不利。全省有 388.9 万人受灾，因灾死亡 27 人，直接经济损失 23.5 亿元，其中农业经济损失 9 亿元。

重庆　9 月 17—22 日，彭水、奉节、南川、云阳、江津、巫溪等 7 个区县出现大到暴雨天气过程，强降雨造成山洪暴发并诱发多处滑坡和泥石流，导致 43.3 万人受灾，紧急转移人口 1.5 万人，因

灾死亡10人，农作物受灾面积3288公顷，造成直接经济损失9510万元。

（2）10月中旬，海南省出现持续强降雨

海南 10月12-15日，海南省出现持续强降雨，海口、文昌等地部分地区累计降雨量超过500毫米，最大累计雨量出现在琼中县乘坡农场，达586.6毫米。12日和14日文昌站降雨量分别达271.0毫米和219.0毫米，13日澄迈站降雨量207.0毫米，14日海口站降雨量279.9毫米，均突破10月份历史日最大降雨量记录。此次海南省强降雨过程持续时间长、降雨面广，为历史少见。暴雨洪涝造成海南省252.8万人受灾，紧急转移安置人口16.8万人；农作物受灾面积9.3万公顷，绝收1万公顷；倒损房屋2000多间；因灾直接经济损失6亿元。

（3）10月下旬至11月上旬，南方出现持续强降水

10月21日至11月8日，我国南方大部分地区出现连续降水过程，此次持续降水天气具有范围广、时间长、强度大的特点。江南、华南北部和中西部、西南东南部降水量100～200毫米，其中广西西部、贵州东部、湖南中部降水量200～300毫米。与常年同期相比，江南、华南西部、江淮南部、江汉中南部、西南大部降水量较常年同期偏多1～3倍，江西西北部、湖南中部、贵州东南部和西北部、广西西部、云南东部等地偏多3～4倍，其中广西百色（偏多7.3倍）、南宁（4.8倍）、云南德钦（6.1倍）、楚雄（5倍）、湖南长沙（4.7倍）、株洲（5倍）等地偏多4倍以上（图2.2.3）。南方（包括长江中下游、西南、华南）区域平均降水量为94.9毫米，较常年同期（36.9毫米）偏多1.6倍，为1951年以来最大值（图2.2.4）；南方区域平均降水日数有8.8天，较常年同期（5.8天）偏多3天，为1951年以来第四多。此次持续强降水，导致云南、广西、贵州、湖南等地部分地区遭受暴雨洪涝及滑坡、泥石流灾害。受强降雨影响，南方多条河流发生罕见的秋汛，西江干流发生历史同期最大洪水，湖南洞庭湖水系沅水、资水都发生了历史同期的最大洪水，局地发生秋涝，并引发滑坡、泥石流等灾害。

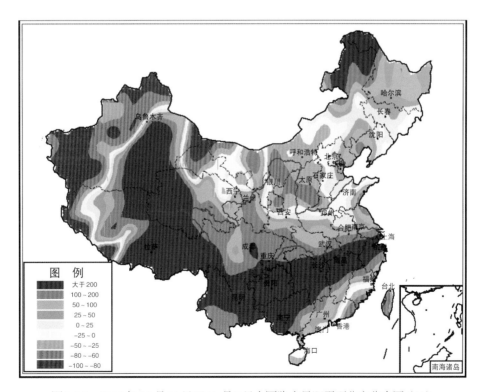

图2.2.3　2008年10月21日至11月8日全国降水量距平百分率分布图（%）

Fig.2.2.3　Distribution of precipitation anomalies from October 21 to November 8 over China in 2008（%）

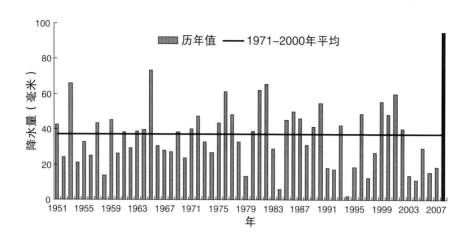

图 2.2.4　10 月 21 日至 11 月 8 日南方区域平均降水量历年变化图（1951–2008 年）

Fig.2.2.4　Precipitation amounts from October 21 to November 8 in southern China during 1951–2008

　　广西　10 月 31 日至 11 月 5 日，广西防港城、崇左、南宁、百色等市普降大雨，部分地区降大暴雨至特大暴雨，其中 11 月 1 日，平果、南宁、百色等地日降水量均突破本月历史同期最大值。强降水造成广西 32 个区（县）136.5 万人受灾，11 人死亡，农作物受灾面积 8 万公顷；倒塌房屋 3553间，损坏房屋 2.2 万间；因灾直接经济损失 7.4 亿元。

　　云南　10 月 31 日至 11 月 8 日，云南楚雄市、双柏县、昆明市等地出现强降水，引发严重的滑坡、泥石流灾害，共造成楚雄、昆明、临沧、红河等 13 个州（市）共有 252 万人受灾，因灾死亡（含失踪）90 人，直接经济损失 6 亿元。

　　湖南　10 月 28 日至 11 月 8 日，湖南发生了自 1951 年以来同期连续降雨时间最长、累计雨量（187.7 毫米）最大的一次降雨过程，出现暴雨 115 站次，36 个县市 10 天累积降水量达洪涝标准，其中娄底、湘潭和怀化中部 12 个县市达中度洪涝。长沙、常德、益阳、娄底、怀化、湘西等 6 个市（州）26 个县（市、区）418 个乡镇 174.2 万人遭受洪涝灾害，农作物受灾面积 10.2 万公顷；倒塌房屋 1154间；直接经济损失 6 亿元。

2.3　热带气旋

2.3.1　基本概况

　　2008 年，西北太平洋和南海上共有 22 个热带气旋（指中心附近最大风力 ≥ 8 级的热带气旋，后同）生成，其中 0801 号"浣熊"（Neoguri）、0806 号"风神"（Fengshen）、0807 号"海鸥"（Kalmaegi）、0808 号"凤凰"（Fung-Wong）、0809 号"北冕"（Kammuri）、0812 号"鹦鹉"（Nuri）、0813 号"森拉克"（Sinlaku）、0814 号"黑格比"（Hagupit）、0815 号"蔷薇"(Jangmi)及 0817 号"海高斯"(Higos)先后在我国登陆（图 2.3.1）。10 个登陆热带气旋中，"浣熊"是 1951 年以来登陆我国最早的一个热带气旋，有 5 个集中在 8 月上旬至 10 月上旬。总的来看，2008 年热带气旋生成个数较常年略偏少，登陆时间异常偏早，登陆个数略偏多且时间集中。

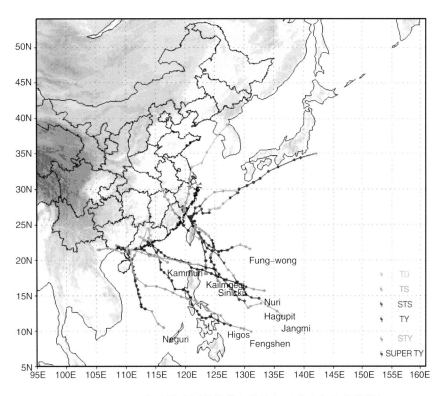

图 2.3.1　2008 年登陆我国的热带气旋路径（中央气象台提供）

Fig.2.3.1　Tracks of tropical cyclones landed on China in 2008（provided by Central Meteorological Observatory）

　　2008年，热带气旋带来的大量降水，对缓解南方部分地区的夏伏旱和增加水库蓄水等十分有利，但由于登陆时间集中，部分地区因降水强度大、风力强，遭受的损失比较严重。全国共有 3791.6 万人受灾，179 人死亡（含失踪），转移安置 492.2 万人，231 万公顷农作物受灾，12.8 万间房屋倒塌，直接经济损失 320.8 亿元（表2.3.1）。其中，影响较大的是 0808 号"凤凰"、0812 号"鹦鹉"和 0814 号"黑格比"；受灾较重的地区是广东，其次是广西。

表 2.3.1　2008 年热带气旋主要灾情表

Table2.3.1　List of tropical cyclones and associated disasters over China in 2008

国内编号及中英文名称	登陆时间（月.日）	登陆地点	最大风速（米/秒）	受灾地区	受灾人口（万人）	死亡人口（人）	失踪人口（人）	转移安置（万人）	倒塌房屋（万间）	受灾面积（万公顷）	直接经济损失（亿元）
0801 浣熊	4.18	海南文昌	11(30)	海南	121.70		18	21.33		4.02	3.30
（Neoguri）	4.19	广东阳东	7(17)	广东	80.60	3		1.35	0.04	3.78	4.59
0806 风神（Fengshen）	6.25	广东深圳	9(23)	广东	77.65	22	10	12.53	1.73	9.29	21.40
				湖南	37.13	12		0.40	0.10	1.33	1.70
				福建	26.04		2	3.25	0.24	1.27	1.82
				广西	7.31			0.19	0.05	0.91	0.45
				江西	44.88	1				2.97	1.30
0807 海鸥（Kalmaegi）	7.17	台湾宜兰	12(33)	福建	27.51	1		18.30		1.57	5.01
	7.18	福建霞浦	10(25)	浙江	30.27			27.10		0.43	0.64
				安徽	3.20	1				0.17	0.17
				江西	26.77	5		1.83	0.52	1.71	2.17

国内编号及中英文名称	登陆时间（月.日）	登陆地点	最大风速力（米/秒）	受灾地区	受灾人口（万人）	死亡人口（人）	失踪人口（人）	转移安置（万人）	倒塌房屋（万间）	受灾面积（万公顷）	直接经济损失（亿元）
080 凤凰 (Fung-Wong)	7.28 7.28	台湾花莲 福建福清	14(45) 12(33)	福建	138.69			39.07	0.05	6.02	14.22
				浙江	302.33			38.00	0.13	8.32	14.47
				江西	62.10			6.90	0.72	3.04	5.93
				广东	106.53	3	4	10.33	1.50	4.53	6.83
				山东	1.60			1.30	0.08	0.31	0.08
				安徽	278.24	11		9.50	1.13	22.11	29.33
				江苏	79.39	1				14.18	7.09
0809 北冕 （Kammuri）	8.6 8.7	广东阳西 广西东兴	10(25) 8(18)	广东	194.50	3		8.70	0.80	6.17	6.04
				广西	179.20			5.82	0.25	22.67	5.49
				海南	62.60			3.33		2.68	0.83
				云南	125.30	28	6	1.65	1.01	10.71	7.47
0812 鹦鹉 （Nuri）	8.22 8.22	香港 广东中山	12(33) 10(25)	广东	132.00			10.74	0.26	5.90	42.60
				广西	18.80			1.49	0.02	0.61	0.30
081 森拉克 （Sinlaku）	9.14	台湾宜兰	15(48)	浙江	65.30			26.30		3.70	1.40
				福建				22.95			
0814 黑格比 （Hagupit）	9.24	广东电白	15(48)	广东	777.90	22	4	48.70	2.20	38.38	77.60
				广西	665.00	13	8	105.30	1.93	45.44	54.40
				海南	29.22			3.21		2.00	0.52
				云南	29.83					2.11	0.78
0815 蔷薇 （Jangmi）	9.28	台湾宜兰	16(51)	福建				26.72			
				浙江	5.60			25.91		1.48	1.94
0817 海高斯 （Higos）	10.3 10.4	海南文昌 广东吴川	8(18) 7(15)	海南	54.30			3.86		3.18	0.87
				广东	0.07	1		6.17		0.04	0.01
合　计					3791.56	127	52	492.23	12.76	231.0	320.75

2.3.2 主要热带气旋灾害事例

1. 0801 号"浣熊"

0801 号"浣熊"于 4 月 18 日 22 时 30 分在海南省文昌市龙楼镇登陆，登陆时中心气压 980 百帕，中心附近最大风力 11 级（30 米/秒），19 日 14 时 15 分在广东省阳东县东平镇再次登陆，登陆时中心附近最大风力 7 级（17 米/秒），中心气压为 998 百帕。"浣熊"具有登陆时间早、生命史短、强度变化快、风雨大的特点。受其影响：海南、广东两省共有 202.3 万人受灾，死亡 3 人，失踪 18 人，紧急转移安置 22.7 万人；农作物受灾面积 7.8 万公顷；直接经济损失 7.9 亿元。

海南　东部沿海陆地出现 6~8 级、阵风 10~12 级的大风，北部、中部、东部地区为中到大雨，局地暴雨，琼海长坡镇（136.8 毫米）、万宁东兴农场（108.4 毫米）等地过程雨量超过 100 毫米。全省受灾人口 121.7 万人，紧急转移 21.3 万人，有 18 名渔民因渔船沉没而失踪；农业受灾面积 4.0 万公顷；直接经济损失 3.3 亿元。

广东　沿海海面出现 7~8 级、阵风 10 级大风，全省出现暴雨到特大暴雨，其中上川岛 19 日和潮阳 20 日降水量分别为 276 毫米和 302 毫米。阳江、江门、珠海、深圳、韶关等市有 80.6 万人受灾，紧急转移安置 1.4 万人，死亡 3 人；农作物受灾面积 3.8 万公顷；直接经济损失 4.6 亿元。

2. 0806 号"风神"

0806号"风神"于6月25日05时30分前后在广东省深圳市葵涌镇沿海登陆，登陆时中心附近最大风力有9级（23米/秒），中心气压985百帕。受其影响：广东、湖南、福建、广西、江西5省（自治区）共有193万人受灾，死亡35人，失踪12人，紧急转移安置16.4万人；农作物受灾面积15.8万公顷；倒塌房屋2.1万间；直接经济损失26.7亿元。

广东 沿海部分地区出现了7～9级、阵风10级的大风。全省有916个气象监测站累积雨量超过100毫米，其中有13个站超过500毫米，上川岛最大，为581.8毫米。据统计：广州、佛山、韶关、惠州、东莞、中山、云浮等9个市共有77.7万人受灾，死亡22人，失踪10人，转移安置12.5万人；农作物受灾面积9.3万公顷；倒塌房屋1.7万间；直接经济损失21.4亿元。

湖南 部分地区降大到暴雨，局部降大暴雨。其中，6月25日14时至26日00时，全省10个站降雨量在100毫米以上，最大为郴州市苏仙区长青水库站150.2毫米；郴州北湖区大塘乡最大1小时降雨量达94.6毫米。强降雨导致郴州市临武县发生泥石流灾害，造成12人死亡。全省共有37.1万人受灾；农作物受灾面积1.3万公顷；倒塌房屋1000间；直接经济损失1.7亿元。

福建 有32个县（市）过程降水量超过50毫米，4个县（市）超过100毫米，以长汀县158.2毫米为最大。全省有26万人受灾，失踪2人，紧急转移安置3.3万人；农作物受灾面积1.3万公顷；倒塌房屋2400间；直接经济损失1.8亿元。

3. 0807 号"海鸥"

0807号"海鸥"于7月17日21时40分前后在台湾省宜兰县南部沿海登陆，登陆时中心气压970百帕，中心附近最大风力有12级（33米/秒），18日18时10分在福建省霞浦县长春镇再次登陆，登陆时中心气压988百帕，中心附近最大风力有10级（25米/秒）。"海鸥"具有生成慢、影响快、时间长、范围广等特点。受其影响：浙江、福建、江西、安徽4省共有87.8万人受灾，死亡7人，紧急转移安置47.2万人；农作物受灾面积3.9万公顷；倒塌房屋5200多间；直接经济损失8亿元。

福建 42个县（市）出现8～11级大风。全省有24个县（市）过程雨量超过50毫米，7个县（市）超过100毫米，以平潭183毫米为最大。另据自动站统计，全省270个站过程雨量超过50毫米，59个站超过100毫米，2个站超过200毫米，以平潭敖东239.8毫米为最大。据统计：福州、南平、莆田、宁德、泉州等市共27.5万人受灾，死亡1人，紧急转移安置18.3万人；农作物受灾面积1.6万公顷；直接经济损失5亿元。

浙江 沿海海面和沿海地区出现8～11级、局部13级大风。全省大部分地区出现中到大雨，局部降暴雨或大暴雨，其中泰顺九峰累计雨量159.4毫米。据统计：温州、丽水两市受灾人口30.3万人，紧急转移安置27.1万人；农作物受灾面积4300公顷；直接经济损失6442万元。

江西 东部和南部有10县（市）出现暴雨，寻乌出现130毫米的大暴雨。丰城出现18米/秒（8级）大风。据统计：全省有26.8万人受灾，死亡5人，紧急转移1.8万人；农作物受灾面积1.7万公顷；倒塌房屋5200间；直接经济损失2.2亿元。

4. 0808 号"凤凰"

0808号"凤凰"于7月28日06时30分前后在台湾省花莲市南部沿海登陆，登陆时中心气压955百帕，中心附近最大风力有14级（45米/秒），22时在福建省福清市东瀚镇再次登陆，登陆时中心气压975百帕，中心附近最大风力有12级（33米/秒）。"凤凰"具有强度强、风大、雨急、影响时间长、范围广、致灾重等特点。受其影响：福建、浙江、江西、广东、山东、安徽、江苏7省共有968.9万人受灾，因灾死亡15人，失踪4人，紧急转移105.1万人；倒塌房屋3.6万间；直接经济损失 78 亿元。

福建 中北部沿海等地出现 10 级以上大风，其中有 12 个站极大风力超过 12 级，以霞浦沙江 44.9 米／秒为最大。大部地区出现大到暴雨，部分地区出现大暴雨。7 月 27 日 20 时至 31 日 20 时过程雨量，有 39 个县（市）超过 100 毫米，14 个县（市）超过 250 毫米，以柘荣 556.1 毫米为最大。另据 27 日 8 时至 30 日 11 时自动站雨量统计，全省 453 个站超过 100 毫米，82 个站超过 250 毫米，5 个站超过 500 毫米，以柘荣乍洋 641.8 毫米为最大。据统计：全省有 57 个县(市、区)、138.7 万人受灾，紧急转移人员 39.1 万人；农作物受灾面积 6 万公顷，水产养殖损失面积 7450 公顷、9.1 万吨；停产工矿企业 408 个，公路中断 85 条次；直接经济损失 14.2 亿元。

浙江 沿海海面和沿海地区出现 8～11 级、局部 13 级的大风，其中温州大罗山最大风速 49.6 米／秒。全省出现大到暴雨，局部降大暴雨，共有 317 站累计雨量在 100 毫米以上，119 站在 200 毫米以上，41 站在 300 毫米以上，其中泰顺九峰（689.5 毫米）、永嘉中堡（534.0 毫米）超过 500 毫米。据统计：全省有 32 个县（市、区）302.3 万人受灾，避险转移 38 万人；农作物受灾面积 8.3 万公顷；房屋倒塌 1300 多间，损坏 6144 间；178 条公路中断，毁坏公路路基（面）267 千米，损坏输电线路 182 千米、通讯线路 64 千米；直接经济损失 14.5 亿元。

广东 东部地区普降暴雨到大暴雨，局部降特大暴雨，陆丰过程雨量最多，达 430.6 毫米。强降水造成河源、揭阳、梅州、惠州、汕尾、汕头等地不同程度受灾。据统计：全省有 106.5 万人受灾，3 万人被洪水围困，死亡 3 人，失踪 4 人，紧急转移 10.3 万人；农作物受灾面积 4.5 万公顷；倒塌房屋 1.5 万间；直接经济损失 6.8 亿元。

安徽 滁州、巢湖等市出现罕见的强降水天气，过程降水量普遍在 200 毫米以上，局部地区超过了 500 毫米，其中滁州（428.5 毫米）、全椒（423.4 毫米）、含山（410.0 毫米）、巢湖（254.0 毫米）日降水量突破历史极值。淮北、江淮东部和沿江东部出现 7～8 级大风。受强降雨影响，滁河全线超过保证水位，发生了有实测记录以来仅次于 1991 年的大洪水。滁州市城区发生严重内涝，50% 以上面积受淹。潜山县暴雨引发地质灾害，造成人员伤亡。据统计：全省有 41 个县（市、区）遭受暴雨洪涝灾害，受灾人口 278.2 万人，死亡 11 人，紧急转移安置 9.5 万人；农作物受灾面积 22.1 万公顷；倒塌房屋 1.1 万间；直接经济损失 29.3 亿元。

江西 10 个县（市）出现 7～8 级大风，28 个县（市）出现暴雨，6 个县（市）出现了大暴雨。全省有 17 个自动站累计雨量超过 200 毫米，以三清山缆车站 328.3 毫米为最大。据统计：九江、抚州等 6 市共有 23 个县（市）62.1 万人受灾，紧急转移安置 6.9 万人；农作物受灾面积 3.04 万公顷；倒塌房屋 7200 间；直接经济损失 6.9 亿元。

江苏 普降大到暴雨、局部大暴雨，其中浦口 24 小时最大降雨量 260.1 毫米，仅次于历史极值（2003 年 7 月 5 日 301.4 毫米）。同时，全省普遍出现了 7～8 级大风，局地还出现了龙卷。据统计：全省共有 79.4 万人受灾，死亡 1 人；农田受灾面积 14.2 万公顷；直接经济损失 7.1 亿元。

山东 部分地区降大雨或暴雨，其中日照过程降水量为 99.0 毫米。强降雨导致局部地区受灾：受灾人口 1.6 万人，转移安置 1.3 万人；农作物受灾面积 3000 多公顷；倒塌房屋 80 间；直接经济损失 800 万元。

5. 0809 号 "北冕"

0809 号 "北冕" 于 8 月 6 日 19 时 45 分前后在广东省阳西县溪头镇沿海登陆，登陆时中心附近最大风力有 10 级（25 米／秒），中心气压 980 百帕，7 日 14 时 50 分在广西东兴市江平镇再次登陆，登陆时中心附近最大风力有 8 级（18 米／秒）。"北冕" 具有生命史短、移速不稳、降雨强度大等特点。受其影响，广东、广西、海南、云南 4 省（自治区）共 561.6 万人受灾，死亡 31 人，失踪 6 人，转移19.5万人；倒损房屋2.1万间；农作物受灾面积42.2万公顷；直接经济损失19.8亿元。

广东　珠江三角洲南部和西部沿海地区出现6~9级、阵风10~11级的大风。粤西和珠三角地区普降暴雨至大暴雨，其中雷州半岛南部出现超百年一遇的特大暴雨，徐闻五一农场和雷州乌石镇盐厂日降水量分别达到529毫米和503毫米。据统计：全省受灾人口194.5万人，死亡3人，紧急转移8.7万人；农作物受灾面积6.2万公顷；倒塌房屋8000间；直接经济损失6亿元。

广西　桂南和沿海地区出现了较强的风雨天气过程。其中，涠洲岛出现特大暴雨（257.0毫米），最大阵风达12级（33.6米/秒）。据统计：全区受灾人口179.2万人，紧急转移安置人口5.8万人；倒塌房屋2500间；农作物受灾面积22.7万公顷；直接经济损失5.5亿元。

海南　北部沿海陆地普遍出现7~8级大风。北部和西部地区普降暴雨到大暴雨，局部降特大暴雨，其中临高红华农场最大过程雨量达441.5毫米。据统计：澄迈、临高、儋州等地共有62.6万人受灾，紧急转移安置3.3万人；农作物受灾面积2.7万公顷，成灾面积7180公顷，绝收面积2360公顷；损坏各类水利设施170处；直接经济损失8300多万元。但是"北冕"带来的降雨使全省水库蓄水量增加9479万立方米，总体上利大于弊。

云南　部分地区出现大到暴雨、局部出现大暴雨。据统计：全省125.3万人受灾，死亡28人，失踪6人，紧急转移安置1.7万人；农作物受灾面积10.7万公顷；倒塌房屋1万间；直接经济损失7.5亿元。

6. 0812号"鹦鹉"

0812号"鹦鹉"于8月22日16时55分在香港西贡沿海登陆，登陆时中心气压975百帕，中心附近最大风力12级（33米/秒），当日22时10分前后在广东省中山市南蓢镇沿海再次登陆，登陆时中心气压985百帕，中心附近最大风力有10级（25米/秒）。受其影响：广东、广西两省（自治区）共150.8万人受灾，紧急转移12.2万人；倒损房屋2800间；农作物受灾面积6.5万公顷；直接经济损失42.9亿元。

广东　东部和珠三角沿海地区普遍出现9~11级、阵风12级以上的大风，其中深圳南澳最大阵风42米/秒（14级），珠海桂山岛最大阵风41.4米/秒（13级）。8月22日08时至23日08时，全省有83个气象站降了暴雨，83个站降大暴雨，5个站出现超过250毫米的特大暴雨，其中江门下川镇最大雨量达454.6毫米。据统计：全省共计受灾人口132万人，紧急转移安置10.7万人；农作物受灾面积5.9万公顷；倒塌房屋2600间；直接经济损失42.6亿元。

7. 0813号"森拉克"

0813号"森拉克"于9月14日1时50分在我国台湾省宜兰县北部沿海登陆，登陆时中心附近最大风力有15级（48米/秒），中心气压945百帕。"森拉克"具有发展快、强度强、移动速度慢、路径复杂等特点，受其影响：福建、浙江有65.3万人受灾，紧急转移安置49.3万人；直接经济损失1.4亿元。

福建　中北部沿海出现7~10级、局部11~13级大风。福州、宁德两市部分县（市）出现暴雨至大暴雨，其中14日20时至15日14时福鼎县贯岭镇降雨量214.0毫米。由于"森拉克"影响，全省转移安置23万人，其中转移海上养殖渔排和回港避风船只人员16.9万人，转移陆上人员6.1万人。

浙江　沿海海面和东南沿海地区出现8~10级、局部11~12级大风。东部和北部地区出现中到大雨，局部出现暴雨到大暴雨。据统计：温州、台州两市有65.3万人受灾，紧急转移安置26.3万人；农作物受灾面积3.7万公顷；2785家工矿企业停产；直接经济损失1.4亿元。

8. 0814号"黑格比"

0814号"黑格比"于9月24日06时45分在广东省电白县陈村镇沿海登陆，登陆时中心气压950

百帕，中心附近最大风力15级（48米/秒）。"黑格比"具有强度强、移速快、影响范围广、破坏性大的特点，是2008年登陆我国大陆地区强度最强、造成损失最重的台风。据统计：广东、广西、海南、云南4省（自治区）共有1502万人受灾，因灾死亡35人，失踪12人，紧急转移安置157.2万人；农作物受灾面积87.9万公顷；倒损房屋4.1万间；直接经济损失133.3亿元，其中广东经济损失最重。

广东　珠江口及其以西的海面和沿海地区普遍出现9～12级、阵风14～16级大风，其中阳江气象观测站测到52.5米/秒（16级）的阵风。全省大部分地区出现大到暴雨，部分地区出现大暴雨，其中恩平市两天累计雨量231.2毫米。在"黑格比"影响下，广州、佛山、中山、珠海、江门和阳江等地均出现罕见的风暴潮，其潮位之高为百年一遇。据统计：全省受灾人口777.9万人，死亡22人，紧急避险转移48.7万人；农作物受灾面积38.4万公顷；倒塌房屋2.2万间；直接经济损失77.6亿元。

广西　南部部分地区出现7～8级、阵风11～12级的大风。桂南、桂西出现了大范围强降雨天气，其中防城港市防城区天马岭（767.2毫米）和峒中镇（721.9毫米）过程雨量超过700毫米。据统计：全自治区有57个县（市）不同程度受灾，受灾人口665万人，死亡13人，失踪8人，紧急转移安置105.3万人；农作物受灾面积45.4万公顷；倒塌房屋1.9万间；直接经济损失54.4亿元。

海南　北半部沿海陆地普遍出现7～9级大风。全省大部分地区出现暴雨到大暴雨，局部出现特大暴雨，其中临高调楼镇（357.4毫米）、东英镇（302.4毫米）和县城（301.2毫米）36小时累计雨量超过300毫米。据统计：全省有6个市（县）、29.2万人受灾，紧急避险转移3.2万人；农作物受灾面积2万公顷，绝收面积1230公顷；直接经济损失5200多万元。

云南　南部普降中到大雨，局部降暴雨或大暴雨。强降雨导致勐腊、富宁等县不同程度遭受洪涝灾害。据统计：全省受灾人口29.8万人；农作物受灾面积2.1万公顷；直接经济损失7800多万元。

9. 0815号"蔷薇"

0815号"蔷薇"于9月28日15时40分在台湾省宜兰县沿海登陆，登陆时中心气压935百帕，中心附近最大风力有16级（51秒/米）。"蔷薇"是2008年登陆我国强度最强一个台风，对台湾产生很大影响。但由于在近海转向，对大陆影响有限，危害较轻。据不完全统计：福建、浙江两省紧急转移安置52.6万人；农作物受灾面积1.5万公顷；直接经济损失1.9亿元。

福建　中北部沿海出现9～13级大风，其中福鼎台山最大风速达40.6米/秒。中北部沿海部分县（市）出现中到大雨，局地出现暴雨，其中福鼎市台山24小时雨量64.7毫米。因"蔷薇"影响，全省5.2万艘各类海上作业船只全部进港避风，共转移26.7万海上人员。

浙江　沿海海面出现9～13级大风，沿海地区出现8～10级大风。沿海大部出现中到大雨，部分地区出现暴雨到大暴雨，其中象山北渔山（318.8毫米）、椒江大陈岛（223.4毫米）过程雨量超过200毫米。受"蔷薇"影响：沿海有3万艘渔船回港避风，全省紧急转移25.9万人；农作物受灾面积1.5万公顷；直接经济损失1.9亿元。

10. 0817号"海高斯"

0817号"海高斯"于10月3日22时15分前后在海南省文昌市龙楼镇沿海登陆，登陆时中心气压998百帕，中心附近最大风力有8级（18米/秒），4日17时10分在广东省吴川市大山江镇再次登陆，登陆时中心附近最大风力有7级（15米/秒），中心气压999百帕。受"海高斯"影响：海南、广东两省共有54.4万人受灾，因灾死亡1人，紧急转移安置10万人；农作物受灾面积3.2万公顷；直接经济损失8800多万元。

海南　北部和东部沿海陆地普遍出现6～8级大风。全省普降暴雨到大暴雨，局部降特大暴雨，其中北部地区两天累计雨量普遍超过 100 毫米，临高波莲镇最大达 302.5 毫米。全省有 54.3 万人受灾，紧急转移安置 3.9 万人；农作物受灾面积 3.2 万公顷；直接经济损失 8700 多万元。

广东 西部沿海地区出现 8 级阵风。全省普降暴雨到大暴雨，局部降特大暴雨，其中江门新会大傲镇 3 天累积雨量达 343.9 毫米。据统计：全省紧急转移安置 6.2 万人，因灾死亡 1 人；农作物受灾面积 700 公顷；直接经济损失近 100 万元。

2.4 冰雹与龙卷风

2.4.1 基本概况

2008 年全国共有 30 个省(直辖市、自治区)、1379 个县（市）次出现冰雹，90 个县（市）次出现龙卷风；冰雹和龙卷风累计受灾面积 418 万公顷，绝收面积 47.5 万公顷，倒塌房屋 11 万间，损坏房屋 59.2 万间，直接经济损失 258.6 亿元。总的来看，2008 年全国降雹县次数和龙卷风县次数比常年偏多，风雹造成的经济损失也比常年偏重。

2.4.2 冰雹

1. 主要特点

（1）降雹次数比常年偏多

2008 年，全国 30 个省(直辖市、自治区)不同程度遭受到冰雹袭击。据统计，共有 1379 个县（市）次出现冰雹。降雹次数比常年（平均约 1000 个县次）偏多。

（2）初雹时间和终雹时间均较常年偏晚

2008 年，全国最早一次风雹天气出现在 2 月 19 日（四川省米易县），初雹时间较常年（平均出现在 2 月上旬）偏晚；最晚一次风雹天气出现在 11 月 26 日（四川省宣汉县），终雹时间比常年（平均出现在 11 月上旬）也偏晚。

（3）降雹集中在夏春季节

从降雹的季节分布来看：2008 年夏季出现冰雹最多，共有 824 个县（市）次降雹，占全年降雹总次数的 59.8%；春季次多，共有 438 个县（市）次降雹，占全年的 31.8%。

（4）中东部地区降雹较多

2008 年，全年降雹较多的是华北、黄淮、江淮、江南西部及西南地区东部、西北地区东部等地。相比而言，湖北、甘肃、河北、湖南、内蒙古、江苏、陕西、山东、河南、黑龙江等省（自治区）因风雹遭受的经济损失较重。

2. 部分风雹灾害事例

（1）4-7~8 日，湖北省武汉、宜昌、荆门、恩施、潜江等市（州）部分县（市）遭受暴雨、冰雹、大风灾害。死亡 9 人；房屋倒塌 4969 间，损坏 6.7 万间；直接经济损失 8.1 亿元。

（2）4 月 7~8 日，重庆市 4 个县遭受风雹袭击。房屋倒塌 2276 间，损坏 1.5 万；直接经济损失 1.2 亿元。

（3）4 月 7~10 日，浙江省绍兴、嘉兴、温州、丽水、衢州等市部分县（市）遭受风雹灾害。房屋倒塌 70 间，损坏 8900 多间；直接经济损失 2.2 亿元。

（4）4 月 7~10 日，江西省南昌、上饶、抚州等市部分县（市）遭受风雹灾害。房屋倒塌 381 间，损坏 2267 间；直接经济损失 1 亿元。

（5）4月12-16日，云南省德宏、红河、版纳、临沧、文山、保山等州（市）遭受大风、冰雹灾害。死亡2人；民房倒塌281间，损坏2.1万间；直接经济损失7841万元。

（6）4月14-15日，云南省普洱市5个县（区）遭受风雹灾害。损坏房屋6455间；直接经济损失2439万元。

（7）4月20-21日，山东省日照、淄博两市部分县（区）遭受风雹袭击。死亡1人；倒塌房屋475间；直接经济损失1636万元。

（8）4月29日至5月3日，甘肃省金昌、酒泉、定西、武威、兰州、白银、平凉等地（市）部分地区发生风雹灾害。675.7万人受灾；直接经济损失3.5亿元。

（9）5月1日，四川省自贡、宜宾、内江等市部分县（区）遭受风雹灾害。10多万人受灾，1人死亡；房屋倒塌95间，损坏4729间；作物受灾面积9708公顷，绝收3063公顷；直接经济损失1002万元。

（10）5月1-3日，贵州省六盘水、黔西南、毕节、安顺等市（地、州）遭受风雹袭击。17.6万人受灾，死亡7人；房屋倒塌47间，损坏4367间；直接经济损失3393万元。

（11）5月2-3日，湖北省孝感、仙桃、咸宁、宜昌、荆门、荆州等市有10县（市）遭受风雹灾害。死亡3人；房屋倒塌290间，损坏1370间；直接经济损失1.3亿元。

（12）5月2-3日，湖南省湘西自治州龙山县和常德市安乡、澧县、桃源、石门等县遭受风雹灾害。受灾人口46.5万人；直接经济损失1.1亿元。

（13）5月2-3日，重庆市4个区（县）遭受风雹灾害。死亡1人；房屋倒塌113间，损坏476间；直接经济损失2218万元。

（14）5月2-3日，河北省衡水、邯郸、保定等市部分县遭受风雹灾害。受灾人口10.7万人；作物受灾面积8000公顷；直接经济损失1.3亿元。

（15）5月2-4日，河南新乡、洛阳两市有3个县遭受风雹袭击。527公顷作物受灾；直接经济损失129万元。

（16）5月8日，江西省吉安、抚州两市有4个区（县）遭受风雹袭击。15.4万人受灾，死亡2人；直接经济损失3312万元。

（17）5月7-8日，贵州省贵阳、黔西南、毕节等市（州、地）发生风雹灾害。2万人受灾，死亡1人；直接经济损失155万元。

（18）5月11-12日，湖北省16县（市）遭受风雹灾害。受灾90.5万人；作物受灾面积8.5万公顷，绝收3.1万公顷；房屋倒塌116间，损坏1.1万间；直接经济损失5.3亿元。

（19）5月16-18日，河南省14个县（市）遭受雷雨大风、冰雹等强对流天气袭击。作物受灾面积10.6万公顷，绝收1.6万公顷；损坏房屋1069间；倒断树木20余万棵；直接经济损失2.1亿元。

（20）5月16-18日，陕西省渭南、商洛两市有8个县遭受雷雨、大风、冰雹袭击。21.3万人受灾；作物受灾面积1.6万公顷；直接经济损失2.1亿元。

（21）5月17日，河北省4个县遭受风雹袭击。其中宁晋县作物受灾面积1.9万公顷，绝收8933公顷；直接经济损失4.8亿元。

（22）5月17日，山西省6个县遭受大风、冰雹袭击。作物受灾面积2.5万公顷；直接经济损失2亿元。

（23）5月25-27日，湖北省恩施、黄冈、鄂州、黄石、武汉、荆州等州（市）部分地区遭受风雹灾害。死亡5人；房屋倒塌275间，损坏1436间；直接经济损失3305万元。

（24）5月25-27日，贵州省41个县（市）发生洪涝、风雹灾害。死亡38人，失踪16人；房屋倒塌 3000 多间，损坏 2.7 万间；直接经济损失 6.3 亿元。

（25）5月26-28日，湖南省26县（市）遭受洪涝、风雹灾害。死亡14人，失踪9人；房屋倒塌 1.2 万间，损坏 3.4 万间；直接经济损失 12.4 亿元。

（26）5月27日，安徽省马鞍山、黄山、亳州等市部分地区发生风雹灾害。死亡1人；作物受灾面积 9100 公顷；直接经济损失 1690 多万元。

（27）5月29日至6月2日，陕西省渭南、安康、榆林、汉中等市部分县遭受风雹和低温冷冻灾害。3.5万人受灾，死亡1人；直接经济损失 2.7 亿元。

（28）6月2-3日，湖北省15个县（市）遭受风雹袭击。93.6万人受灾，死亡1人，失踪9人，受伤53人；作物绝收面积 5530 公顷；倒塌房屋 961 间；直接经济损失 1.8 亿元。

（29）6月3日，河南省29个县（市）遭受大风、冰雹等强对流天气袭击。94.5万人受灾，死亡20人；作物受灾面积8.9万公顷，绝收 5000 公顷；倒塌民房 963 间；直接经济损失 3.2 亿元。

（30）6月3日，江苏省高邮、江都、金湖等市（县）相继遭受雷雨大风和冰雹袭击。死亡2人；作物受灾面积 1280 公顷；农业直接经济损失 2746 万元。

（31）6月3日，安徽省滁州、蚌埠、阜阳、宿州、巢湖、亳州等市部分地区发生风雹灾害。受灾11.9万人，死亡4人；房屋倒塌 530 间，损坏 3100 多间；作物受灾面积 6710 公顷；直接经济损失 9100 多万元。

（32）6月3日，湖北省宜昌、荆州、黄冈等市部分地区遭受风雹袭击。84.8万人受灾，死亡1人，失踪7人；房屋倒塌 662 间，损坏 4619 间；直接经济损失 1.1 亿元。

（33）6月初，湖南省5个县出现雷雨大风、冰雹等灾害性天气。31万人受灾，直接经济损失 3.2 亿元。其中：澧县死亡2人，107人受伤；作物受灾面积 2.4 万公顷；直接经济损失 2.9 亿元。

（34）6月5-9日，湖北省11个县（市）遭受冰雹袭击。11.2万人受灾；作物绝收面积 1533 公顷；直接经济损失 3875 万元。

（35）6月6-11日，云南省怒江、文山、楚雄、临沧、昆明、德宏等州（地、市）遭受风雹灾害。受灾28.7万人，死亡5人；房屋倒塌 200 间，损坏 3600 间；直接经济损失 1 亿元。

（36）6月7日，贵州省黔西南州和毕节地区的部分地区遭受洪涝、风雹灾害。5.5万人受灾，死亡3人，失踪1人；作物受灾面积 785 公顷，绝收 157 公顷；民房倒塌 29 间，损坏 222 间；直接经济损失 1125 万元。

（37）6月8-10日，山东省烟台市5个县(市)先后遭受风雹袭击。18.1万人受灾，直接经济损失 5195 万元。

（38）6月10-12日，山西省5个县（市）遭受暴雨、冰雹袭击。其中万荣、临猗两县有5万余人受灾；直接经济损失 1.1 亿元。

（39）6月10-14日，陕西省宝鸡、咸阳、渭南、延安、安康等市有10个县遭受风雹灾害。13万人受灾；作物受灾面积1.1万公顷，绝收 1200 公顷；倒损房屋 140 多间；直接经济损失 1.1 亿元。

（40）6月11-12日，河南省洛阳、三门峡、济源等市的部分地区遭受暴风雨和冰雹袭击。受灾 1.8 万人；作物受灾面积 1343 公顷；倒损民房 150 多间；直接经济损失 168 万元。

（41）6月12日，内蒙古乌兰察布市察哈尔右翼中旗、卓资县遭受风雹灾害。1.3万人受灾，死亡1人；倒损房屋 224 间；直接经济损失 2148 万元。

（42）6月12-13日，湖北省十堰、恩施、荆州、襄樊等市（州）有10县（市）遭受风雹灾害。19.4万人受灾；作物受灾面积1.27万公顷，绝收 3113 公顷；倒塌房屋 113 间；直接经济损失 7727 万元。

（43）6月20-22日，安徽省宿州、亳州、合肥、滁州等市部分地区发生风雹灾害。2万人受灾，死亡3人；房屋倒塌1720间，损坏1908间；直接经济损失3775万元。

（44）6月21日，吉林省农安县、德惠市遭受风雹灾害。1.3万人受灾，死亡1人；倒塌房屋45间；直接经济损失4000多万元。

（45）6月21日，辽宁省朝阳、盘锦两市遭受风雹袭击。受灾1.4万人；作物受灾面积1313公顷；直接经济损失1059万元。

（46）6月22—24日，北京市6个区（县）遭受雷雨大风和冰雹袭击。8.9万人受灾；作物受灾面积1.4万公顷，绝收2000多公顷；直接经济损失4.8亿元。

（47）6月23—25日，河北省沧州、保定、承德、邯郸、衡水、石家庄、廊坊、张家口等市部分地区遭受风雹灾害。25.8万人受灾；损坏房屋81间；作物受灾面积8.2万公顷，绝收1.2万公顷；直接经济损失5.2亿元。

（48）6月23日，江西省上饶、南昌等市部分县（区）遭受风雹灾害。3.8万人受灾，死亡5人；倒塌房屋62间；直接经济损失611万元。

（49）6月25日，河南省安阳、新乡、濮阳3市遭受风雹灾害。受灾人口36.2万人，死亡2人；倒损房屋260间；直接经济损失2.6亿元。

（50）6月25—27日，陕西省子长、安塞、石泉、丹凤、商南、山阳等县遭受大风、冰雹袭击。6.9万人受灾；作物受灾面积6453公顷，绝收635公顷；直接经济损失6320万元。

（51）6月26—30日，黑龙江省五大连池、大庆、伊春、佳木斯、哈尔滨、齐齐哈尔等地发生风雹灾害。房屋倒塌303间，受损71间；直接经济损失1.1亿元。

（52）6月27—28日，河北省张家口、衡水、石家庄、承德、邯郸、廊坊、邢台等市遭受风雹灾害。1人死亡；倒塌房屋132间；直接经济损失1.6亿元。

（53）6月27—28日，山西省忻州、晋中、大同、太原、吕梁、长治等地遭受风雹灾害。死亡1人，失踪1人；倒塌房屋156间；直接经济损失3.9亿元。

（54）6月27日，河南省南阳、三门峡、商洛等市遭冰雹袭击。受灾5.7万人；倒塌民房24间；直接经济损失6076万元。

（55）7月1—4日，河北省承德、石家庄、张家口、邢台、保定、廊坊6市有31个县（市）遭受风雹袭击。作物受灾面积5.3万公顷，绝收5000公顷；倒塌房屋119间；直接经济损失3.7亿元。

（56）7月1—2日，安徽省六安、巢湖、淮北、亳州等市发生风雹灾害。死亡2人；倒塌房屋97间；直接经济损失776万元。

（57）7月6日，安徽省滁州市、合肥、六安等市部分地区发生风雹灾害。受灾1.5万人，死亡1人；作物受灾面积937公顷；房屋倒塌24间，损坏645间；直接经济损失501万元。

（58）7月8—15日，黑龙江省讷河、五大连池、宾县、望奎、海伦、拜泉等地发生风雹灾害。6.8万人受灾；作物受灾面积1.8万公顷，绝收1.1万公顷；倒塌房屋66间；直接经济损失1.1亿元。

（59）7月9—11日，山东省潍坊、临沂两市部分地区遭受风雹、暴雨袭击。受灾9472人；作物受灾面积2790公顷，绝收250公顷；房屋倒塌41间，损坏196间；直接经济损失6087万元。

（60）7月10—11日，湖北省恩施、十堰、荆州、黄石等州（市）有8个县（市）遭受风雹袭击。16.6万人受灾，死亡1人；作物绝收面积622公顷；倒塌房屋106间；直接经济损失2908万元。

（61）7月10—11日，重庆市有8个县（区）遭受风雹袭击。2人死亡；倒塌房屋148间；直接经济损失1625万元。

（62）7月11日，陕西省白河、旬阳、留坝等县遭受风雹袭击。其中，旬阳县作物成灾面积1967公顷，绝收452公顷；2座吊桥被大风损毁，导致2人死亡，1人失踪。

（63）7月14-16日，湖北省鄂州、宜昌、随州、黄冈等市部分地区发生风雹灾害。2.5万人受灾，死亡4人；作物绝收面积70公顷；直接经济损失200万元。

（64）7月16-17日，辽宁省葫芦岛、抚顺两市部分地区遭受风雹灾害。受灾人口6.7万人；倒损房屋96间；直接经济损失5079万元。

（65）7月18-19日，甘肃省平凉、兰州、庆阳、定西等市部分地区发生风雹灾害。受灾61万人，死亡3人；房屋倒塌159间，损坏1640间；作物受灾面积6.1万公顷，绝收1.5万公顷；直接经济损失5.1亿元。

（66）7月18-19日，宁夏泾源、海原、盐池、西吉、同心、原州等县（区）遭冰雹袭击。受灾7.2万人，死亡1人；作物受灾面积1600多公顷；直接经济损失1568万元。

（67）7月19-20日，陕西省柞水、彬县、吴起等县遭受暴雨、冰雹袭击。作物受灾面积468公顷；损坏房屋172间；直接经济损失334万元。

（68）7月23日，安徽省六安市部分地区遭受风雹灾害。2900人受灾，死亡1人；倒塌房屋52间；直接经济损失524万元。

（69）7月25-27日，安徽省9个县（市、区）发生风雹灾害。受灾7.6万人；作物受灾面积2260公顷；倒塌房屋213间；直接经济损失1344万元。

（70）7月26-28日，湖北省宜昌、恩施、荆门、荆州、孝感、襄樊等市部分地区遭受风雹灾害。受灾56.5万人，死亡3人，伤19人；作物受灾面积3.3万公顷；倒塌房屋548间；直接经济损失2.1亿元。

（71）7月27-28日，湖南省常德、张家界、益阳、长沙等市部分地区遭受风雹灾害。受灾17.2万人；死亡1人；倒塌房屋128间；直接经济损失5218万元。

（72）7月27-28日，贵州省遵义、黔西南、毕节、安顺、黔南等市（州）部分地区遭风雹袭击。受灾16.3万人，死亡3人；倒塌房屋289间；直接经济损失3186万元。

（73）7月28日，安徽省5个县(区)发生风雹灾害。受灾4.6万人，死亡1人；作物受灾面积5100公顷；民房倒塌350间，损坏637间；直接经济损失4051万元。

（74）7月31日至8月2日，湖北省8县（市）遭受风雹灾害。50.5万人受灾，死亡1人，受伤9人；作物受灾面积6230公顷，绝收1360公顷；房屋倒塌174间，损坏1354间；直接经济损失5500万元。

（75）8月1-6日，云南省昭通、楚雄、德宏、大理、保山、丽江、文山、昆明、西双版纳等市（州）部分地区遭受风雹、洪涝和滑坡灾害。受灾15.2万人，死亡10人，失踪1人；倒塌房屋195间；直接经济损失9434万元。

（76）8月3-4日，贵州省铜仁、毕节、黔东南等地（州）部分地区遭受风雹、滑坡灾害。受灾18.8万人，死亡5人；房屋倒塌278间，损坏901间；直接经济损失4523万元。

（77）8月10日，湖北省恩施州建始、宣恩、咸丰等县遭冰雹袭击。受灾12.5万人，死亡1人；直接经济损失574万元。

（78）8月10-14日，贵州省六盘水、遵义、铜仁、毕节等地（市）部分地区遭受风雹灾害。3.7万人受灾，死亡3人；作物受灾面积1600公顷，绝收479公顷；房屋倒塌100间，损坏60间；直接经济损失700万元。

（79）8月12-13日，河南省焦作、商丘、信阳3市部分地区遭风雹袭击。作物受灾面积2200公顷，绝收1000公顷；直接经济损失1680万元。

（80）8月12-19日，湖北省51个县（市、区）遭受暴雨、风雹灾害。受灾293.4万人，死亡10人；

作物受灾面积 23.6 万公顷，绝收 2 万公顷；房屋倒塌 3861 间，损坏 1.5 万间；直接经济损失 10.8 亿元。

（81）8 月 21 日，河北省张家口市 8 个县（区）遭受风雹灾害。受灾 15.4 万人；损坏房屋 135 间；直接经济损失 2.4 亿元。

（82）8 月 24 日，内蒙古通辽、赤峰两市部分县（旗）遭受暴风雨、冰雹灾害。受灾 22.6 万人；作物受灾面积 5.5 万公倾，绝收 2.7 万公顷；倒损房屋 366 间；直接经济损失 5.4 亿元。

（83）8 月 24—26 日，河北省石家庄、保定、衡水、邯郸、沧州、邢台、承德、秦皇岛等市部分地区遭受暴雨、冰雹灾害。受灾人口 137.5 万人；作物受灾面积 9.5 万公顷；直接经济损失 4.9 亿元。

（84）8 月 24—26 日，陕西省延安、榆林、铜川等市有 7 个县（区）遭受风雹袭击。作物受灾面积 7345 公顷，绝收 2244 公顷；直接经济损失 2087 万元。

（85）8 月 25—28 日，山东省烟台、潍坊、东营、菏泽、聊城、淄博等市有 12 县（市、区）遭受大风、冰雹袭击。受灾 31.7 万人；作物受灾面积 2.6 万公顷；直接经济损失 1.8 亿元。

（86）8 月 26—27 日，辽宁省抚顺、鞍山、锦州 3 市部分地区遭受风雹灾害。受灾人口 7400 人；作物受灾面积 1133 公顷，绝收 600 公顷；直接经济损失 1500 多万元。

（87）8 月 26 日，天津市蓟县、汉沽等县（区）遭受雷雨大风和冰雹袭击。作物受灾面积 548 公顷；直接经济损失 316 万元。

（88）8 月 26—27 日，河北省张家口沽源、宣化、涿鹿、怀安等县（区）遭受风雹灾害。受灾 31.0 万人，死亡 2 人，伤 10 人；作物受灾面积 4.2 万公顷，绝收 7253 公顷；倒塌房屋 114 间；直接经济损失 5 亿元。

（89）8 月 26—27 日，河南省三门峡、洛阳、新乡 3 市部分地区遭受雷雨大风和冰雹袭击。作物受灾面积 3343 公顷；直接经济损失 3177 万元。

（90）9 月 3—4 日，河北省石家庄、张家口、沧州、廊坊、秦皇岛、承德等市有 16 个县（市）遭受风雹灾害。受灾 65.7 万人；作物受灾面积 4.8 万公顷，绝收 5200 公顷；直接经济损失 2.6 亿元。

（91）9 月 4 日，北京市大兴、平谷、通州 3 个区遭受风雹灾害。1.3 万人受灾；作物受灾面积 2600 公顷；直接经济损失 2606 万元。

（92）9 月 4 日，天津市蓟县、武清等县（区）出现冰雹、雷雨大风等强对流天气。作物受灾面积 2.3 万公顷；直接经济损失 1200 万元。

（93）9 月 4—5 日，辽宁省阜新、灯塔、辽阳、盘锦等县（市）遭受雷雨大风、冰雹袭击。作物受灾面积 1.6 万公顷；直接经济损失 1740 万元。

（94）9 月 16 日，河北省怀来、宣化、涞源、承德、隆化等县（区）遭受风雹灾害。16.3 万人受灾，死亡 1 人；直接经济损失 7072 万元。

（95）9 月 17 日，吉林省长春、四平、吉林市的部分县（市）遭受风雹、洪涝灾害。受灾 15.9 万人，伤 10 人；作物受灾面积 4.9 万公顷，绝收 1.5 万公顷；损坏房屋 2330 间；直接经济损失 2.7 亿元。

（96）9 月 19—20 日，江苏省江都、高邮、金湖、海陵 4 个市（县、区）遭受冰雹和暴风雨袭击。受灾 14.7 万人；房屋倒塌 89 间，损坏 906 间；作物受灾面积 1.8 万公顷；直接经济损失 1 亿元。

（97）9 月 22—25 日，云南省腾冲、新平、宁蒗、鹤庆、南涧等县遭受冰雹灾害。受灾 3.5 万人；作物受灾面积 1665 公顷；倒损房屋 230 多间；直接经济损失 697 万元。

（98）10 月 4 日，山西省隰县、永和县、吉县 3 个县遭受冰雹灾害。2.1 万人受灾；作物受灾面积 2100 多公顷；直接经济损失 1.1 亿元。

（99）10 月 4 日，陕西省铜川、咸阳两市部分地区遭受冰雹袭击。农业受灾面积 2580 多公顷；直接经济损失 1.2 亿元。

（100）10月7日，新疆库车、沙雅、新和3个县发生深秋季节罕见的风雹灾害。作物受灾面积1万公顷；直接经济损失7212万元。

2.4.3 龙卷风

1. 主要特点

（1）发生次数较常年偏多

2008年全国有14个省（市、自治区）、81个县（市、区）次发生了龙卷风（见表2.4.1），龙卷风出现次数较常年偏多（近10多年平均每年50多个县次）。

（2）主要集中出现在夏季

从2008年龙卷风的季节分布来看，夏季发生最多，共出现龙卷风60个县次，占全年总次数的74%；春、秋季分别出现龙卷风14县次、7县次，各占全年的17%和9%；冬季没有出现龙卷风。从月际分布来看，6月龙卷风最多，7月次多，8月和5月分居第三位和第四位。

（3）山东出现最多

从2008年龙卷风发生的地区分布来看，以山东最多，有20个县次，占全国龙卷风总数的25%，其次是江苏，有16县次（表2.4.1），占20%。

表2.4.1　2008年龙卷风简表
Table2.4.1　List of major tornado events over China in 2008

发生时间（月.日）	发生地点	发生时间（月.日）	发生地点
4.8	河南省信阳市狮河区、新县	7.4	黑龙江省巴彦县
4.13	广东省吴川市	7.4	山东省胶州市
5.3	湖南省桃源县	7.4	江苏省响水县及连云港、宿迁等市局部
5.6	广东省雷州市	7.4	安徽省肥西县
5.12	山东省威海市荣成市、文登市、乳山市和烟台市牟平区	7.6	安徽省马鞍山市雨山区
5.23	黑龙江省五常市	7.7	安徽省岳西县
5.26	河南省正阳县	7.16	辽宁省阜新县
5.27	江苏省建湖县	7.19	江苏省姜堰市
5.29	黑龙江省泰来县	7.23	安徽省颍上县
5.29	海南省海口市美兰区	7.26	安徽省南陵县
6.3	湖南省醴县、临醴县	7.27	湖南省安化县、桃江县
6.3、6.8–10	山东省菏泽、枣庄、烟台、济宁等市11个县(市)	7.29	江苏省东台市
6.6	广东省吴川市	7.30	江苏省邳州市、高邮市、宝应县
6.7	广东省惠来县	7.30	河北省霸州市
6.9	广东省从化市	8.5	黑龙江省齐齐哈尔市拜泉县及伊春市汤旺河区、乌伊岭区、嘉荫县等5个县（区）
6.13	福建省莆田市秀屿区	8.6	广东省遂溪县
6.20	江苏省泗洪县	8.17	江苏省盐城市盐都区、射阳县
6.20	安徽省灵璧县	8.22	江苏省盐城市盐都区
6.24–25	山东省滨州、德州、菏泽、东营等市部分县（市）	8.26	河北省怀安县
6.25	河北省邯郸市峰峰矿区	8.27	河北省泊头市、肃宁县
6.25	广东省佛山市高明区	9.12	重庆市铜梁县
6.29	河北省迁西县	9.17	辽宁省彰武县

续表

发生时间 （月.日）	发生地点	发生时间 （月.日）	发生地点
6.29	江苏省东台市	9.17	内蒙古自治区库伦旗
6.29	广东省广州市番禺区	9.17–19	吉林省长春、四平、吉林等市部分地区
7.1	江苏省阜宁县	9.21	江苏省宜兴市

2. 部分龙卷风灾害事例

（1）4月8日，河南省信阳市狮河区、新县的局部地区发生龙卷风。许多大树、电线杆被吹倒；一条10千伏高压线路损坏，近万户村民家断电。

（2）5月3日，湖南省桃源县7个乡镇遭受冰雹、龙卷风袭击。受灾18.9万人；作物受灾面积1.8万公顷，绝收2866公顷；倒损房屋3150间；直接经济损失8700万元。

（3）5月6日，广东省雷州市南兴镇和松竹镇遭龙卷风袭击，风力达11级以上，一辆2吨重的拖拉机被卷离原地10多米远。160多人受灾，2人受伤；78间房屋被毁；直接经济损失114万元。

（4）5月23日，黑龙江省五常市兴盛乡遭受冰雹和龙卷风袭击。1人死亡，39人受伤；200多间房屋受损；直接经济损失3100多万元。

（5）5月27日，江苏省建湖县庆丰镇双河村、东平村遭受龙卷、冰雹袭击。300多户受灾，10人受伤；房屋倒塌31间，损坏546间；损毁树木100多棵；直接经济损失541万元。

（6）5月29日，海南省海口市美兰区三江农场上山村出现龙卷风。250人受灾；211间房屋受损；4艘渔船被掀上岸；10根电线杆被折断；直接经济损失约400万元。

（7）6月3日，湖南省澧县、临澧县有27个乡镇遭受龙卷风、冰雹灾袭击。52.5万人受灾，死亡2人；房屋倒塌1439间，损坏8103间；直接经济损失1.4亿元。

（8）6月6日，广东省吴川市振文镇遭受龙卷风袭击。宁屋小学19名师生和1名群众受伤；低垌小学17间课室损毁，学校围墙1700米坍塌；村庄62间民房被毁，35公顷作物受灾，6000多米供电、邮电线路受损；直接经济损失1000多万元。

（9）6月7日，广东省惠来县南海农场遭受龙卷风袭击。林木、水稻等损毁面积168公顷；死伤鸭3.1万多只；民房倒塌45间，损坏56间；4人受伤；直接经济损失250多万元。

（10）6月20日，江苏省泗洪县梅花镇段庄村遭受龙卷风袭击。受灾1900人，墙体倒塌砸死1人；作物受灾面积31公顷；损坏民房146间；倒断树木1200棵、电线杆40余根；直接经济损失约260万元。

（11）6月20日，安徽省灵璧县灵城镇部分社区遭受龙卷风袭击。受灾2万余人，死亡1人，受伤45人；民房倒塌653间，损坏965间；直接经济损失1852万元。

（12）6月25日，河北省邯郸市峰峰矿区宿凤村出现龙卷风。倒损房屋200余间；倒断树木1800多棵；6人受伤。

（13）7月4日，黑龙江省巴彦县万发镇太兴村遭受龙卷风、冰雹和大雨的袭击。164户房屋被掀；179棵树木折断；作物受灾面积339公顷；直接经济损失520万元。

（14）7月4日，山东省胶州市胶莱镇小高于家村遭受龙卷风袭击。一活动板房被掀200多米远，一新建的1.2万平方米蔬菜批发市场被损坏；直接经济损失约1000万元。

（15）7月23日，安徽省颍上县慎城、润河等10个乡镇遭受龙卷风袭击。4.4万人受灾；作物受灾面积2958公顷；房屋倒塌208间，损坏房屋934间；折断树木1万多棵；损毁电力线路1.4万米；直接经济损失800万元。

（16）7月27日，湖南省安化、桃江两县部分乡镇遭受龙卷风袭击。3.8万人受灾；作物受灾面积180公顷；房屋倒塌17间，损坏1128间；死亡大牲畜22头；倒断电杆30多根；直接经济损失2000万元。

（17）7月29日，江苏省东台市溱东镇发生龙卷风。作物受灾面积350公顷；损坏厂房120间、民房近70间；直接经济损失约360万元。

（18）7月30日，江苏省邳州市邹庄、港上、铁富、炮车、四户镇和高邮市临泽镇、宝应县广洋湖镇先后遭受龙卷风袭击。高邮市一服装厂18间厂房被掀塌，造成重大人员伤亡。13万人受灾，伤51人，死亡4人；作物受灾面积380公顷；房屋倒塌400多间，损坏1100多间；倒折树木2.9万棵；直接经济损失3275万元。

（19）8月5日，黑龙江省齐齐哈尔市拜泉县及伊春市的汤旺河区、乌伊岭区、嘉荫县等5个县（区）遭受龙卷风袭击。受灾9.3万人，死亡1人；作物受灾面积5.5万公顷，绝收952公顷；损坏房屋5935间；直接经济损失1.4亿元。

（20）8月6日下午，广东省遂溪县界炮、港门、北坡3个镇共5个村遭受龙卷风袭击。131间房屋受损；80多公顷作物受灾；直接经济损失300多万元。

（21）8月17日，江苏省射阳县洋马镇和盐都区龙冈镇、潘黄镇共11个村遭受龙卷风袭击。1600多人受灾，9人受伤；房屋倒塌29间，损坏1172间；作物受灾面积1600多公顷，绝收32公顷；折断树木4600多株；直接经济损失1177万元。

（22）8月26日，河北省怀安县发生龙卷风。灾害造成5人受伤；作物受灾面积191公顷；房屋受损914间；刮倒树木528根、电线杆34根。

（23）8月27日，河北省泊头市、肃宁县部分乡镇遭受龙卷风和冰雹袭击。7000人受灾，直接经济损失1041万元。

（24）9月17日，辽宁省彰武县阿尔乡遭受龙卷风袭击。1394人受灾，23人受伤；损毁房屋1361间；作物倒伏面积602公顷；刮断树木5万余棵；直接经济损失2235万元。

（25）9月17日，内蒙古库伦旗库伦镇、额勒顺镇、茫汗苏木遭受龙卷风及冰雹袭击。9633人受灾；作物受灾面积8506公顷，绝收1981公顷；近3万棵树木被刮断；41座蔬菜大棚严重受损；倒塌民房27间，损坏民房2267间；直接经济损失1740万元。

（26）9月17-19日，吉林省长春、四平、吉林等市部分地区遭受龙卷风、大风和冰雹灾害。15.9万人受灾；作物受灾面积4.9万公顷，绝收1.5万公顷；房屋倒塌26间，损坏2330间；直接经济损失2.7亿元。

（27）9月21日，江苏省宜兴市遭受龙卷风和雷雨大风、冰雹袭击。受灾3.3万人，伤8人，1人被刮入河中溺水身亡；水稻等受灾面积1366公顷；损坏房屋96间；6座供电塔折断，60多根通信线杆吹倒；直接经济损失4000多万元。

2.5 沙尘暴

2008年，全国共出现了13次沙尘天气过程，其中10次出现在春季。2008年春季我国北方沙尘日数较常年同期明显偏少，是1961年以来第二少的年份。5月26-28日的强沙尘暴天气是2008年影响范围最大、强度最强的一次沙尘天气过程。总的来看，2008年春季我国沙尘天气的主要特点是沙尘日数偏少、强度偏弱。

2.5.1 2008年我国北方沙尘天气主要特征

1. 沙尘日数少

2008年，全国共出现了13次沙尘天气过程，除有两次发生在2月，一次发生在12月外，其余

10次均出现在春季（表2.5.1）。在春季的10次沙尘过程中，有1次强沙尘暴，8次沙尘暴，1次扬沙天气过程。2008年春季沙尘天气过程总次数低于2000–2007年历史同期平均值（13.8次），较2007年同期偏少5次（表2.5.2）。

表2.5.1　2008年我国主要沙尘天气过程纪要表（中央气象台提供）

Table2.5.1　List of major sand and dust storm events and associated disasters over China in 2008

（provided by Central Meteorological Observatory）

序号	起止时间	过程类型	主要影响系统	影响范围
1	2月11日	扬沙	蒙古气旋	辽宁北部以及内蒙古中部、吉林中部的局地出现了扬沙。
2	2月21–23日	扬沙	低气压冷锋	南疆盆地东部、甘肃西部、内蒙古西部的部分地区出现了扬沙。其中，甘肃西部、内蒙古西部的局地出现了沙尘暴。
3	2月29日至3月1日	沙尘暴	蒙古气旋	内蒙古西部、甘肃中西部、宁夏南部和东部以及陕西北部、山西中北部、河北、河南北部、山东西北部的局地出现了扬沙。其中，内蒙古西部、甘肃中西部的部分地区以及宁夏南部、陕西北部的局地出现了沙尘暴或强沙尘暴。
4	3月14–15日	沙尘暴	蒙古气旋	内蒙古中西部和东南部、黑龙江西南部、吉林中西部、辽宁西部的部分地区、湖北西北部局地出现了扬沙。其中，内蒙古中西部、吉林西部的局地出现了沙尘暴或强沙尘暴。
5	3月17–19日	扬沙	蒙古气旋	内蒙古中西部、甘肃西部、山西、河北西北部、河南北部、辽宁北部、吉林西部的部分地区以及宁夏东北部、山东西北部的局地出现了扬沙。其中，内蒙古中西部、甘肃西部、吉林西南部的局地出现了沙尘暴或强沙尘暴。
6	3月29–31日	沙尘暴	冷锋	南疆盆地、甘肃西部和中部局地、内蒙古西部以及青海西北部、宁夏东北部的局地出现了扬沙。其中，南疆盆地西北部的部分地区以及内蒙古西部、青海西北部的局地出现了沙尘暴或强沙尘暴。
7	4月17–21日	沙尘暴	蒙古气旋	南疆盆地和北疆局地、青海北部、甘肃中西部以及内蒙古、宁夏中部、辽宁西北部、黑龙江西部的局地出现了扬沙。其中，南疆盆地、青海北部的部分地区以及北疆南部、甘肃中西部的局地出现了沙尘暴或强沙尘暴。
8	4月30日至5月3日	沙尘暴	冷锋蒙古气旋	南疆盆地、青海北部、甘肃中西部、宁夏、内蒙古中西部的部分地区、陕西局地出现了扬沙。其中，南疆盆地、青海北部的部分地区以及甘肃西部、宁夏东北部、内蒙古中西部的局地出现了沙尘暴或强沙尘暴。
9	5月6–8日	沙尘暴	冷锋	南疆盆地、青海北部、甘肃西部和中部局地以及内蒙古西部、宁夏西南部的局地出现了扬沙，上述局地出现了沙尘暴或强沙尘暴。
10	5月19–20日	沙尘暴	蒙古气旋	内蒙古中部、河北西北部、山西北部局地出现了扬沙。其中，内蒙古中部的部分地区出现了沙尘暴或强沙尘暴。
11	5月26–28日	强沙尘暴	蒙古气旋	内蒙古中西部和东南部局地、山西北部、河北北部、天津以及辽宁西南部、吉林西南部、河南北部的局地出现了扬沙。其中，内蒙古中西部的部分地区出现了沙尘暴或强沙尘暴。
12	5月28–29日	沙尘暴	蒙古气旋	内蒙古中西部、河南北部、天津以及宁夏北部、陕西中部、山西北部、河北东部、吉林西南部的局地出现了扬沙。其中，内蒙古河套北部的部分地区出现了沙尘暴。
13	12月7日	扬沙	冷锋	内蒙古西部、甘肃中西部、宁夏中部、陕西北部的部分地区出现了扬沙。其中，内蒙古西部、甘肃中部的局地出现了沙尘暴。

表 2.5.2   2000–2008 年春季（3–5 月）我国沙尘天气过程次数统计表
Table2.5.2   Statistics of sand and dust storm events in Spring (from March to May) during 2000–2008

时间	3 月	4 月	5 月	总计
2000 年	3	8	5	16
2001 年	7	8	3	18
2002 年	6	6	0	12
2003 年	0	4	3	7
2004 年	7	4	4	15
2005 年	1	6	2	9
2006 年	5	7	6	18
2007 年	4	5	6	15
2008 年	4	1	5	10
2000–2007 年总计	33	48	29	110
2000–2007 年平均	4.1	6.0	3.6	13.8

从 1961–2008 年我国北方地区春季平均沙尘日数的长期变化看（图 2.5.1），沙尘日数总体呈明显的下降趋势。2008 年春季，我国北方平均沙尘日数为 1.7 天，比常年同期（平均 5.6 天）偏少 3.9 天，为 1961 年以来春季沙尘日数第二少的年份，仅多于 2005 年同期（1.4 天）。

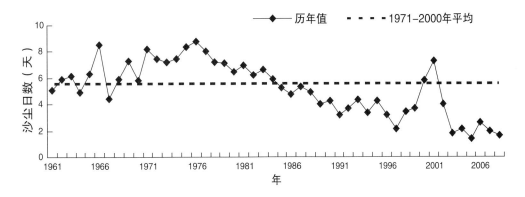

图 2.5.1   1961–2008 年春季北方地区平均沙尘（扬沙、沙尘暴、强沙尘暴）日数变化图
Fig.2.5.1   Number of sand and dust (sandblowing, sandstorm, strong sandstorm) days averaged over northern China in Spring during 1961–2008

空间分布上，2008 年春季内蒙古大部、辽宁西北部、吉林西部、黑龙江西南部、河北西北部、京津地区、山西北部、河南北部、陕西北部、宁夏、甘肃北部和西部、青海西部、新疆南部等地都出现了 1 ~ 10 天的沙尘天气，其中内蒙古西部、南疆部分地区沙尘日数达 10 ~ 20 天（图 2.5.2）。与常年同期相比，北方大部地区沙尘日数偏少，其中内蒙古中部和西部、吉林和辽宁的西部、河北中部、陕西北部、宁夏、甘肃中部和西部、青海东北部和西部、新疆南部等地偏少 10 ~ 20 天。

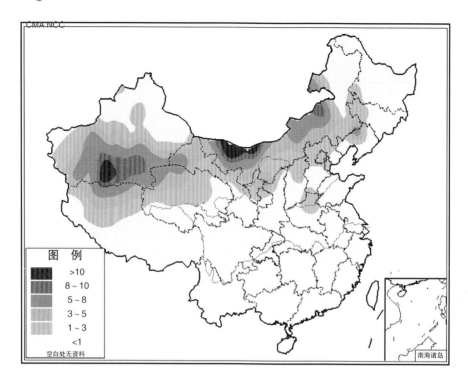

图 2.5.2　2008 年春季全国沙尘（包括扬沙、沙尘暴、强沙尘暴）日数分布图（天）

Fig.2.5.2　Distribution of the number of sand and dust

(sandblowing, sandstorm, strong sandstorm) days over China in Spring in 2008

2. 沙尘天气强度较弱

2008 年春季，我国北方地区沙尘天气过程的强度偏弱，共出现 1 次强沙尘暴和 8 次沙尘暴天气过程，均与 2007 年相当，但强沙尘暴过程较 2006 年春季（5 次）明显偏少（图 2.5.3）。

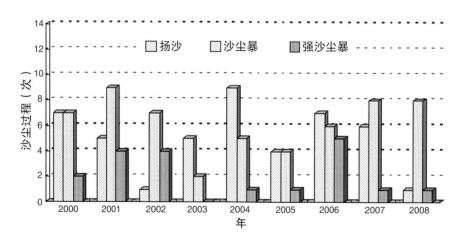

图 2.5.3　2000-2008 年春季中国沙尘天气过程次数变化图

Fig.2.5.3　Number of sand and dust storm events over China in Spring during 2000-2008

2.5.2 沙尘天气影响

5 月 26-28 日的强沙尘暴天气过程是 2008 年影响范围最大、强度最强的一次，影响了西北和华北的大部分地区。内蒙古中西部和东南部局地、山西北部、河北北部、天津以及辽宁西南部、吉林西南部、河南北部的局地出现了扬沙，内蒙古中西部的部分地区出现了沙尘暴或强沙尘暴。风力5~7级，局部地区8~9级。内蒙古二连浩特能见度只有400米，苏尼特左旗和那仁宝力格能见度为600米，乌拉盖、东乌珠穆沁旗、苏尼特右旗、阿巴嘎旗和克什克腾旗能见度为700~800米。沙尘天气给人们出行带来了不便，对人体健康也有一定影响。由于沙尘中含有很多颗粒物，对人体皮肤、眼、鼻都有影响，对肺部的危害更为严重。5月29日上午，黑龙江哈尔滨市的省人民医院内挤满了前去就诊的患者，多因沙尘天气导致哮喘病复发，因风沙天气造成过敏性鼻炎、皮肤过敏的患者也比平日增多。

此外，2月22日，河北省衡水市阜城县遭受大风袭击，造成5000多人受灾，农田受灾面积380公顷，直接经济损失1100万元。2月23日，陕西省渭南市华阴县遭受大风袭击，造成108间房屋倒损，直接经济损失106万元。4月17—18日，大风、沙尘造成新疆达坂城地区高速公路、312国道全线封锁，3趟列车受阻，6个航班被迫取消。

2.6 低温冷冻害和雪灾

2.6.1 基本概况

从霜冻日数的年变化来看，我国霜冻日数（日最低气温≤2℃）呈现出明显的减少趋势，2008年全国平均霜冻日数146天，较常年偏少9天，是自1994年以来连续第15年少于常年值。全国平均无霜期为220天，比常年偏多10天（图2.6.1）。

2008年全国平均降雪日数为26天，比常年偏少10天，是自1994年以来连续第15年少于常年值（图2.6.2）。1961—2008年，我国平均降雪日数呈显著的减少趋势，其线性变化趋势为−3天/10年。

2008年，全国因低温冷冻灾害和雪灾造成农作物受灾面积达1469.5万公顷，占农作物受灾总面积的37%，其中绝收面积182.8万公顷；共2亿多人受灾，181人死亡；直接经济损失1696.4亿元，超过2008年气象灾害总经济损失的50%。总的来看，2008年，我国低温冷冻灾害和雪灾面积较常年偏大，损失偏重，造成的人员伤亡较常年偏多，且低温冷冻和雪灾明显重于2007年。

2008年主要的低温冷冻和雪灾事件有（表2.6.1）：2008年1月中旬至2月上旬初我国大部地区经历了历史罕见的低温雨雪冷冻灾害；春季我国大部地区遭受低温冷冻害或雪灾；秋季全国出现大范围降温，甘肃、宁夏、山西等地出现低温连阴雨天气，西藏遭遇强降雪天气；年底我国遭受两次大范围寒潮袭击，大部地区遭受低温冻害和雪灾（图2.6.3）。

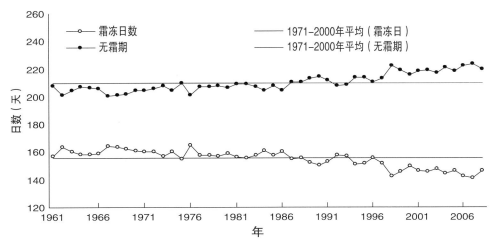

图2.6.1　1961−2008年全国平均霜冻日数、无霜期历年变化图

Fig.2.6.1　Number of frost days and duration of frostfree periods over China during 1961−2008

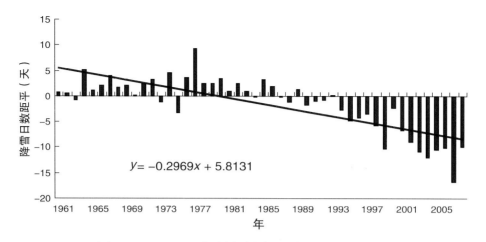

$$y = -0.2969x + 5.8131$$

图 2.6.2 1961-2008 年全国平均降雪日数距平历年变化图

Fig.2.6.2 Anomalies of snowfall days over China during 1961-2008

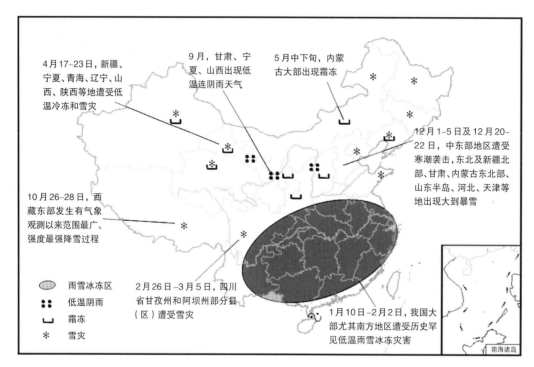

图 2.6.3 2008 年全国主要低温冷冻害和雪灾事件示意图

Fig.2.6.3 Sketch map of major low-temperature, frost and snowstorm events over China in 2008

表 2.6.1 2008 年全国主要低温冻害和雪灾事件简表

Table2.6.1 List of major low-temperature, frost and snowstorm events over China in 2008

时间	影响地区	灾情概况
1月中旬至2月上旬	贵州、湖南、湖北、安徽、江西等20个省（市、区）	发生严重低温雨雪冰冻灾害，范围广、强度大、持续时间长、影响重，历史罕见。20个省（市、区）的交通运输、能源供应、电力传输、通讯设施、农业及人民群众生活受到严重影响和损失，直接经济损失超过1500亿元。
2月下旬至3月中旬	四川	甘孜州和阿坝州部分县（区）遭受雪灾，给农牧业及人民生活带来严重影响，电力、交通等基础设施严重受损。22日，四川阿坝州汶川县因融雪发生山体滑坡，造成人员伤亡。

时间	影响地区	灾情概况
4月中下旬	新疆、青海、宁夏、甘肃、辽宁、山西、陕西	因强冷空气影响而遭受低温冻害或雪灾,农业和畜牧业受灾较重。新疆受灾最重,全区直接经济损失超过10亿元。
5月中下旬	内蒙古、西藏	内蒙古大部地区出现霜冻,西藏阿里地区4县13个乡出现不同程度雪灾,农业和畜牧业遭受较大损失。
9月	甘肃、宁夏、山西、湖南	甘肃、宁夏、山西发生低温连阴雨天气,湖南出现寒露风天气,秋作物成熟和收割推迟,部分地区蔬菜受涝。
10月下旬	西藏、四川、云南、黑龙江、新疆、青海、内蒙古	西藏发生有气象观测以来范围最广的一次特大降雪(雨)天气过程,雪灾给农牧业生产、农牧民生活、交通和电力带来严重影响。
12月上旬	北方大部地区	北方大部地区降温6~18℃,东北及新疆北部、甘肃、内蒙古东北部、山东半岛等地出现小到中雪,局部地区出现大到暴雪,给黑龙江、新疆、辽宁、河南、天津、河北、山东等地的公路、航空和船运均造成严重影响。
12月下旬	全国大部地区	青藏高原以东地区出现大范围强降温和大风天气,黑龙江、山东、京津地区、河北等地发生雪灾,交通运输受到较大影响;安徽、陕西、山西、四川、贵州、湖北、上海等地因低温和大风,交通、农业生产、市民生活和健康、电力设施等受到损害和影响。

2.6.2 主要低温冻害和雪灾事件

1. 2008年1月中旬至2月上旬初我国南方部分地区遭遇历史罕见低温雨雪冰冻灾害

2008年1月中旬至2月上旬,受冷暖空气共同影响,我国出现4次明显的雨雪天气过程,河南、湖北、安徽、江苏、湖南和江西西北部、浙江北部出现大到暴雪;湖南、贵州、安徽南部和江西等地出现冻雨或冰冻天气。4次过程主要发生的时间为:1月10–16日,18–22日,25–29日,31日至2月2日。总体上看,这次低温雨雪冰冻灾害具有范围广、强度大、持续时间长、影响重的特点,很多地区为50年一遇,部分地区百年一遇,属历史罕见。

范围广:我国除华南、东北及云南等地以外的大部分地区均出现冰冻、雨雪天气,影响波及贵州、湖南、湖北、安徽、江西等20个省(直辖市、自治区)。湖南、湖北大部、江西西北部、安徽中南部、贵州中部等地冰冻日数达10~20天。根据1月28日我国气象卫星遥感积雪监测显示,上海、江苏、浙江等15个省(直辖区、自治市)积雪覆盖总面积为128.2万平方千米;其中上海、江苏、安徽、河南、湖北、陕西积雪覆盖面积均占其省(直辖市)面积90%以上,贵州、湖南、重庆占40%~75%。

强度大:1月10日至2月2日,四川、陕西、甘肃、青海区域平均降水量均达1951年以来同期最大值。江淮等地出现了30~50厘米厚的积雪,浙江暴雪是1984年以来最强的一次,安徽和江苏的部分地区积雪深度创近50年极值。贵州、湖南的电线结冰直径达到30~60毫米。河南、湖北、湖南、广西、贵州、陕西、甘肃、宁夏平均气温均为历史同期最低值,安徽、江西、重庆为次低值。江南、华南及西北大部地区过程最大降温幅度达10~20℃,华南西北部超过20℃。长江中下游及贵州为历史同期最低值,达200年一遇。

持续时间长:长江中下游及贵州日平均气温小于1℃的最长连续日数仅少于1954/1955年,为历史同期次多值;长江中下游及贵州冰冻日数超过1954/1955年,为历史同期最多值。其中湖南、湖北两省的雨雪冰冻天气是1954/1955年冬以来持续时间最长、影响程度最严重的。贵州有56个县(市)的冻雨天气持续时间突破了历史记录。

影响重：持续低温雨雪冰冻天气给湖南、湖北、安徽、江西、广西、贵州等20个省（直辖市、自治区）造成重大灾害，特别是对交通运输、能源供应、电力传输、通讯设施、农业及人民群众生活造成严重影响和损失。全国受灾人口1亿多人，直接经济损失超过1500亿元，农作物受灾面积和直接经济损失均超过2007年全年低温冻害造成的损失。

贵州　大部地区的灾害强度为50年一遇，灾害损失历史最重。据统计，全省88个县（市、区）先后不同程度受灾，受灾人口2500万人（次），因灾死亡30人；农作物受灾面积136万公顷，其中绝收20.3万公顷；倒损房屋3.1万间，直接经济损失190多亿元。

湖南　全省14个市（州）122个县（市、区）受灾，受灾人口达3300万人；因灾倒塌房屋6.7万间；农作物受灾面积253.3万公顷，绝收面积45.9万公顷；直接经济损失262亿元。

江西　2008年1月12日至2月2日，过程平均气温、连续阴雨雪日数、冻雨持续时间和影响范围均突破了1959年有完整气象记录以来历史同期极值。全省受灾人口2100万人；因灾死亡7人，紧急转移71万人；倒塌房屋5.2万间，损坏19.4万间；农作物受灾面积110.5万公顷，其中绝收35.3万公顷；2360千米公路受到不同程度损坏；多条输电线路断线停运，输变电设施大面积严重受损；直接经济损失260亿元。

广西　直接经济损失超过1949年以来任何一次同类灾害。全区108个县（市、区）受灾，受灾人口1200万人，因山体滑坡死亡2人，紧急转移安置10.5万人，饮水困难173.3万人，农作物受灾65万公顷，绝收4万公顷，死亡大牲畜7.7万头；倒塌居民住房5.9万间，损坏房屋7.2万间；因灾造成直接经济损失190亿元，其中农业直接经济损失164亿元。

湖北　全省所有市（县）均受灾，受灾人口2200万人，占全省总人口的1/3以上，直接经济损失达110亿元。

安徽　全省1340万人受灾，因灾死亡13人，伤病7142人；农作物受灾面积60万公顷，其中绝收面积4万公顷；倒塌房屋9.1万间，损坏房屋17.3万间，受灾学校2174所；直接经济损失130亿元。六安、安庆、合肥、池州、宣城、黄山、巢湖、滁州等市受灾较重。综合来看是1949年以来持续时间最长、积雪最深、范围最大、灾情最重的一次雪灾。

浙江　全省除舟山外的10个市79个县（市、区）不同程度受灾，因灾死亡9人，被困人口69.18万人，转移灾民13.6万人，累计安置滞留旅客42万人；农作物受灾61.3万公顷，绝收4.1万公顷；倒塌房屋4000间；直接经济损失174.3亿元，其中农业直接经济损失102.1亿元。

江苏　2008年1月10日至2月2日，经历了有记录以来冬季最长连阴雨(雪)过程，部分地区出现暴雪。淮河以南地区受灾严重。全省受灾人口245.3万人，因大雪天气造成7人死亡，受伤305人，紧急转移安置1.47万人；农作物受灾面积17.7万公顷，其中绝收面积1.2万公顷；倒塌房屋9000间，损坏房屋1.7万间；直接经济损失27.8亿元，其中农业直接经济损失10.9亿元。

云南　2008年1月下旬至2月，云南大部特别是东部地区出现了明显的低温冷害天气，滇东北的昭通市为受灾最严重的地区。低温、雪灾和冰冻灾害并发，影响巨大，特别是对于滇东南的农业和经济作物的危害明显偏重。全省12州(市)71个县(市、区)近1000万人受灾，因灾死亡27人，伤病2.3万人，紧急转移安置近29万人；民房倒塌3.9万间，损坏19.7万间；直接经济损失近50亿元。

广东　21个市都不同程度的受灾，其中以韶关、清远、湛江、茂名等市受灾尤其严重。全省受灾人口419万人，紧急转移安置人口23.1万人，倒塌房屋2000万间，因冻害死亡畜禽676万头（只），直接经济损失达33.6亿元。

2. 春季我国部分地区遭受低温冷冻害或雪灾

春季，我国冷空气活动较为频繁。3月上旬广西、云南等地发生低温冻害，四川、新疆、青海的部分地区发生雪灾。4月17-23日,受强冷空气影响,我国北方大部地区出现大风降温天气,最大降温幅度一般在8℃以上,东北大部及内蒙古、新疆东北部、甘肃中西部、宁夏等地降温幅度为12~20℃,局部地区超过20℃。甘肃河西大部分地区4月19-22日平均气温均突破历史同期最低值。新疆、甘肃、青海、宁夏、辽宁、山西、陕西等地遭受低温冷冻害或雪灾,其中新疆受灾最为严重。5月中下旬,内蒙古、西藏的部分地区出现霜冻和雪灾。

四川 2月26日至3月5日,甘孜州和阿坝州部分县(区)遭受雪灾。据统计:两州共有21.9万人不同程度受到影响,紧急转移安置3.1万人;倒塌民房700多间,损坏民房7000多间;因灾直接经济损失1.1亿元。其中:甘孜州石渠县雪灾造成300多间民房倒塌,损坏民房4500间;因灾死亡牲畜6.4万头,死亡藏羚羊1000多只;电力、交通等基础设施严重受损。

新疆 3月10日,伊犁州果子沟发生暴风雪,加上施工振动和升温的共同作用使国家西气东输二线工程隧道口附近发生重大雪崩事故,造成20余人伤亡。4月17-20日,北疆各地、天山山区和南疆西部山区、哈密北部等地的部分地区出现了较强的雨雪、大风、沙尘天气,北疆和巴州焉耆盆地出现了霜冻。共130.3万人口受灾;受灾牲畜335万头(只),死亡牲畜10.35万头(只),倒塌牲畜棚圈1132座;直接经济损失超过10亿元。

青海 3月上旬果洛发生雪灾。全州受灾达2.5万户,受灾人口9.9万人;死亡牲畜14.8万头(只、匹)。4月20-23日,互助县、大通县、乐都县先后发生雪灾、暴雪、霜冻灾害,受灾人口有8025人,死亡大牲畜1508头只,农作物受灾面积1333.3公顷,直接经济损失419.7万元。

宁夏 4月22-24日,全区出现霜冻天气,据不完全统计:农作物受灾面积5万公顷,其中1486.7公顷绝产需返拆重种;农业设施及经济果林受灾面积4703.6公顷。

辽宁 4月19-22日出现大范围降水并伴随强降温、霜冻等低温冻害天气,对冬小麦生长、春播作物出苗、温棚蔬菜及果树开花授粉影响较大,并造成部分牲畜死亡,灾情较重。全省约9万人受灾,农作物受灾面积1.3万公顷,共造成直接经济损失5000万元。

陕西 4月21-23日,宝鸡市和延安市遭受低温冷冻灾害,灾害造成两市7个县23.17万人受灾,农作物受灾面积2.3万公顷,绝收8700万公顷,农业直接经济损失8270万元。

3.秋季甘肃、宁夏、山西等地出现低温连阴雨天气,西藏遭遇强降雪

9月,甘肃、宁夏、山西、湖南等地发生阶段性连阴雨、阴雨天气,对农业生产造成一定影响。10月,全国出现3次主要降温过程。其中下旬的降温过程降温幅度最大、范围最广,东北大部、华北北部、西北北部及湖南、贵州等地的部分地区过程降温达10~15℃。西藏、四川、云南、黑龙江、新疆、青海、内蒙古等地出现降雪,部分地区交通受到影响,其中西藏遭遇有气象观测以来范围最广的一次降雪过程。

宁夏 9月3日海原县部分地区出现霜冻,农作物受灾面积3346.7公顷,受灾人口1.25万人,造成经济损失497万元。9月21-27日全区出现持续低温阴雨天气,造成灌区部分地区水稻倒伏,秋作物收获期推迟,晾晒困难,并使冬小麦播种期推迟,不利于冬前形成壮苗。隆德县蔬菜大棚受损严重,受灾拱棚面积256公顷,造成直接经济损失691万元。

西藏 10月25-30日,西藏东部及云南西部等地出现强降雪(雨)天气,累计降水量普遍在30毫米以上,西藏林芝、山南及云南迪庆、怒江、德宏等地降水量达100~160毫米。其中10月26-28日,西藏东部的大范围特大雪(雨)天气过程是西藏有气象观测以来范围最广、强度较强的一次过程,共造成林芝、那曲、山南、日喀则、昌都等地19个县受灾,因灾死亡11人;死亡牲畜8700多头(只);直接经济损失1.5亿元;受持续强降雪和雪崩影响,川藏公路交通中断。

黑龙江 10月22-25日,漠河县出现1957年以来最大的一次降雪,北极村因积雪压断大树砸

到电力线路，造成断电 8 小时。

4. 年底我国遭受两次大范围寒潮袭击，大部分地区遭受低温冻害和雪灾

12 月 1-5 日，强冷空气影响我国大部分地区，其中北方大部地区降温 6～18℃，局部地区降温 18℃以上，甘肃会宁，山西榆社，山东长岛、威海、泰山、青岛等地极端最低气温创历史同期新低。东北及新疆北部、甘肃、内蒙古东北部、山东半岛等地出现小到中雪，局部地区出现大到暴雪。此次寒潮天气过程降温幅度大，影响范围广，但灾害损失较轻。

12 月 20-22 日，我国中东部地区出现入冬后第二次寒潮天气过程。此次过程具有影响时间短、降温幅度大、瞬时风力大、局地降雪强等特点。强冷空气给青藏高原以东地区带来大范围强降温和大风天气。北方大部地区极端最低气温达 -10℃以下，天津塘沽区达历史同期最低；天津、河北北部、山东半岛、湖北西部等地出现大到暴雪；贵州、湖南的部分地区出现冻雨。与 12 月初的强寒潮过程相比，此次寒潮过程影响时间较短，北方降温幅度和影响范围较小，但南方降温幅度和影响范围较大。

寒潮天气使我国大部地区遭受低温冻害和雪灾，对农业、交通造成严重影响，并且由于气温阶段性变化明显，冷暖起伏波动较大，导致心脑血管、呼吸道疾病和感冒患者明显增加。

2.7 雾

2.7.1 基本概况

2008 年，我国东北东部、华北东部、黄淮大部、江淮、江汉、江南、西南地区东部及陕西中北部、甘肃东北部、福建等地雾日数一般在 10 天以上，其中辽宁东部、山东大部、江苏、安徽北部和南部、浙江西北部、江西北部、湖南中北部、四川东部、贵州东部、云南南部、福建等地有 20～40 天，局部地区达 40 天以上（图 2.7.1）。

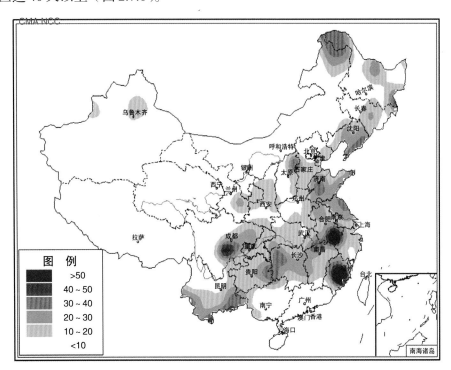

图 2.7.1　2008 年全国雾日数分布图（天）

Fig.2.7.1　Distribution of the number of fog days over China in 2008 (d)

2008年雾日数与常年相比，除辽宁大部、内蒙古西部、青海西部、西藏西北部等地略偏多外，全国其余大部地区雾日偏少，其中江南大部以及吉林东部、河北南部、陕西中部和南部、河南大部、湖北大部、江苏中部、福建、四川东部、重庆、云南南部等地偏少10～30天，四川、重庆、云南、福建的局部地区偏少30天以上（图2.7.2）。

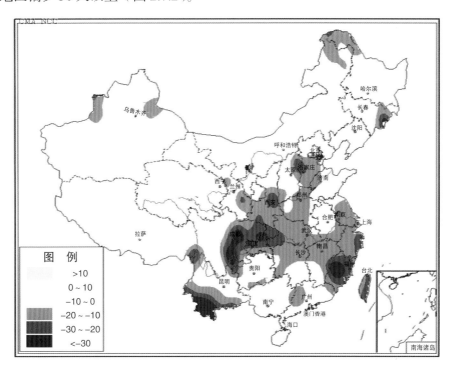

图2.7.2　2008年全国雾日数距平分布图（天）

Fig.2.7.2　Distribution of the anomalies of fog days over China in 2008(d)

1961–2008年，全国平均年雾日数呈显著的减少趋势（图2.7.3）。从20世纪60年代到80年代，我国的年雾日数处于比较稳定的状态，约在22天左右。但从20世纪90年代初开始，雾日数出现了明显的减少，到2005年减少至最少（约12天）。2008年，全国平均年雾日数为12.4天，较常年偏少8天，为近48年的第二小值。1961–2008年中，年雾日数最大值出现在1980年，为24.3天；次大值出现在1985年，为24.1天；最小值出现在2005年，为11.7天。

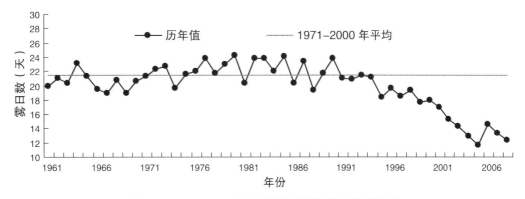

图2.7.3　1961–2008年全国平均年雾日数历年变化图

Fig.2.7.3　Mean annual fog days over China during 1961–2008

从各月雾日数分布可以看到，2008年我国雾多发月份为3、7、9、10、11月，2月份最少。与常年同期相比，各月的雾日数均偏少，其中1月、2月和12月偏少幅度较大（图2.7.4）。

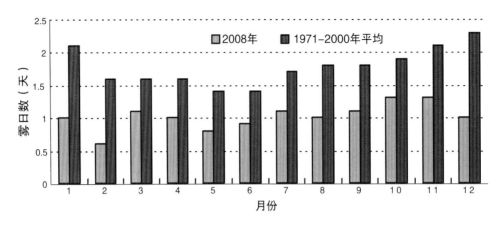

图 2.7.4　2008年各月全国平均雾日数与常年同期对比图

Fig.2.7.4　Number of fog days over China in each month of 2008 compared to normal

安徽、福建、山东和湖南为2008年雾日数最多的4个省份（图2.7.5），分别为35天、30天、30天和29天；宁夏、广东、内蒙古、新疆、青海、北京、西藏的雾日数较少，均在5天以下。2008年北京、河南、广东、重庆的年雾日数出现了1961年以来的最小值，分别为2天，9天，4天和9天；湖北、四川、云南、陕西、浙江和福建出现了1961年以来的次小值。

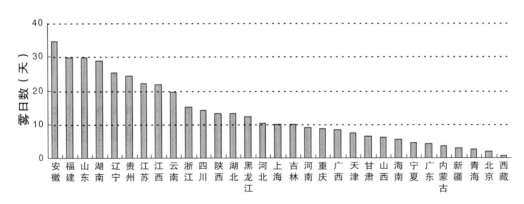

图 2.7.5　2008年中国各省（直辖市、自治区）年雾日数排序图

Fig.2.7.5　Sequencing of the number of annual fog days for all provinces (municipalities, autonomous regions) in 2008

雾的发生主要对交通运输产生影响，造成机场、高速公路、港口和码头关闭，交通阻断，或造成车、船相撞，人员伤亡。雾还会对电力设施和人体健康产生不利的影响。据不完全统计，2008年全国因雾引发的交通事故共造成死亡194人，死亡人数较2007年偏多。2008年主要雾灾事件见表2.7.1。

表2.7.1　2008年全国主要雾事件简表
Table2.7.1　List of major fog events over China in 2008

发生时间	发生地区	造成伤亡的公路路段	死亡人数（人）	覆盖面积（万平方千米）
1月8-10日	江苏大部、安徽北部和东部、上海、浙江大部和福建等地	合（合肥）徐（徐州）高速公路安徽省肥东段	7	6~24
2月3-4日	安徽、湖北、湖南、浙江、江西			3
2月8日	安徽、江苏	合蚌公路	3	
2月18日	湖南、江西	京珠高速耒宜段472千米处	17	
3月1日	广西	柳南高速公路	3	
3月9-12日	山东、安徽、江苏、浙江、江西、湖北、河北和辽宁	京沪高速淮安段	12	9~14
4月7-8日	渤海湾大部、黄海大部、河北东部、京津地区、辽宁中部、山东南部、江苏、上海、浙江等地	南京长江二桥高速公路	2	29~69
4月10日	安徽、江苏	合宁高速	2	
4月17日	湖北、江西、安徽			3
4月29-30日	山东半岛、江苏、上海、浙江东部沿海以及渤海东部、黄海大部			20
6月8日	山东南部、安徽、江苏	南洛高速公路明光段	2	
6月13-14日	山东南部、安徽东北部、江苏北部、辽宁南部和黄海大部	合徐高速	3	33~39
6月17日	江苏中部、安徽中部	南洛高速公路滁州段	3	
7月16日	河北中部和南部、河南北部、山东西北部和山西局地			12
10月14-19日	河北、天津、辽宁、山东以及渤海海域			3~11
10月30日	安徽、江苏、山东			6
11月3-5日	河北东南部、山东大部、江苏、河南			3~8
11月12日	安徽、江苏、江西、湖南	宁宿徐高速公路泗洪县境内	6	
11月14日	江苏、安徽东部、江西中部、浙江北部、湖南中西部	宁连高速苏皖交界处和沪昆高速江西东乡段	10	
11月24-27日	山东西南部、安徽东北部和南部的部分地区、江苏北部、浙江中部局部、江西北部、贵州、重庆、四川	成绵高速德阳至广汉路段	2	6~30
12月8-10日	四川盆地大部以及贵州东部、湖南西部			4~19
12月15-16日	安徽南部、浙江西部、福建西部、江西大部、湖南东部和湖北东部			4~14

2.7.2 主要雾灾事例

1. 1月8-10日安徽、山东南部、河南东部和江苏大部出现雾天气

1月8-10日，黄淮、江淮、江南、华南出现大范围雾天气(图2.7.6)，部分地区最低能见度在50米以下，局部不足10米。连续大雾天气造成扬州境内宁通、京沪、扬溧三条高速公路封闭14小时；京杭运河扬州段停航12小时，滞留船只1700多艘；镇扬汽渡停航14小时。受雾天影响，8日上午，无锡机场8个出港航班全部延误，2个进港航班晚点，滞留旅客500多人，无锡汽车站100多个班次停开。沪宁、沪杭和沿江高速公路几度关闭；合肥至徐州高速公路因大雾先后发生36起事故，有82辆车追尾，共造成7人死亡，12人受伤；1月9日早晨，北京至福州高速公路枣庄段全线

关闭，北京至上海、日照至东明高速公路临沂段暂时封闭，山东枣庄长途汽车站早晨7点开始全线停运，300多个车次受阻，汽车站也启动了特殊天气旅客乘运应急预案，关闭了客车出站通道。1月9日，芜湖境内四大交通枢纽相继封闭，有近4000辆车滞留，400余艘各类船舶一度因雾停航。9日，宁通高速江都段因雾发生汽车追尾事故，造成2人受伤。

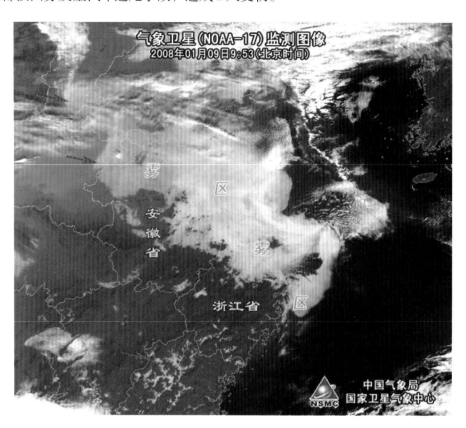

图2.7.6　2008年1月9日气象卫星雾监测图像

Fig.2.7.6　Fog monitoring image by meteorological satellite on January 9, 2008

2.2月四川、安徽、湖南等局部地区出现雾天气

2月2日，因大雾四川成灌、成乐高速全线，成南高速部分路段一度封闭。成乐高速公路彭山段接连发生4起交通事故，造成14辆车受损，1人死亡，10余人不同程度受伤。8日，合宁高速公路龙塘段大雾弥漫，能见度不足30米，发生近百辆车追尾相撞的严重交通事故；合蚌公路发生3车相撞事故，造成3人死亡，10多人受伤。18日，因大雾影响，京珠高速耒宜段发生重大交通事故，导致17人死亡，25人受伤。21日，大雾造成成都7条高速公路一度封闭，双流国际机场53个进出港航班延误，滞留旅客5000余人。

3.3月上中旬，山东、江苏、四川、江西等地的部分地区出现雾天气

3月上中旬，江西、广西、四川、山东、江苏等地的部分地区出现大雾天气，给交通运输带来一定影响。1日受大雾影响，广西柳南高速公路横县六景大桥附近1千米路段内，发生8起交通事故，造成3人死亡，12人受伤。10日，江苏省淮北地区出现大雾天气，受其影响，在京沪高速淮安段发生15起、共60多辆车追尾的重大交通事故，造成该路段瘫痪10小时，8辆车损坏较为严重，当场死亡5人，经抢救无效死亡7人，伤势较重10人。受大雾影响，11日，山东省烟台港所有船舶停航；12日，济青高速济南站、华山站，济南绕城高速济南东站、郭店站、国际机场站封闭，济南国际机

场22个进出港航班延误，3个航班被取消。12日，江西省泰赣高速公路因雾造成多起交通事故。13日，达渝、成渝、南广邻、成南高速因雾关闭1~9个小时；南充至广州的航班延误4个多小时。

4. 4月7-8日我国中东部出现雾天气

4月上中旬，我国中东部部分地区出现大雾天气，给交通运输带来一定影响。7日，我国东部部分地区出现雾天气（图2.7.7），其中天津、山东中部、江苏大部、浙江北部以及安徽东部的部分地区能见度不足200米。受其影响，南京长江二桥高速公路上连续发生6起交通事故，造成2人死亡；扬州境内京沪、宁通、扬溧三条高速公路封闭；辽宁境内高速公路全部封闭；济青、京福、京沪等多条高速公路山东段全线封闭或多个站点关闭。10日，安徽合肥境内高速公路最低能见度仅50米，合宁高速发生22辆大货车相撞的重大交通事故，2人死亡；17日，沿淮到沿江出现大范围大雾天气，合肥境内的高速公路最低能见度不足50米，所有高速道口封闭。

图2.7.7　2008年4月7日气象卫星雾监测图像

Fig.2.7.7　Fog monitoring image by meteorological satellite on April 7, 2008

5. 6月安徽部分地区出现雾天气

6月8日，安徽涡阳、五河出现能见度小于80米的浓雾天气，在南洛高速公路明光段相隔不到2千米路段先后发生了两起重大交通事故，造成2人死亡，多人受伤；14日，合徐高速因雾连续发生多起连环追尾交通事故，造成3人死亡，多人受伤，近20辆车受损；17日，雾导致南洛高速公路滁州段发生多起事故，造成3人死亡，被堵在高速公路上的车流长达5千米。

6. 10月，东北大部、华北东部、黄淮中东部、江淮中东部、江南大部等地出现大范围雾天气

10月9日，受雾天气的影响，辽宁省大部分高速公路封闭，沈大高速公路金州段发生10辆汽车连撞事故，多人受伤。同时，雾天还造成桃仙机场多个航班延误。18-19日，东北大部、华北东部、黄淮中东部、江淮中东部、江南大部等地出现大范围雾天气。受其影响，18日辽宁境内多条高速公

路部分路段封闭；山东济青、潍莱、同三、日东等多条高速公路处于全线封闭或多个站点关闭状态；北京－哈尔滨高速公路（哈尔滨－双城路段）关闭7小时。

7. 11月江淮、江南及川渝等地出现雾天气

11月6日，上海市大雾造成市区前往崇明三岛的客运一度停航；长途客运30多班次取消，许多班次延误。12日，江苏省宁宿徐高速公路泗洪县境内，雾引发7起车祸，造成6人死亡，7人受伤。14日，受雾天影响，在苏皖交界处的宁连高速公路附近，发生12起交通事故，造成5人死亡，14人受伤；同日，大雾导致沪昆高速公路江西东乡段发生4起交通事故，造成5人死亡，10人受伤。24日，山东南部、河南东部、江苏西北部、安徽北部和南部、江西大部及湖南大部出现了大雾天气（图2.7.8），京沪高速山东临沂段因能见度不足50米，一度封闭；安徽合淮阜高速阜阳道口一度关闭；长沙、南昌、合肥等机场60多架航班延误；重庆7条高速公路一度封闭。另外，25日四川成绵高速德阳至广汉路段因雾发生多处连环车祸，2人死亡，4人重伤，20余人轻伤，成绵高速公路入口被迫全部关闭。

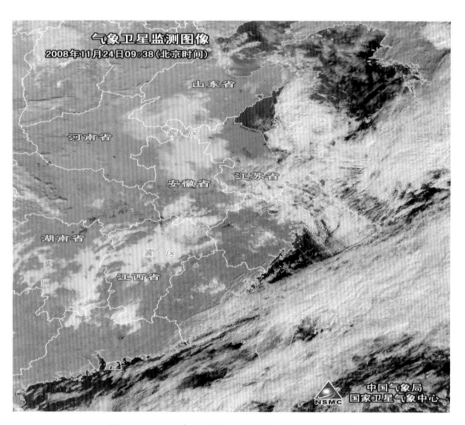

图2.7.8　2008年11月24日气象卫星雾监测图像

Fig.2.7.8　Fog monitoring image by meteorological satellite on November 24, 2008

8. 12月西南、江南出现雾天气

12月，我国西南和江南地区频繁出现雾天使公路、航空运输和水运受到较大影响。7日，四川省内大部分高速公路因雾天实施了交通管制。8日，四川成都双流机场因雾被迫关闭3个多小时，造成110个进出港航班延误，滞留旅客1万多名。11日，重庆出现浓雾天气，导致江北国际机场39个航班延误，6000多名旅客受阻；渝遂、渝宜、长涪、渝武4条高速公路被迫关闭。16日，重庆、四川、湖南、江西等省（市）多条高速公路因雾而封闭，成都双流机场关闭3个多小时，造成109个

进出港航班延误、18个出港航班取消、近万名出港旅客滞留机场；长江九江段江面能见度不足50米，九江海事局紧急实施气象类二级安全预警。26日，四川绵广高速广元陵江至棋盘关二级汽车专用路段车辆通行严重受阻，5000余辆车堵塞长达40余千米。

2.8 雷电

2.8.1 基本概况

2008年我国雷电灾害比2007年少，但部分地区雷电活动强烈，造成人员伤亡和财产损失。2008年出现雷电灾害事件8606起，雷击造成火灾或爆炸113起，造成人身事故484起，导致446人死亡，345人受伤。雷电灾害在全国造成大量建筑物、电力、电子设备受损，雷击造成建筑物损坏事件528起，办公和家用电子电器损坏事件6867起，损坏电子电器设备31412件，造成直接经济损失约2.2亿元，间接经济损失6.2亿元。一次雷击造成百万元以上直接经济损失的雷电灾害有13起，造成千万元以上直接经济损失的雷电灾害有2起。2008年雷电造成的经济损失主要发生在电力、石化、通讯、交通等行业，其中电力行业雷灾事故1537起，石化行业145起，通信行业584起，交通行业149起。

从2003-2008年全国雷电灾害（表2.8.1）中可以看出，2008年雷电灾害比前4年不同程度减少，雷灾事故数比2007年减少33.6%，比2006年减少56.9%，雷灾死亡人数达到2004年以来最低值。2008年雷电灾害造成的直接经济损失比2007年减少，直接经济损失超过百万元的雷灾事故数由2007年的28起减少为13起。

表2.8.1 2003-2008年全国雷电灾害

Table2.8.1 Statistics of lightning disasters over China during 2003-2008

年份	雷灾事故数	受伤人数	死亡人数	损失超百万元起数	损失超千万元起数
2008	8606	345	446	13	2
2007	12967	718	827	28	2
2006	19982	640	717	44	3
2005	11026	690	646	22	1
2004	8892	1059	770	19	2
2003	7625	391	328	38	7

2.8.2 雷电空间分布

2008年，全国各省（市、区）雷电空间分布如图2.8.1所示。东部和南部地区仍是我国雷电灾害的多发区，但北部一些省、市（如辽宁、北京）也出现了较多的雷电灾害。湖南、浙江、河北、江苏、广东、辽宁、湖北、北京、福建、云南、山东11个省（直辖市）雷电灾害相对频繁，全年雷电灾害事故数超过了200起。云南、湖南、广西、广东、浙江、辽宁、江西、贵州8个省（自治区）全年雷电灾害造成超过30人以上的人员伤亡（图2.8.2），其中云南省人员伤亡最为严重，雷击伤亡人数达125人。湖南、广东、湖北、四川、浙江、河南、福建、河北、云南9个省全年因雷击造成直接经济损失超过1000万元（图2.8.3）。

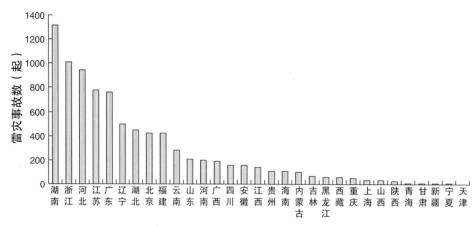

图 2.8.1　2008 年全国各省（直辖市、自治区）雷电发生起数图

Fig.2.8.1　Number of lightning events for all provinces (municipalities, autonomous regions) in China in 2008

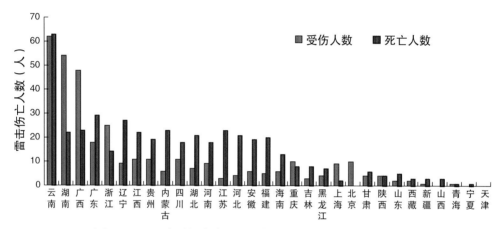

图 2.8.2　2008 年全国各省（直辖市、自治区）雷电伤亡人数图

Fig.2.8.2　Fatalities by lightning for all provinces (municipalities, autonmomous regions) in China in 2008

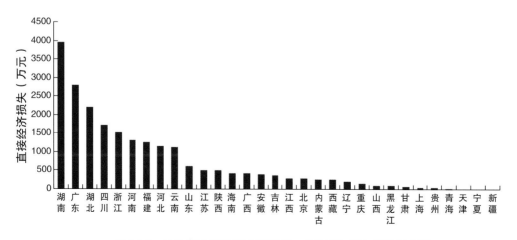

图 2.8.3　2008 年全国各省（直辖市、自治区）雷电经济损失图

Fig.2.8.3　Economic losses by lightning for all provinces (municipalities, autonomous regions) in China in 2008

2.8.3 雷电季节变化

2008年，我国雷电季节变化如图2.8.4所示。雷灾事件全年均有发生，但主要发生在4-9月，8月份达到最高（2388起），占全年总雷灾数的27.8%。雷击死亡人数6月份达到最高（110人），占全年总死亡人数的24.9%。雷击受伤人数7月份达到最高（101人），占全年总受伤人数的29.5%。

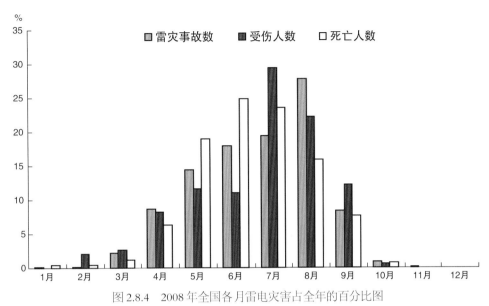

图2.8.4　2008年全国各月雷电灾害占全年的百分比图

Fig.2.8.4　Monthly percentage of lightning disasters over China in 2008

从2008年与2007年雷电灾情的月变化对比图（图2.8.5）中可以看出，2008年雷灾事故数比2007年减少，主要减少月份为4月、6月和7月，5月、9-12月雷灾事件数比2007年同期有所增加，9月增幅最大。人员伤亡方面，2008年雷击造成的受伤和死亡人数比2007年减少，特别是4-8月期间减少明显，但1-3月和9月的人员伤亡数比2007年同期有所增加。

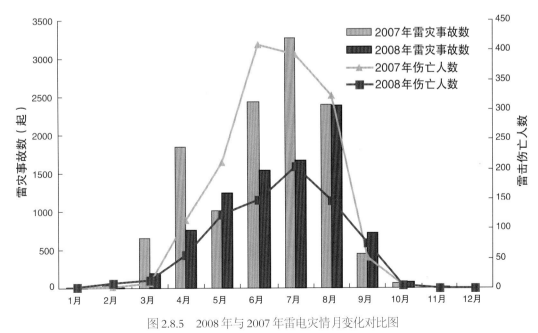

图2.8.5　2008年与2007年雷电灾情月变化对比图

Fig.2.8.5　Comparison of monthly lightning disasters between 2008 and 2007

2.8.4 2008 年造成较大人员伤亡的雷电灾害事件

（1）2月20日02时50分左右，云南省普洱市西盟县翁嘎科乡龙坎村靠来三组发生雷击灾害，造成2人死亡、7人轻伤，直接经济损失25万余元。

（2）3月8日21时30分，云南省普洱市思茅港镇弯手寨村发生雷击事故。雷电击断高压线后搭在低压线上，导致1人死亡、6人受伤。

（3）4月25日01时30分左右，云南省玉溪市元江县咪哩乡政府哈罗村、咪哩村发生雷击事件，造成2人死亡、7人重伤、1人轻伤，直接经济损失65万元。

（4）5月26日，辽宁省锦州凌海市发生雷击事故，造成建业乡位字村2人死亡，温滴楼乡蔡滴楼村1人死亡，阎家镇川条村小沟屯1人死亡，白台子乡三家子村娘娘庙屯1人死亡，双羊镇南岗子村1人死亡。

（5）5月29日18时20分，云南省文山州丘北县温浏乡发生雷击事故，造成3人死亡、1人重伤。

（6）6月20日07时40分左右，重庆市大足县国梁镇全力村发生雷击事故，造成1人死亡、6人受伤。

（7）6月23日18时40分，浙江省杭州市淳安县文昌镇丰茂村一艘挂机船遭雷击，造成3人死亡、3人重伤、1人轻伤。

（8）6月26日16时左右，云南省红河州蒙自县文澜镇发生雷击事故，造成白路脚村2人死亡，十里铺村1人死亡。

（9）7月6日16时30分，浙江省丽水市松阳县西屏镇青路村白峰尖水果基地发生雷击事故，造成1人重伤、3人轻伤，直接经济损失2万元，间接经济损失5万元。

（10）7月7日16时58分，江西省上饶市余干县枫港乡西坪赵家村发生雷击事故，造成3人死亡。

（11）7月11日16时40分，云南省昆明市寻甸县金所乡发生雷击事故，造成草海子村2人死亡、3人受伤。

（12）7月12日16时左右，安徽省池州市官港镇郑元村遭雷击，造成4人受伤，击坏电话机多台，直接经济损失约5.1万元，间接经济损失5.9万元。

（13）7月13日，湖南省株洲醴陵市神福港镇丰树山村瑞祥鞭炮厂因雷击引发爆炸，造成37人受伤，致使70多栋房屋损毁，厂内设备、成品、半成品全部被毁，直接经济损失1000多万元，间接经济损失超过2000万元。

（14）7月18日下午，湖南省长沙市矿冶研究院发生雷击事故，造成2人死亡、2人受伤。

（15）7月20日12时左右，广东省东莞市银瓶山发生雷击事故，造成4人受伤。

（16）7月26日15时30分左右，安徽省天长市广宁村遭受雷击，造成2人死亡、2人受伤。

（17）7月31日，云南省曲靖市会泽县火红乡二屯岩小组发生雷击事故，造成1人死亡、2人重伤、2人轻伤。

（18）7月31日15时，四川省凉山州昭觉县宜牧地乡依吉村4名儿童在野外放牧时遭雷击，造成2人死亡、2人受伤。

（19）7月31日16时30分，贵州省毕节市威宁县遭受雷击，造成5人死亡、1人重伤。

（20）8月3日12时左右，广西来宾市象州县罗秀镇上木苗村岭屯老村遭雷击，造成3人重伤、4人轻伤。

（21）8月11日17时左右，广西柳州市鹿寨县雒容镇连丰村甫口屯村遭受雷击，造成8人重伤、6人轻伤。

（22）8月14日14时30分左右，北京市怀柔区慕田峪长城发生雷击事故，造成9名游客受伤。

（23）8月19日11时左右，上海市长宁区虹桥机场遭雷击，造成机场工作人员1人重伤、5人轻伤。

（24）9月2日19时，四川省凉山州冕宁县回龙乡古樟村发生雷击，造成3人死亡、4人受伤。

（25）9月8日15时左右，江西省赣州市会昌县麻州镇凹背村遭雷击，造成1人死亡、4人受伤，直接经济损失20多万元。

（26）9月8日18时左右，云南省昭通市昭阳区守望乡遭受雷击，造成1人死亡、2人重伤、3人轻伤。

（27）9月11日15时25分左右，云南省普洱市景谷县勐班乡金力村小学发生雷击事故，造成该校学生1人死亡、2人重伤、3人轻伤。

（28）9月24日4时左右，甘肃省甘南州玛曲县欧拉秀玛乡卡尔格村遭受雷击，造成2人死亡、3人重伤。

2.8.5 2008年造成较大经济损失的雷电灾害事件

（1）4月22日22时左右，广东省中山市西区富华道的中山市荣隆车行发生雷击事故，击坏火车、空调等设施设备，直接经济损失300万元。

（2）5月12日，吉林省湾沟网通分公司遭受雷击，击坏程控交换机和小灵通基站，造成直接经济损失120多万元。

（3）5月23日20时48分，福建省宁德市古田城关变电站遭受强雷击，供电设备严重损坏，直接经济损失达300多万元。

（4）5月24日05时左右，河南省漯河市临颍县王岗镇宏达冷库遭受雷击，直接经济损失800万元。

（5）5月27日21时50分至28日3时，贵州省望谟县城遭受雷击，击坏变压器、电视信号放大器等设备，雷灾造成经济损失上百万元。

（6）6月16日午后，福建省漳州市华安县供电股份有限公司华丰变电站遭受雷击，击坏主变压器，经济损失达100万元。

（7）7月8日19时左右，湖北省黄冈市蕲春县蕲州镇变电站遭雷击后起火，造成主变电箱损坏、配电间起火，直接经济损失1280万元，间接经济损失2000万元。

（8）7月13日04时30分左右，湖南省长沙市宁乡县经济技术开发区创业大道的台湾宏全有限公司遭雷击，2台进口主机被雷电击毁，直接经济损失1400多万元。

（9）7月20日10时15分至12时10分，湖南省衡阳市发生雷击事故，城区高压变电器和多台电力设备被击坏，直接经济损失100万元，间接经济损失400万元。

（10）7月21日17时50分左右，湖南省常德市安乡县天洁纸业芦苇堆码场遭雷击，直接经济损失约200万元。

（11）8月20日16时至17时，陕西省咸阳市彬县王家塬变电所因雷击而受损，高压套管爆裂，变压器油泄漏，直接经济损失300万元。

（12）8月22日14时至15时，贵州省铜仁市玉屏县田坪镇的贵州科特林水泥有限公司变压器因雷击发生火灾，直接经济损失100余万元。

（13）8月25日01时20分左右，河南省安阳市鑫淼针织有限责任公司遭受雷击并引起大火，击坏设备多台，烧毁房屋多间，直接经济损失225.5万元。

（14）9月6日16时左右，福建省南安市洪濑变电站的变压器遭雷击，直接经济损失近200万元。

（15）9月上旬，北京市平谷区夏各庄镇遭受雷击，烧毁多间房屋及物品，直接经济损失近100万元。

2.9 高温热浪

2008年夏季（6-8月），江南、华南及新疆等地高温天气多、强度强，新疆、福建、广东、广西、贵州等省（自治区）部分地区极端最高气温创历史同期新高。夏季全国平均高温（日最高气温≥35℃）日数较常年同期偏多，但空间分布差异较大。江南中部和东部、华南东部及新疆大部等地高温日数偏多，其中新疆区域平均高温日数为1961年以来历史同期最多；华北东部和南部、黄淮等地高温日数偏少，其中山东高温日数为有气象记录以来同期最少，河北、河南为有气象记录以来第二少，出现了几十年罕见的凉夏。7月3-7日、12-18日、22-27日、8月初、8月7-22日及9月16-23日我国均出现大范围高温天气，持续高温给当地人体健康和电力供需等都造成了一定影响。

2.9.1 高温热浪概况

1. 高温强度

2008年夏季，除黑龙江中西部、内蒙古东北部、新疆等地气温偏高1～2℃外，我国其余大部地区气温接近常年同期。全国平均气温为20.9℃，比常年同期（20.4℃）偏高0.5℃，为1997年以来连续第12年偏高。新疆夏季平均气温23.9℃，为1951年以来历史同期最高值；黑龙江21.3℃，为1951年以来历史同期第四高值。

夏季，我国中东部大部分地区及新疆等地均出现了日最高气温超过35℃的高温天气，江西、浙江、湖南、广东、广西、福建、内蒙古、新疆等省（自治区）的部分地区还出现了38～40℃的酷热天气，新疆和内蒙古的局部地区日最高气温达40～47℃（图2.9.1）。新疆吐鲁番（47.8℃）、塔城（41.6℃）、哈巴河（39.5℃）、福建漳平（40.2℃）、广东汕头（38.8℃）、广西北海（38.4℃）、贵州习水（36.0℃）和黑龙江尚志（35.7℃）等地夏季极端最高气温突破了当地历史同期最高记录。

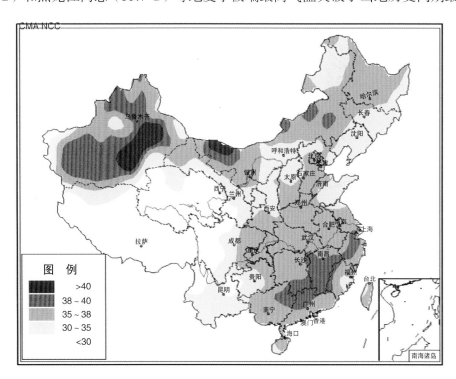

图2.9.1　2008年夏季全国极端最高气温分布图（℃）

Fig.2.9.1　Distribution of extreme maximum temperatures in Summer over China in 2008（℃）

2. 高温日数

2008年夏季，全国平均高温日数为7.5天，较常年同期（6.2天）偏多1.3天（图2.9.2）。在统计的全国592个站中，2008年夏季有357站（60.3%）出现了高温天气，略高于2007年同期（59.7%），其中高温日数≥10天的有156站（26.4%），≥20天的有86站（14.5%），≥30天的有41站（6.9%）。

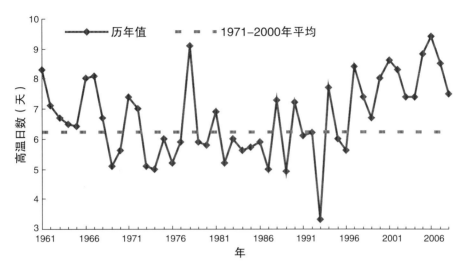

图 2.9.2 1961−2008年全国平均高温日数历年变化图

Fig.2.9.2 Number of high temperature days (daily maximum temperature ≥ 35℃) over China during 1961−2008

从各省（直辖市、自治区）平均高温日数来看（图2.9.3），2008年夏季江西省平均高温日数多达27.1天，列各省（直辖市、自治区）之首；新疆、福建高温日数分别为21.4天和20.7天，分别列第二、第三位，其中新疆平均高温日数为1961年以来历史同期最多。但山东区域平均夏季高温日数为有气象记录以来同期最少，河北、河南为有气象记录以来第二少。

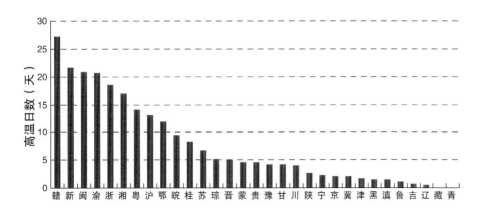

图 2.9.3 2008年夏季各省（区、市）平均高温日数排序图

Fig.2.9.3 Sequencing of the number of high temperature days (daily maximum temperature ≥ 35℃) in Summer for all provinces (municipalities, autonomous regions) in 2008

从地区分布来看，江南中东部、华南东北部及湖北东南部、南疆大部等地高温日数普遍有20～40天，新疆、江西、福建、浙江等省（自治区）局部地区达40～80天；与常年同期相比，江南中部和东部、华南中部和东部及新疆大部、内蒙古西部等地偏多3天以上，其中浙江大部、江西中部和南部、福建西部、新疆东部等地偏多7～9天；华北东部和南部、黄淮西部、江淮西北部、江汉及湖南西部、广西西部等地偏少3天以上（图2.9.4）。

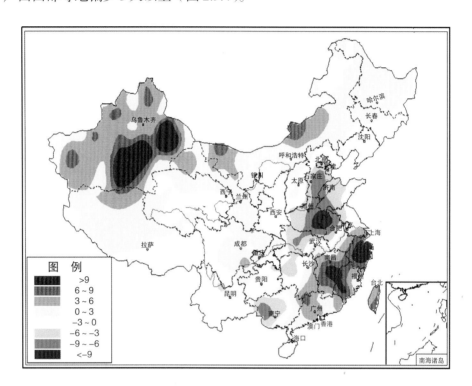

图2.9.4　2008年夏季全国高温日数距平分布图（天）

Fig.2.9.4　Distribution of the anomalies of high temperature days (daily maximum temperature ≥ 35℃) in Summer over China in 2008 (d)

3. 主要高温过程

2008年，我国大范围的高温天气过程主要出现在7-9月。

7月3-7日、12-18日、22-27日，江南大部、华南中东部、江淮南部及四川东部、重庆、内蒙古西部、新疆等地频繁出现高温天气，这些地区7月高温日数一般有5～10天，其中浙江、上海、江西、福建、南疆东部等地有10～20天。7月25-27日，江西、湖南、福建的部分地区出现38℃以上的高温天气，其中江西修水（27日40.8℃）、福建漳平（25日40.2℃）、江西遂川（26日40.1℃）、湖南郴州（25日40.0℃）超过40℃。

8月1-4日，新疆出现大范围高温酷热天气，吐鲁番、七角井、塔城、乌苏、哈巴河、福海、阿克苏等地极端最高气温突破或达到8月份历史极值，其中8月4日吐鲁番最高气温达47.8℃，为我国有气象记录以来的最高值。

8月7-22日，江南、华南大部地区出现高温天气，湖南南部、江西南部、广东北部以及广西、福建、浙江的部分地区最高气温在38℃以上，其中江西遂川达40.7℃，突破历史同期极值。湖南东部、江西、浙江、福建西部、广东北部等地高温日数有5～11天，江西中南部超过11天，其中遂

- 64 -

川、樟树达到15天。

9月16-23日，江南、华南等地出现明显"秋老虎"天气。华南、江南9月极端最高气温一般为35～38℃，其中广西贺州达39.2℃，广东连州39.0℃，江西修水38.6℃、赣州38.5℃，湖南平江38.5℃；高温日数普遍在4天以上，其中福建漳州达12天，广东连州11天、梅县11天、罗定10天，广西贺州10天。

2.9.2 高温事件及其影响

新疆 2008年，高温天气过程频繁出现，具有出现时间早、影响范围广、持续时间长、强度较强的特点。5-8月，≥35℃的高温日数，吐鲁番、塔城等16站为历史最多，其中吐鄯托盆地达92～126天；≥40℃的酷热日数，吐鲁番、托克逊、塔城、裕民、伊宁5站为历史最多，其中吐鲁番和托克逊分别为63天、62天。夏季出现了5次大范围高温天气过程，分别在5月30日至6月3日、6月8-12日、7月3-7日、7月30日至8月4日、8月7-11日，其中7月30日至8月4日是2008年最强的一次高温过程，吐鲁番、塔城、哈巴河、巩留极端最高气温破历史极值，吐鲁番高达47.8℃。由于春季全区存在一定程度的干旱，加上夏季持续的高温和降水偏少，全区特别是北疆地区发生了严重的春夏秋连旱，旱情仅次于1974年，是历史上第二个干旱严重年。

浙江 2008年夏季，全省平均高温日数比常年同期偏多，但比2007年同期偏少，其中武义、丽水、云和、仙居高温天数在50天以上，全省最多为丽水（62天）。夏季各地极端最高气温除沿海及海岛地区在38℃以下，其他地区均在38℃以上，其中湖州、宁波、金华、台州、温州、丽水等地的部分地区在39～40℃，全省最高气温达40.1℃（仙居站）。2008年高温出现较晚，7月4日出梅后全省开始出现大范围持续高温天气，至7月18日左右结束；其后，虽然高温天气时有出现，但未出现持续性高温。高温热浪造成心脑血管及呼吸道发病率和死亡率升高，各大医院因高温中暑生病人员急剧增加；高温造成部分地区供电形势趋紧，浙江电网日最高统调负荷曾突破3000万千瓦，超出2007年最高负荷记录。

江西 2008年夏季，全省≥35℃的平均高温日数较历年同期略偏多，共有15个县（市）高温日数超过了40天，46个县（市）在30～40天之间，11个县（市）的高温日数在20天以下，以鹰潭市的46天为最多。2008年共出现6次高温天气过程：6月21-24日、7月1-6日、7月14-18日、7月22-28日、8月4-22日、9月18-23日，其中范围最广、强度最大的高温酷暑天气主要是7月下旬和8月中旬后期到下旬初。7月26日，出现夏季范围最广的高温天气，全省有87县（市）日最高气温超过35℃，82县（市）日最高气温超过37℃，2县（市）超过40℃。而8月21日高温强度为2008年最大，全省有30县（市）≥39℃，4县（市）≥40℃。大范围高温天气造成电力供应吃紧，8月13日，用电缺口达150万千瓦以上，8月21日全省日用电量达1.63亿千瓦时，创年内新高。

2.10 酸雨

2.10.1 基本概况

2008年我国酸雨区的范围与2007年相比基本保持不变。与过去几年相比，2008年重庆、湖南、广东和江西等省（直辖市）依然是我国酸雨最严重的地区；北京、吉林和河南西部等地降水酸化明显，天津、辽宁和安徽北部等地降水酸度减弱。

1. 全国年均降水pH值分布

图2.10.1为我国2008年平均降水pH值的分布状况。我国酸雨区主要位于青藏高原以东，覆盖

了华南、江南、西南地区东部、华东、华北大部和东北地区中东部等地，其中北京、山西中南部、河南西部、湖北、湖南、江西、贵州、重庆、四川、广东和广西部分地区的年均降水 pH 值达到强酸雨程度。非酸雨区主要位于新疆、西藏、青海、宁夏、甘肃和内蒙古大部。

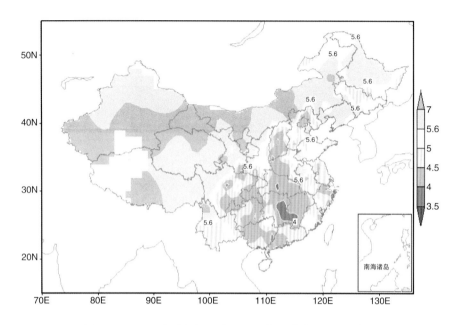

图 2.10.1　2008 年全国 294 个酸雨站年均降水 pH 值分布图

Fig.2.10.1　Distribution of annual mean pH values at 294 acid rain stations over China in 2008

全国 294 个酸雨监测站中，年均降水 pH 值达到强酸雨程度和非酸雨程度的站数均较 2007 年略有增加，降水 pH 值达弱酸雨程度的站数有所减少（表 2.10.1）。总体而言，2008 年我国大部分地区站点的降水酸度较 2007 年变化不大，少数地区降水酸度继续增强，如满洲里、承德、锡林浩特等 6 站的年均降水 pH 值下降均超过 1 个 pH 值单位；有少数地区降水酸度减弱，如天津、阜阳、本溪等 9 站的年均降水 pH 值上升均超过 1 个 pH 值单位，其中朱日和站的年均降水 pH 值上升约 2 个 pH 值单位。

表 2.10.1　降水出现不同 pH 值等级的台站数统计表

Table2.10.1　Statistics of the number of stations with different levels of precipitation pH value

pH 值	pH < 4.5	4.5 ≤ pH < 5.6	pH ≥ 5.6
2007 台站数（个）	97	121	76
2008 台站数（个）	102	111	81

2. 全国酸雨频率分布

图 2.10.2 为我国 2008 年酸雨频率分布状况，由该图可见，2008 年我国酸雨发生频率大于 80% 的区域主要位于华南和江南，其中重庆的潼南和垫江两站的酸雨频率达 100%，临安、长沙、百色、嘉兴、温州、赣州、广州、郴州、衡山、景德镇、武汉和宜昌等 16 个站的酸雨频率在 90% 以上。

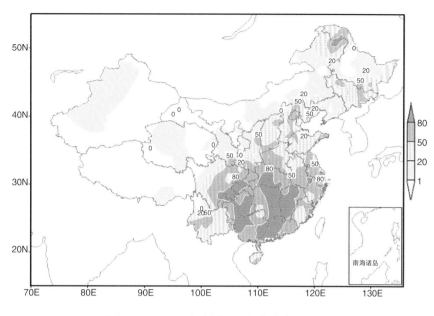

图 2.10.2　2008 年全国酸雨频率分布图（%）
Fig.2.10.2　Distribution of acid rain frequency over China in 2008（%）

统计显示，2008 年酸雨出现频率在 50% 以上的站点数与 2007 年大致相当，而年酸雨出现频率在 20%~50% 之间的站点数略有增加（表 2.10.2）。其中酸雨频率增长较为明显的站点有瓦房店、长春、威海、承德、上甸子、南宁城区和百色等 9 个站，其年酸雨频率较上年增长 20%~30% 左右。而丹东、武冈、攀枝花、万县、杭州和阜阳等 9 个站的年酸雨频率有所下降。

表 2.10.2　2008 年酸雨出现不同频率等级的台站数统计表
Table2.10.2　Statistics of the number of stations with different levels of acid rain frequency over China in 2008

酸雨频率（F）%	$F=0$	$0< F \leqslant 20$	$20< F \leqslant 50$	$50< F \leqslant 80$	$80< F \leqslant 100$
2007 台站数(个)	32	55	55	83	69
2008 台站数(个)	34	48	61	81	70

2008 年我国强酸雨出现频率较高的站为重庆綦江站，高达 91%，浙江临安、湖南长沙、湖北兴山、贵州凯里和重庆垫江与合川的强酸雨频率也在 80% 以上。全年没有强酸雨出现的站点主要位于新疆、青海、西藏、辽宁、内蒙古和山东等地。

瓦里关、天津、沈阳、拉萨、银川和乌鲁木齐等 34 个站全年无酸雨发生，其中甘肃敦煌和新疆和田自 1993 年有酸雨观测记录以来均无酸雨发生。

3. 区域酸雨特点

（1）我国酸雨区的范围与 2007 年相比基本相当。重庆、湖南、广东和江西等省（直辖市）依然是我国酸雨最严重的地区，其中江西庐山、赣州，湖南长沙、郴州、吉首、广东广州和重庆沙坪坝等站近 10 年的降水酸度和酸雨频率一直维持在较高水平。

南方部分地区如湖北大部、湖南东部、四川中东部和江苏北部部分站点的酸雨强度有所加强，如四川成都的降水酸度、酸雨频率和强酸雨频率均达近 16 年来的最高值，江苏常州和徐州、湖北襄樊，四川达县等地的酸雨频率或强酸雨频率也达近 16 年来的历史最高值，呈酸性加强趋势。与此相反，福建厦门、广西桂林和重庆万州的降水酸度、酸雨和强酸雨频率达近 16 年来的最低值，降水酸度减弱。

（2）酸雨区空间分布不均。就我国北方地区而言，山西、吉林、河南西部和北京地区的降水酸度呈增强的趋势，而河南东部、安徽北部、辽宁大部和天津等地的降水酸度较2007年有所降低。2008年北京观象台、昌平和上甸子3个站的酸雨和强酸雨频率达近16年来的最高值，北京观象台和昌平站的年均降水pH值为近16年来的最低值，上甸子站的年均降水pH值为近16年来的次低值。上甸子为区域大气成分本底站，代表了以京津冀地区为核心的华北区域的大气背景情况，它的区域代表性表明2003年以来华北地区降水酸度正在逐渐增强。与北京地区降水酸度逐年增强的趋势相反的是天津站，自2006年以来该站年均降水酸度逐年降低，至2008年全年无酸雨发生。

2.10.2 主要酸雨事件及成因初探

1. 2008年初低温、雨雪和冰冻灾害酸雨影响分析

2008年1月10日至2月2日，我国南方出现了罕见的低温雨雪过程。酸雨监测结果显示，此次持续时间较长的雨雪过程降水酸度强、酸雨频率高、雨雪中酸沉降量较大。其可能的原因有以下几方面：1）污染物的长距离输送；2）本地污染排放的影响；3）固态降水与液态降水机理差异的影响；4）地面气温低，边界层维持较稳定的逆温结构，光照弱且空气湿度大，不利于大气污染物的扩散。因此，在大的环流背景、污染气象条件和降水机制的共同影响下，导致此次低温雨雪过程酸雨出现频率和强度高于历史同期平均水平。

一般来说，冬季降水稀少，酸沉降相对较少，是水生生态得以恢复的时期。因此这种酸性强、酸雨量大的雨雪过程，给生态环境尤其是河湖纵横的南方地区水生生态带来较为不利的影响；同时由于南方红壤和黄壤对酸性物质敏感，缓冲能力差，因此会对土壤进而对森林和作物产生不利影响。

2. 2008年华南前汛期南方强降水过程酸雨影响分析

2008年5月26日至6月19日期间我国南方地区连续出现4次大范围的强降水过程，主要雨带维持在华南地区。广东、广西、江西、浙江、安徽、湖南、湖北、贵州、福建和云南等10省（自治区）此时间段内总的酸雨量为16年来新高，其酸性物质沉降量比较大，给生态环境尤其是河湖纵横的南方地区水生生态带来不利影响，如降低南方土壤的营养状况，降低生物产量等等。

3. 奥运会期间北京地区酸雨影响分析

7月20日至8月20日减排期间，北京地区的空气质量达到了近10年最好的状况，而降水酸度和酸雨量却是1993年来的最高值，酸雨量与总降水量的比值接近100%。减排期间，北京地区对酸雨起中和缓冲作用的大气气溶胶粒子的大量减少，是降水酸度增强的重要原因之一。北京是闻名于世的历史文化名城，文物古迹遍布北京城内外，而酸雨则是破坏文物古迹的罪魁祸首之一。

2.11 森林草原火灾

2.11.1 基本概况

2008年发生的森林火灾全年以小火情为主，主要集中在北方的内蒙古和黑龙江以及南方的云南、贵州、湖南、江西、广东、广西、福建。主要火灾为2月中旬至3月上旬在我国南方出现的大范围森林火灾，4月中旬内蒙古大兴安岭毕拉河、乌尔旗汉发生的森林大火。2008年发生的草场火灾主要在黑龙江和内蒙古，境外火未对我国边境地区造成危害。

全年气象卫星监测到林区火点7208次，草场火点2716次。火点主要分布在东北、华北、江南、

华南、西南等地，其中黑龙江、内蒙古、广东、广西、湖南、江西、贵州、云南、福建、西藏等省（自治区）火点较密集。图2.11.1和图2.11.2分别显示2008年卫星遥感全国森林火点分布和草场火点分布。图中可看到在东北大兴安岭、西南、华南林区有较多的火点。

表2.11.1列出2008年我国主要林火事件，表2.11.2和表2.11.3分别列出2008年气象卫星监测的我国林火和草原火分布统计数据。

表2.11.1　2008年我国主要林火事件（信息来自中国气象局和国家林业局）

Table2.11.1　List of major forest fire events over China in 2008 (provided by the disaster and information system of CMA as well as State Forestry Administration of P.R.China)

时间	火情情况
2008年1月6日	四川省凉山彝族自治州会东县，火区面积估算约4公顷。
2008年1月6日	广东、广西、贵州、湖南、江西、云南等省（区）有多处小火点，其中广东20处、广西27处、贵州9处、湖南44处、江西10处、云南2处。
2008年1月14日	云南省玉溪市新平县有一处林地火，火区面积估算约6.6公顷。
2008年1月30-31日	内蒙古自治区呼伦贝尔市鄂伦春旗有多处林地和草地火。
2月中旬至3月上旬	江西、湖北、湖南、浙江、福建、广东、广西、四川、贵州发生了大量的森林火灾。
2008年3月3-8日	西藏林芝县原始森林3日发生火灾，过火面积400多公顷。
2008年3月27日	山西省长治市长治县贾掌镇西沟村山林发生火灾，估算过火面积为50公顷、林木受害面积3公顷，在扑火过程中造成3人死亡、6人受伤。
2008年4月8日	内蒙古自治区呼伦贝尔市鄂伦春旗林地有两处火点。
2008年4月15-16日	黑龙江省大兴安岭地区呼玛县和漠河县各有一处火点，呼玛县火区面积约16.6公顷，漠河县火区面积约0.1公顷。
2008年4月17-19日	内蒙古自治区鄂伦春旗林区有多个小火点，其中两处较大，林火火区面积约4公顷和2.8公顷。
2008年4月18-19日	黑龙江省大兴安岭地区呼玛县有一处火点，火区面积约1.5公顷。
2008年4月20-24日	黑龙江省北部和内蒙古自治区东北部有多处火点。位于呼伦贝尔市鄂伦春旗的一处火点火区面积约1.6公顷；黑河市瑷珲区火点火区面积约5公顷；伊春市一处火点，火区面积约3公顷。
2008年5月10日	黑龙江省大兴安岭地区呼玛县有一处林地火，火区面积约2.5公顷。
2008年5月29日	四川省凉山彝族自治州木里藏族自治县发生森林火灾，过火面积近33公顷
2008年5月15日	内蒙古自治区呼伦贝尔市鄂伦春旗有两处林地和草地火点，火区面积分别约3.5公顷和4公顷。
2008年6月12日	内蒙古自治区呼伦贝尔市的额尔古纳市有一处林地火，火区面积约0.13公顷。
2008年6月8-12日	新疆自治区喀纳斯森林发生了两场森林火灾。
2008年7月17日	黑龙江省大兴安岭地区漠河县林地有一处火点，火区面积约1.1公顷。
2008年7月24日	黑龙江省大兴安岭地区漠河县林地有两处火点，火区面积分别约1.8公顷和1.6公顷。
2008年7月25日	黑龙江省大兴安岭地区塔河县林地有两处火点，火区面积约0.1公顷。
2008年10月27日	黑龙江省黑河市等地有50余处火点，其中绝大部分为小火点，火区面积在0.02~0.2公顷。
2008年12月12-14日	西藏自治区林芝地区察隅县下察隅镇塔玛村发生森林火灾，过火面积约0.04公顷。
2008年12月18日	西藏自治区林芝地区林芝县有一处火点，过火面积约2公顷。

表2.11.2　2008年气象卫星监测我国林区火点数分省统计表

Table2.11.2　Provincial statistics of the numbers of forest fire spots over China in 2008 monitored by meteorological satellite

发生于林地火点数统计												
省份	1月	2月	3月	4月	5月	6月	7月	8月	9月	10月	11月	12月	总计
安徽	4	7	26	0	3	20	0	0	1	2	8	14	85
福建	130	40	184	0	3	0	0	1	0	4	87	243	692
甘肃	0	0	1	0	0	0	0	0	0	0	0	0	1
广东	152	103	345	2	31	5	0	0	1	3	42	165	849
广西	169	126	426	12	47	4	0	0	3	5	75	127	994
贵州	12	66	176	10	1	0	0	0	0	0	1	11	277

省份	1月	2月	3月	4月	5月	6月	7月	8月	9月	10月	11月	12月	总计
河北	0	5	0	1	0	1	0	0	0	1	2	0	10
河南	0	9	16	0	2	4	0	0	0	1	2	5	39
黑龙江	0	18	91	84	4	5	7	44	38	469	77	0	837
湖北	3	32	45	0	3	1	1	0	0	0	2	28	115
湖南	211	162	506	7	3	0	0	2	0	1	73	384	1349
吉林	0	2	2	3	0	0	0	0	0	1	5	0	13
江苏	0	1	1	0	0	5	0	0	0	0	0	1	8
江西	76	46	207	0	1	0	0	0	0	1	21	88	440
辽宁	0	1	4	7	0	0	0	0	0	4	5	0	21
内蒙古	7	29	435	109	14	4	0	7	20	5	52	1	683
山东	0	0	0	1	0	4	0	0	0	0	0	2	7
山西	0	1	2	0	0	0	0	0	0	0	1	4	8
陕西	0	0	12	0	0	0	0	0	0	0	0	13	25
四川	26	1	3	26	0	0	0	0	0	0	0	1	57
西藏	1	6	51	110	21	0	0	0	0	2	2	7	200
新疆	0	0	0	1	0	0	0	0	0	0	0	0	1
云南	43	12	67	193	34	0	0	0	0	0	3	4	356
浙江	16	9	88	0	1	1	0	0	0	1	3	14	133
重庆	0	4	4	0	0	0	0	0	0	0	0	0	8

表2.11.3 2008年气象卫星监测我国草原火点数分省统计表

Table2.11.3 Provincial statistics of the number of grassland fire spots over China in 2008 monitored by meteorological satellite

发生于草地火点数统计

省份	1月	2月	3月	4月	5月	6月	7月	8月	9月	10月	11月	12月	总计
安徽	0	4	1	0	0	1	0	0	0	0	0	1	7
北京	0	1	0	0	0	0	0	0	0	0	0	0	1
福建	3	3	9	0	0	0	0	0	0	0	2	7	24
甘肃	0	0	2	0	2	0	0	0	1	3	1	3	12
广东	41	32	145	0	8	1	0	0	0	0	11	38	276
广西	46	62	109	2	4	0	0	0	0	0	21	43	287
贵州	1	18	66	6	0	0	0	0	0	0	0	7	98
河北	0	13	7	1	0	0	0	0	0	2	3	6	32
河南	0	4	9	0	0	3	0	0	0	1	1	3	21
黑龙江	0	9	103	86	9	2	2	27	22	345	71	0	676
湖北	0	7	8	0	2	0	0	0	0	0	0	5	22
湖南	41	27	100	2	1	1	0	0	0	2	15	88	277
吉林	0	0	30	8	0	0	0	0	0	29	12	0	79
江西	30	42	109	0	0	0	0	0	1	0	10	42	234
辽宁	0	2	1	0	0	0	0	0	0	3	7	1	14
内蒙古	7	16	237	63	10	3	0	2	29	15	23	0	405
宁夏	0	3	0	0	0	0	0	0	0	0	7	2	12
山东	0	0	0	0	0	1	0	0	0	1	0	3	5
山西	0	4	12	1	0	0	0	0	0	15	24	17	73
陕西	0	1	7	0	0	0	0	0	0	0	0	8	16
四川	16	0	1	16	0	0	0	0	1	0	1	1	36

续表

						发生于林地火点数统计						
省份	1月	2月	3月	4月	5月	6月	7月	8月	9月	10月	11月	12月	总计
西藏	2	0	1	0	0	0	0	0	0	0	0	0	3
新疆	0	0	0	0	1	0	0	1	1	0	0	0	3
云南	21	3	12	56	4	0	0	0	0	0	1	0	97
浙江	2	0	10	0	0	0	0	0	0	0	0	0	12
重庆	0	0	1	0	0	0	0	0	0	0	0	0	1

（注：火点即卫星监测到的一处火区，各火点范围根据火区大小而有所不同，即各火点所含像元数随火区大小而异）

图 2.11.1　2008年卫星监测全国林地火点分布示意图（按行政区划）

Fig.2.11.1　Sketch of forest fire spots monitored by meteorological satellite over China in 2008
(on the basis of administrative division)

图 2.11.2　2008年卫星监测全国草场火点分布示意图（按行政区划）

Fig.2.11.2　Sketch of grassland fire spots monitored by meteorological satellite over China in 2008
(on the basis of administrative division)

2.11.2 主要森林、草原火灾事件

1. 南方森林火灾

2008年1月中旬至2月上旬，我国南方遭遇历史上最严重的雨雪冰冻灾害，林木大面积受灾，大量树木、毛竹折断、冻死和干枯，林内可燃物载量急剧增加，森林火险急剧上升，加之森林防火基础设施设备严重受损，森林防火形势极为严峻。2月中旬至3月上旬，南方部分省区连续发生热点，森林火灾呈爆发趋势（图2.11.3），2月13-17日，卫星监测到的热点406个，其中森林火灾102起，并造成人员伤亡。

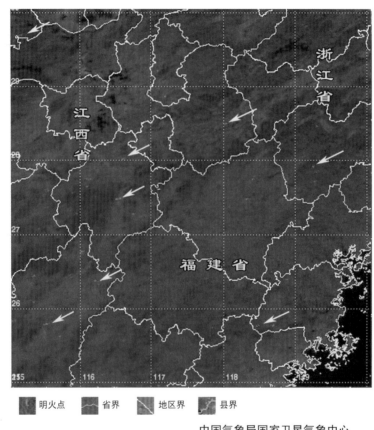

图2.11.3　气象卫星江西、福建、浙江火情监测图像（2008年3月3日12:42（北京时））

Fig.2.11.3　Fire monitoring image in Jiangxi, Fujian and Zhejiang by meteorological satellite at 12:42 BT March 3, 2008

2. 大兴安岭森林火灾

4月16-20日，内蒙古大兴安岭毕拉河、乌尔旗汉发生森林大火，森林大火分为4个火场。经过4昼夜奋力扑救，明火全部扑灭。其间，参加扑火作战的武警内蒙古森林部队官兵达到2200余人。武警官兵与大兴安岭林管局专业扑火队员通力合作，主要依靠人力扑灭了森林大火，有效保护了我国北方最大的生态屏障和人民群众生命财产安全。

3. 西藏自治区林芝森林火灾

2008年3月3-8日，西藏自治区林芝发生原始森林火灾。经过3680名群众、驻军和武警指战员的奋力扑救，森林大火得到有效控制和扑灭。火灾造成过火面积600公顷。

2.12 病虫害

2.12.1 基本概况

2008年农业虫害发生重于病害。受春夏降水偏多的影响，东北地区西部、内蒙古中东部、西北部分地区和华北北部农牧区草地螟大发生；农区玉米螟发生较重（图2.12.1）；草原蝗虫、黄河中下游飞蝗和棉叶螨等喜干旱的害虫发生程度接近常年。从5月份开始，新疆的气温持续偏高，棉铃虫发育历期缩短，发生程度为近年来最重。南方春季出现大范围降水和持续阴雨天气，利于稻飞虱、稻纵卷叶螟等迁飞型害虫的迁入和发生发展，江南中西部、华南中西部和西南中南部部分稻区稻飞虱、稻纵卷叶螟发生较重。1月中旬至2月上旬，长江流域及其以南地区出现持续雨雪冰冻天气，气温普遍偏低，一定程度抑制了小麦条锈病的冬繁和扩展，小麦条锈病仅在四川盆地东北部、甘肃南部和陕西南部出现，发生面积为近年来最少。4月下旬至5月上旬，黄淮南部、江淮和江汉降水偏多，部分地区小麦赤霉病和纹枯病普遍发生（图2.12.2）。另外，长江中下游部分地区灰飞虱发生较重，由其传播的玉米粗缩病在山东西南部偏重发生。

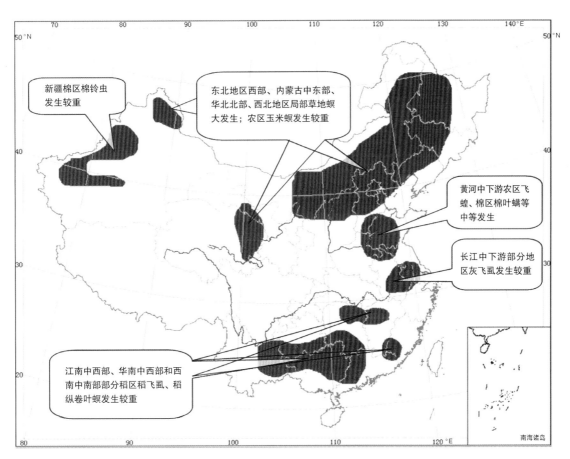

图2.12.1　2008年主要农业虫害分布图

Fig.2.12.1　Distribution of main agricultural insect pests in 2008

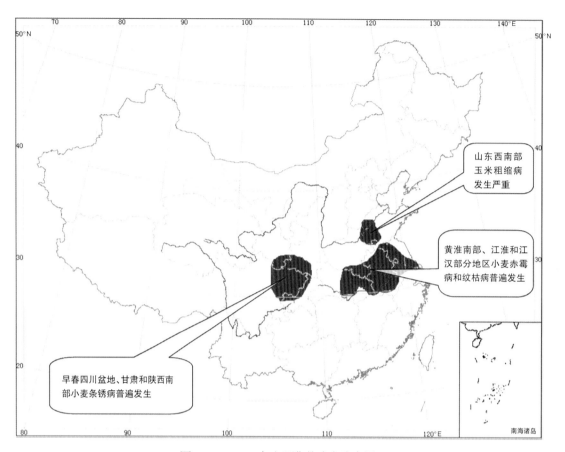

图 2.12.2　2008 年主要作物病害分布图

Fig.2.12.2　Distribution of main crop diseases in 2008

2.12.2　主要病虫害事例

1. 草地螟大范围发生

2008 年 7 月下旬至 8 月上旬，草地螟一代成虫在内蒙古、黑龙江、吉林、辽宁、河北、山西、北京、天津等农牧区大面积发生，涉及 250 多个县（区、市），面积达 1230 万公顷，发生时间集中，蛾量高，严重危害农田、草原和林地。其中，内蒙古巴彦淖尔、鄂尔多斯及其以东 10 个市（盟）63 个县（区、市）的农田及周边荒滩、草场、林地发生面积约 747 万公顷；黑龙江的农田及周边荒滩、林地发生面积约 253 万公顷；辽宁重发区域在阜新、朝阳、铁岭、沈阳和辽阳；吉林白城、松原的 8 个县发生严重；河北张家口、承德、唐山和秦皇岛也相继发生；山西大同、忻州、朔州有 40 个县发生；北京（12 个县区）和天津（11 个县区）都有发生。

2. 小麦赤霉病、纹枯病局部较重发生

3 月上旬，小麦纹枯病在江淮、黄淮和华北麦区陆续发生，安徽、江苏、湖北、河南、山东等高产麦区病情扩展较快、病情严重。截至 3 月上旬，发生面积达 483 万公顷，达防治指标(病株率 15% 或病情指数 5 以上)面积为 136 万公顷。小麦赤霉病在湖北东部、北部和江汉平原，安徽江淮以南，江苏江淮和南部，河南南部等麦区显症，4 省发生面积达 86.7 万公顷；山东、河北、陕西等省零星见病。2008 年小麦条锈病发生 200 多万公顷次，是近年发生面积最少发病最轻的一年。

3. 稻飞虱和稻纵卷叶螟发生较2007年同比减少

截至2008年9月上旬，全国稻飞虱累计发生面积1573万公顷次，较2007年同期减少37.2%；其中，江淮、江汉和江南稻区中等至偏重发生，褐飞虱比例较2007年同期偏高。2008年稻飞虱灯下始见期较2007年晚2~4天，但比常年早；其中，华南和西南南部灯下始见期为3月上、中旬，江南南部为3月下旬至4月上旬。伴随大范围降水过程和持续阴雨天气，3月底至4月中旬，西南南部、江南南部和华南出现2~3个明显迁入峰，田间虫量迅速上升，部分稻区虫量明显高于2007年同期；5月末至6月初，西南中北部和长江中下游稻区普遍出现稻飞虱迁入峰，迁入量与2007年持平或略低，但高于常年。

2008年华南和江南稻区稻纵卷叶螟始见期分别出现在3月中旬后期和3月底，大部较2007年推迟3~7天。4月下旬至5月上旬华南中西部田间幼虫虫口密度较2007年同期偏高，部分稻区卷叶危害严重；5月末至6月初，江南大部、华南和西南地区东部稻区出现稻纵卷叶螟迁入的突增峰，部分稻区田间蛾量明显高于2007年同期，广西局部为近十年最高值。8月中下旬至9月上旬，长江流域、江南和华南稻区出现稻纵卷叶螟成虫高峰，部分稻区持续10天以上。其中，江淮、江汉和江南稻区田间蛾、幼虫、卵并存，世代重叠严重，部分稻区卷叶较重。截至2008年9月上旬，全国稻纵卷叶螟累计发生面积2120万公顷次，较2007年同期减少10.9%。

4. 一代玉米螟和玉米粗缩病局部较重发生

截至7月10日，全国一代玉米螟发生435万公顷。东北地区、内蒙古发生较重，西南、江淮、黄淮、华北和西北大部中等程度发生。

玉米粗缩病是由灰飞虱传播的玉米粗缩病病毒引起的，2008年在山东、江苏发生分别为45万公顷和1.7万公顷。其中山东西南部偏重至大发生（4~5级），6月中旬早播玉米病株率20%~40%，严重的达100%，因病害翻种面积4.9万公顷。玉米大小斑病、褐斑病在河南、山东、河北发生较普遍。

5. 新疆棉铃虫发生达历史新高

2008年新疆棉铃虫累计发生面积5.6万公顷次，达到历史最高值。其中一代棉铃虫发生面积7.8万公顷，二代发生面积21.2万公顷，三代发生面积27万公顷，绝收改种面积9000公顷，累计防治面积达73.3万公顷。全国其余棉区二代棉铃虫发生均轻于2007年，仅在河南北部、湖南南部等棉区重于2007年。棉叶螨在山西、陕西、湖北、湖南、安徽、江西、新疆等地普遍发生，百株螨量为数十至数百头，有螨株率为15%~38%。棉盲蝽在河北、河南、山西、天津、江苏、湖北、江西等地被害株率一般为10%~30%，严重田块达80%。

棉花枯萎病在全国大部棉区发生，连续多年种植的老棉区发生尤其严重，河北、山东、山西、天津、湖南、湖北、安徽等地病田率为10%~40%，严重地区达70%。

6. 农区飞蝗和草原蝗虫中等程度发生

2008年农区飞蝗整体发生情况比2007年同期略减少。至2008年7月上旬，东亚飞蝗夏蝗在环渤海湾沿海、华北湖库、河南和山东沿黄蝗区发生66.1万公顷，与近3年均值65.7万公顷基本持平，其他蝗区发生面积20.3万公顷，比上年减少3.3万公顷。亚洲飞蝗在新疆阿勒泰、伊犁、塔城和博州等农区发生面积为6.3万公顷，比上年同期增加27%。西藏飞蝗在四川甘孜、阿坝、西藏昌都、拉萨，青海玉树等地偏轻发生，发生面积5.2万公顷，比上年同期减少26.7%。

2008年北方草原蝗虫中等程度发生，截至8月上旬，内蒙古草原蝗虫发生面积467.9万公顷，严重危害面积215.5万公顷；主要分布在呼伦贝尔市、兴安盟、赤峰市、锡林郭勒盟、乌兰察布市、阿拉善盟和鄂尔多斯市等地。新疆草原蝗虫发生面积达40多万公顷，塔城地区、博州、阿勒泰地区、乌鲁木齐、克州等地局部出现高密度聚集区域。青海草原蝗虫发生面积达83.6万公顷，严重危害面积达36万公顷；主要分布在黄南、海南和海东地区的高寒干草原区，最严重地区虫口密度高达125头/平方米。甘肃张掖市肃南、山丹、民乐及甘州4县（区）草原不同程度地发生蝗虫灾害，发生面积20万公顷，严重危害面积10.8万公顷，蝗虫平均虫口密度40头/平方米，最大密度128头/平方米。宁夏草原蝗虫危害面积31.1万公顷。

2.13 空间天气事件

2.13.1 基本特征

2008年处于太阳活动23到24周的过渡区，黑子数月均值处于极小期。全年大多数时间日面没有黑子，黑子数月均平滑值在最低达到了2.6。偶尔出现在日面上的黑子群通常是独立的，群内黑子数少、面积小，寿命不超过两个太阳自转周。全年共爆发5个C级耀斑，没有M级以上耀斑，没有观测到太阳质子事件和CME事件。图2.13.1为1997-2008年期间太阳黑子月均平滑值随时间的变化。

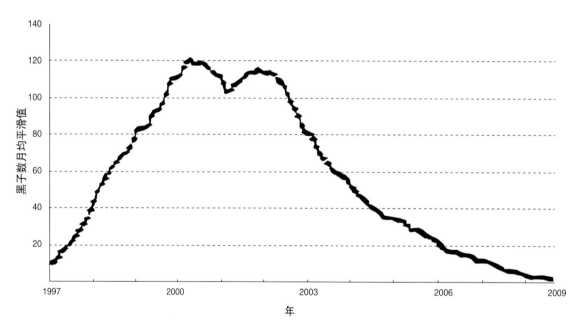

图 2.13.1　1997-2008年太阳黑子月均平滑值随时间变化图
Fig 2.13.1　Monthly mean sunspot number from 1997 to 2008

2.13.2 太阳活动特征

2008年全年没有观测到M级以上耀斑，没有爆发质子事件和CME事件。

2.13.3 地磁活动特征

2008年没有出现大地磁暴，Dst指数最小值为 −72。全年13次地磁暴均由太阳风高速流引起。具体的地磁暴规模和时间分布见表2.13.1。

表 2.13.1 2008 年磁暴及其特性表

Table 2.13.1 List of geomagnetic storm in 2008

日期	Kp 指数	磁暴强度	磁暴特性
2 月 2 日	−44	小磁暴	缓变型
2 月 28 日	−45	小磁暴	缓变型
3 月 6 日	−72	中等磁暴	缓变型
3 月 26 日	−41	小磁暴	缓变型
5 月 21 日	−33	小磁暴	缓变型
4 月 23 日	−43	小磁暴	缓变型
6 月 15 日	−40	小磁暴	缓变型
7 月 12 日	−40	小磁暴	缓变型
8 月 10 日	−41	小磁暴	缓变型
9 月 4 日	−51	小磁暴	缓变型
9 月 18 日	−34	小磁暴	缓变型
10 月 11 日	−60	中等磁暴	缓变型

（注：2008 年 Dst 指数为临时指数，以后可能会有修改）

2.13.4 电离层特征

2008 年 3 月北京地区（116.4°E，39.8°N）电离层 TEC 月中值偏差为 3.78×10^{16} 个电子 / 平方米，涨落比较明显。电离层环境以扰动为主。图 2.13.2 为 2008 年 3 月北京地区电离层 TEC 相对静日值的增幅。

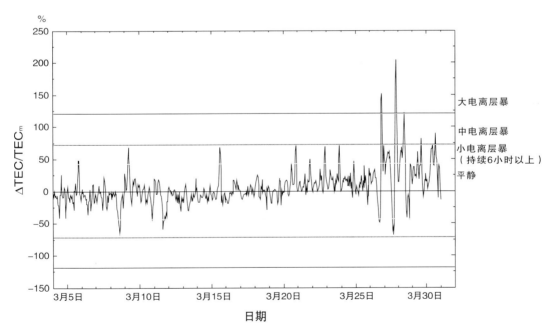

图 2.13.2 2008 年 3 月北京地区电离层 TEC 相对静日值增幅变化图

Fig.2.13.2 The ionospheric total electron content(TEC) increment over Beijing in March 2008

第三章 每月气象灾害事记

3.1 1月主要气候特点及气象灾害

3.1.1 主要气候特点

1月：全国平均降水量较常年同期偏多；全国平均气温较常年同期偏低，为1986年以来最低值。月内：我国南方地区出现50年一遇大范围持续低温雨雪冰冻天气；中东部地区出现大雾天气；华南南部及云南旱情缓解；黄河宁夏段封河速度加快，凌汛形势严峻。

月降水量与常年同期相比，东北、华北东部及内蒙古东部、新疆北部、西藏中部、重庆大部、贵州北部等地偏少30%～80%，部分地区偏少80%以上，华北西部、黄淮大部、江淮、江汉、江南东北部、西南大部、华南大部偏多30%～200%，西北大部及内蒙古西部、西藏西部、云南西北部偏多200%以上（图3.1.1）。

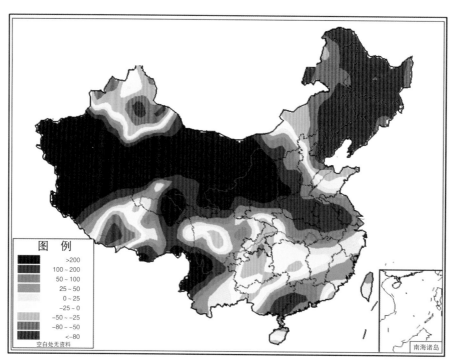

图3.1.1 2008年1月全国降水量距平百分率分布图（％）

Fig.3.1.1 Precipitation anomalies over China in January 2008(%)

月平均气温与常年同期相比，西藏大部、青海南部、四川西部、云南大部、黑龙江西北部等地偏高1～4℃，青藏高原局部地区偏高4℃以上，我国中部地区及内蒙古西部、宁夏、甘肃、新疆等地普遍较常年同期偏低1～4℃，内蒙古西部、新疆西部的部分地区偏低4℃以上（图3.1.2）。

3.1.2 主要气象灾害事记

1月中下旬，受冷暖空气共同影响，我国南方地区出现4次明显的低温雨雪天气过程，分别发

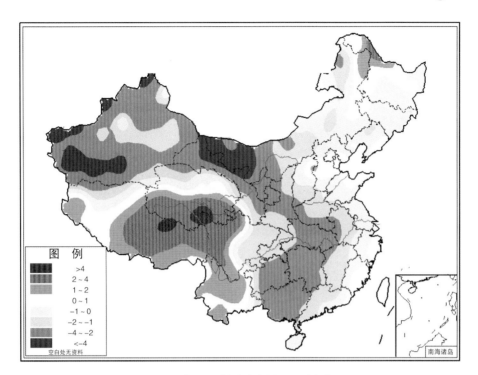

图3.1.2　2008年1月全国平均气温距平分布图（℃）

Fig.3.1.2　Mean air temperature anomalies over China in January 2008(℃)

生在：1月10–16日、18–22日、25–29日、31日至2月2日。河南、湖北、安徽、江苏、湖南和江西西北部、浙江北部出现大到暴雪；湖南、贵州、安徽南部和江西等地出现冻雨或冰冻天气。此次低温雨雪冰冻天气影响范围之广、强度之大、持续时间之长、造成灾害之重为1951年以来罕见，对春运期间的公路、铁路和航空交通运输以及能源供应、电力传输、通讯设施、农业、人民群众生活造成了严重影响，经济损失巨大。

　　1月份，我国华东和西南东部等地出现大雾天气。其中，长江三角洲以及四川东部、云南南部、福建等地的雾日达到4～6天，给当地的公路、铁路和航空运输带来很大影响，并引起多起交通事故。

　　2007年11月中旬至2008年1月24日，华南和西南地区东南部等地降水持续偏少，云南、海南和广东南部等地出现中到重旱。干旱对海南省冬种瓜菜、橡胶和果树等作物生长造成不利影响，尤其是对早熟荔枝品种和芒果影响较大。1月25–31日，华南大部和云南出现了10～100毫米的降水，云南、广东和海南的旱情得到缓解。

　　1月，受持续低温天气影响，黄河宁夏段封河速度加快。截至月底，黄河宁夏段出现了三段封河，累积封河长度245千米。

3.2　2月主要气候特点及气象灾害

3.2.1　主要气候特点

　　2月：全国平均降水量较常年同期偏少；全国平均气温较常年同期偏低，为1985年以来最低值。月内：西南地区东部出现雨雪冰冻天气；东北、华北出现不同程度干旱；长江中下游沿江地区出现大雾天气；北方地区出现2次沙尘天气；黄河宁夏段封河里程为近40年来最长。

　　月降水量与常年同期相比，除新疆西南部、青海东部、四川大部、重庆大部、云南南部、广西中西部等地偏多外，全国大部地区偏少或接近常年，其中东北大部、华北北部和东部、黄淮、江淮、

江汉、江南北部、华南东部以及内蒙古大部、甘肃西部、新疆东部、青海西部、西藏西部等地偏少
30%~80%，部分地区偏少80%以上（图3.2.1）。

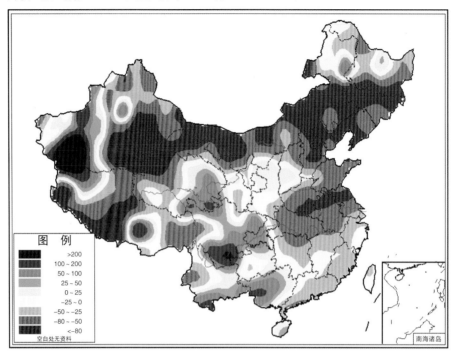

图3.2.1　2008年2月全国降水量距平百分率分布图（%）

Fig.3.2.1　Precipitation anomalies over China in February 2008(%)

月平均气温与常年同期相比，东北北部及内蒙古东北部、新疆北部偏高1~4℃；全国其余大部
分地区偏低或接近常年，其中西北大部、华北西部、西南东部、江淮大部、江南大部、华南等地偏

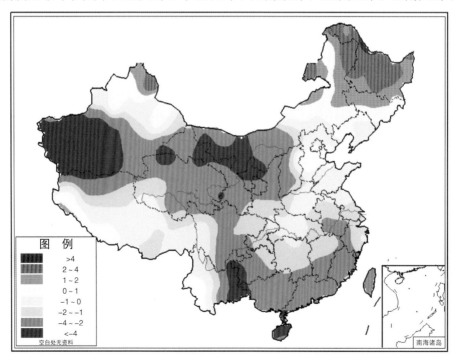

图3.2.2　2008年2月全国平均气温距平分布图（℃）

Fig.3.2.2　Mean air temperature anomalies over China in February 2008(℃)

低 1～4℃，新疆西南部、内蒙古西部、宁夏大部、云南东部、贵州西部、广东西南部、海南等地偏低 4℃以上（图 3.2.2）。

3.2.2 主要气象灾害事记

2月上中旬，西南地区东部、西北地区东南部遭遇雨雪冰冻天气，雨雪冰冻日数一般有 6～12天，其中贵州西部、云南东北部平均雨雪冰冻日数为 1951 年以来次多值；云南省昭通市南部 7-13日、曲靖市北部 9-13 日日最高气温持续低于 0℃，为历史罕见。

我国黄河以北大部地区 1-2 月降水量不足 10 毫米，其中吉林西部、辽宁西部、内蒙古东南部、河北东北部等地基本无降水。长时间雨雪稀少，致使吉林西部、辽宁、内蒙古东南部、河北、北京、山东北部等地出现不同程度干旱。河北省 300 多万公顷农田受旱，25 万人临时性饮水困难；山东省近 70 万公顷农田受旱，15 万人、25 万头大牲畜出现临时性饮水困难。

2月，我国长江中下游沿江地区及四川盆地、云南东部、贵州西部、福建中东部等地出现大雾天气。由于大雾天气多发生在春运高峰期间，给当地的公路、铁路和航空运输带来较大影响。

2月，我国北方地区出现 2 次沙尘天气过程。21-23 日，南疆盆地东部、甘肃西部、内蒙古西部的部分地区出现了扬沙，其中，甘肃西部、内蒙古西部的局地出现了沙尘暴。

1月中旬至 2 月中旬，黄河上游地区出现持续低温天气，致使黄河宁蒙段封河速度加快，封冻河段加长。截至 2 月 14 日，黄河宁夏段累计封河 260 千米，创近 40 年来之最；黄河宁夏段 397 千米河段全部发生凌汛，造成 530 多公顷农田受淹，330 多千米堤防偎水。

3.3 3月主要气候特点及气象灾害

3.3.1 主要气候特点

3月：全国平均降水量接近常年同期；全国平均气温较常年同期明显偏高，为 1951 年以来最高值。上中旬东北西部、华北东北部、黄淮大部及内蒙古中东部气象干旱持续发展；贵州、广西等地的局部地区发生强对流天气；四川局部地区发生严重雪灾和山体滑坡灾害；内蒙古、吉林、甘肃、黑龙江、新疆等地出现扬沙或沙尘暴天气；黄河内蒙古部分河段发生严重凌汛灾害。

月降水量与常年同期相比，东北大部和内蒙古中东部、华北北部、西南地区大部及新疆东北部等地偏多 30%～200%，局部地区偏多 200% 以上，西北大部、华北南部、黄淮、江淮、江南东部、华南大部及辽宁南部、内蒙古西部、湖北东部、云南西北部等地偏少 30%～80%，青海、新疆的部分地区偏少 80% 以上（图 3.3.1）。

月平均气温与常年同期相比，除海南、云南、四川西部、青海南部、西藏中东部等地接近常年外，全国大部地区偏高 1～4℃，其中黑龙江大部、吉林西部、内蒙古东部、新疆北部和西部偏高 4～6℃，部分地区偏高 6℃以上（图 3.3.2）。

3.3.2 主要气象灾害事记

2008年 1 月 1 日至 3 月 18 日，黑龙江、吉林、辽宁、内蒙古、北京、天津、河北 7 省（直辖市、自治区）的区域平均降水量仅 5.5 毫米，为 1951 年以来历史同期最少。降水持续偏少，加之气温偏高，造成黑龙江西南部、吉林西部、辽宁西部、内蒙古中部和东部偏南地区、河北大部、北京、天津以及黄淮部分地区气象干旱持续发展。

云南、四川、贵州、广西等地遭受风雹袭击。9 日，云南省景洪市和四川省攀枝花市部分地区发生冰雹灾害，直接经济损失 501 万元；16 日，贵州省平坝县遭受冰雹袭击，造成 12.3 万人受灾，

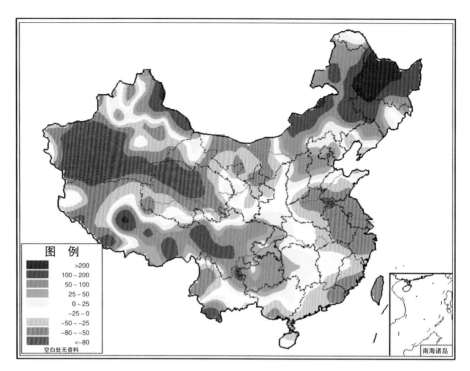

图 3.3.1 2008 年 3 月全国降水量距平百分率分布图（%）

Fig.3.3.1 Precipitation anomalies over China in March 2008(%)

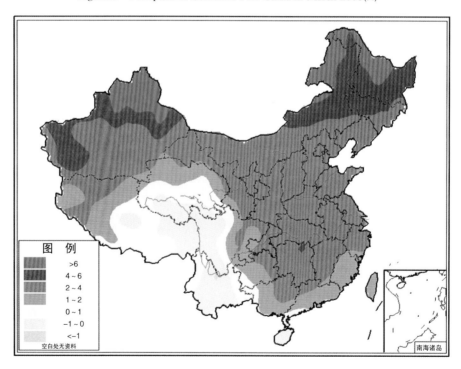

图 3.3.2 2008 年 3 月全国平均气温距平分布图（℃）

Fig.3.3.2 Mean air temperature anomalies over China in March 2008(℃)

直接经济损失 1959 万元；19 日，贵州省望谟县遭受冰雹大风袭击，直接经济损失 4146 万元；20 日，广西部分地区遭受风雹袭击，8200 多公顷农作物受灾。

四川局部地区发生严重雪灾和山体滑坡。2 月 26 日至 3 月 5 日，四川省甘孜州和阿坝州部分县（区）遭受雪灾，直接经济损失 1.1 亿元；3 月 22 日，由于冰雪融化和降水渗透作用，四川省阿坝州汶川县威州镇茅岭村磨子沟发生山体滑坡，造成7人死亡。

3月，北方地区出现4次沙尘天气过程，沙尘次数与2000–2007年同期持平。2月29日至3月1日，内蒙古西部、甘肃中西部、宁夏南部和东部、陕西北部、山西中北部、河北、河南北部、山东西北部的局地出现了扬沙，其中，内蒙古西部、甘肃中西部的部分地区以及宁夏南部、陕西北部的局地出现了沙尘暴或强沙尘暴。

3月中旬后，黄河内蒙古段因气温回升较快，开河速度明显加快。由于开河期河槽蓄水量大，水位高，3月20日内蒙古鄂尔多斯市杭锦旗黄河奎素段发生两次决堤，造成8624间房屋倒塌，4052间房屋损坏，直接经济损失8.8亿元。

3.4 4月主要气候特点及气象灾害

3.4.1 主要气候特点

4月：全国平均降水量较常年同期略偏少；全国平均气温较常年同期偏高。南方部分地区及新疆西部遭受暴雨、风雹袭击；强热带风暴"浣熊"在海南登陆，登陆时间之早破历史记录；东北地区及云南等地温高雨少，部分地区发生干旱和森林火灾；北方沙尘天气明显偏少；新疆、宁夏、甘肃、青海、河北等地遭受低温冷冻害或雪灾。

月降水量与常年同期相比，华北、黄淮、江淮北部及内蒙古中部和东南部、辽宁西南部、吉林西部、黑龙江西南部、甘肃中部、新疆北部等地偏多30%～200%，部分地区偏多200%以上；西北中西部及西藏中西部、内蒙古西部和东北部、黑龙江西北部、云南北部、贵州东部、湖南中南部、江西北部、广西中部、海南等地偏少30%～80%，部分地区偏少80%以上（图3.4.1）。

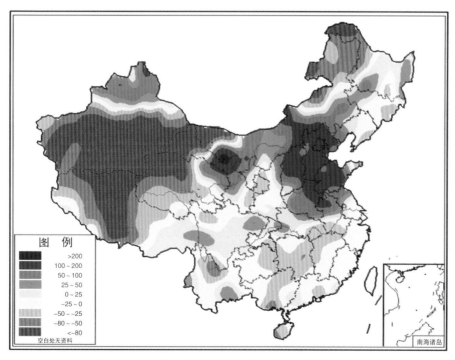

图 3.4.1　2008年4月全国降水量距平百分率分布图（%）
Fig.3.4.1　Precipitation anomalies over China in April 2008(%)

月平均气温与常年同期相比，东北大部、华北北部、江南大部及内蒙古、甘肃中部、宁夏、西藏中部、四川南部、云南大部、福建南部等地偏高1～4℃；全国其余大部地区接近常年（图3.4.2）。

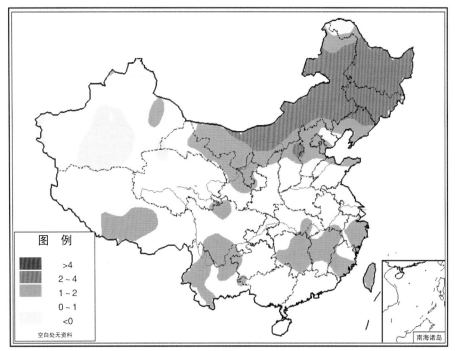

图3.4.2 2008年4月全国平均气温距平分布图（℃）

Fig.3.4.2 Mean air temperature anomalies over China in April 2008(℃)

3.4.2 主要气象灾害事记

南方部分地区及新疆西部遭受暴雨、风雹袭击。7-9日，江淮、黄淮部分地区遭受暴雨、风雹灾害，因灾死亡9人，直接经济损失12.9亿元；12-13日，华南部分地区遭受暴雨袭击，广西因灾死亡1人；12-16日，云南德宏、红河、版纳、临沧、文山、保山等地遭受大风、冰雹灾害，因灾死亡2人；18-20日，湖北、安徽遭受暴雨袭击，因灾死亡2人，直接经济损失3亿元；30日，新疆霍城县甘河子河上游暴雨引发洪水，造成7人死亡。

0801号强热带风暴"浣熊"于4月18日在海南省文昌市龙楼镇登陆，19日在广东省阳东县东平镇再次登陆，是1949年以来登陆我国最早的台风。受"浣熊"影响，海南、广东两省200多万人受灾，3人死亡，直接经济损失7.9亿元。

4月5-20日，东北三省平均降水量仅1.5毫米，为历史同期最少，平均气温达11.7℃，为历史同期第二高。温高雨少导致部分地区出现轻到中度气象干旱，其中辽东半岛一度达到重旱等级。东北林区森林火险气象等级持续偏高，并出现多处火点。

4月，全国出现1次沙尘天气过程，沙尘次数较2000-2007年同期明显偏少。17-21日，南疆盆地和北疆局地、青海北部、甘肃中西部以及内蒙古、宁夏中部、辽宁西北部、黑龙江西部的局地出现了扬沙，其中，南疆盆地、青海北部的部分地区以及北疆南部、甘肃中西部的局地出现了沙尘暴或强沙尘暴。

4月17-23日，我国北方大部地区出现大风降温天气，最大降温幅度一般在8℃以上，其中，东北大部及内蒙古、新疆东北部、甘肃中西部、宁夏等地为12～20℃，局部地区超过20℃。新疆、甘肃、青海、宁夏、河北先后遭受低温冷冻害或雪灾，其中新疆受灾最为严重，全区直接经济损失超过10亿元。

3.5 5月主要气候特点及气象灾害

3.5.1 主要气候特点

5月：全国平均降水量接近常年同期；全国平均气温较常年同期偏高。下旬中东部地区出现大范围强降水，局地受灾重；月内南方部分地区遭受雷雨大风、冰雹等强对流天气袭击；地震灾区震后阴雨天气多，给救灾带来不利影响；西北东部及内蒙古等地干旱持续；北方出现5次沙尘天气过程。

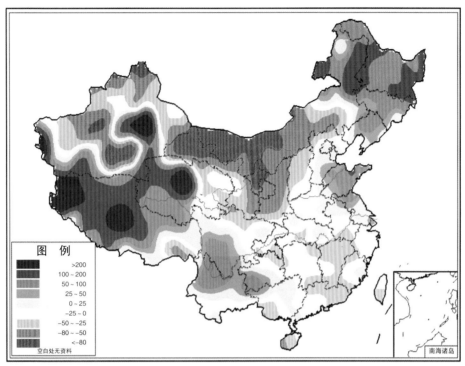

图3.5.1　2008年5月全国降水量距平百分率分布图（％）

Fig.3.5.1　Precipitation anomalies over China in May 2008(%)

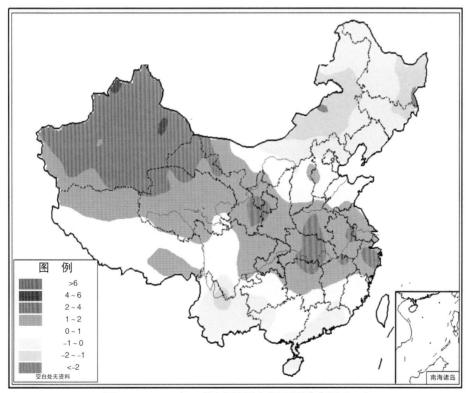

图3.5.2　2008年5月全国平均气温距平分布图（℃）

Fig.3.5.2　Mean air temperature anomalies over China in May 2008(℃)

月降水量与常年同期相比，东北和内蒙古东北部、黄淮东部、西南地区大部及青海西部、新疆中部等地偏多30%～200%，局部地区偏多200%以上；西北中东部及内蒙古中西部、新疆北部、江西、广东东部、广西西南部、海南等地偏少30%～80%，部分地区偏少80%以上（图3.5.1）。

月平均气温与常年同期相比，黑龙江东部、吉林东北部、内蒙古中东部等地偏低1～2℃；西北大部、黄淮南部和西部、江淮、江汉、江南北部及四川东部、重庆等地偏高1～4℃；全国其余大部分地区接近常年（图3.5.2）。

3.5.2 主要气象灾害事记

5月26–31日，我国中东部地区出现大范围强降水天气过程，贵州、湖南、安徽、重庆、浙江、江西、四川、广东、广西等省（直辖市、自治区）因暴雨洪涝及其引发的泥石流、滑坡等地质灾害共造成81人死亡，29人失踪，直接经济损失43.6亿元。另外，5月上旬，广西部分地区出现强降水天气过程，遭受洪涝灾害及其引发的山体滑坡等地质灾害。

南方部分地区遭受雷雨大风、冰雹等强对流天气袭击。2–3日、11–12日、25–27日，湖北省部分地区遭受风雹灾害，共造成8人死亡，直接经济损失超过6.9亿元。1–3日，贵州省六盘水市、黔西南州、毕节地区、安顺市遭受风雹灾害，造成17.6万人受灾，7人死亡。26日，辽宁省凌海、盘山2市（县）因雷击灾害死亡7人。

5月12–31日，四川北部及甘肃南部、陕西南部等地震灾区出现了5次降雨天气过程，阴雨日数普遍有8～12天。由于震后山体松动或土质松软，降水引发滑坡、泥石流等次生灾害，造成病险水库、堰塞湖水位上升，漫坝溃堤危险增大，给抗震救灾工作带来不利影响。

4月下旬至5月下旬，西北大部及内蒙古中西部降水量较常年同期偏少30%～80%，气温普遍较常年同期偏高1～2℃。温高雨少导致内蒙古、陕西、甘肃、宁夏等地气象干旱持续发展，部分地区达到重旱。

5月，北方地区出现5次沙尘天气过程，沙尘次数较2006年和2007年同期明显偏少。26–28日，内蒙古中西部和东南部局地、山西北部、河北北部、天津以及辽宁西南部、吉林西南部、河南北部的局地出现了扬沙，其中，内蒙古中西部的部分地区出现了沙尘暴或强沙尘暴。

3.6 6月主要气候特点及气象灾害

3.6.1 主要气候特点

6月：全国平均降水量较常年同期偏多，为近10年来最多；全国平均气温较常年同期偏高。月内：南方出现大范围强降雨过程，部分地区发生暴雨洪涝灾害；宁夏中部、甘肃陇东等地气象干旱持续；局地遭受雷雨大风、冰雹等强对流天气袭击；热带风暴"风神"登陆广东深圳；四川地震灾区多降雨天气，对灾后重建工作有不利影响。

月降水量与常年同期相比，华南大部、华北北部及内蒙古中东部、西藏中南部、云南中部和东南部、湖南南部、江西南部、浙江北部等地偏多30%～100%，部分地区偏多100%以上；西北中西部和内蒙古西部、黄淮大部及黑龙江、吉林东北部、湖南西北部、湖北大部、重庆、贵州东部等地偏少30%～80%（图3.6.1）。

月平均气温与常年同期相比，西北中西部、东北北部及内蒙古东北部和西部、西藏西北部偏高1～4℃；华北东部、黄淮东部及辽东半岛偏低1～2℃；全国其余大部地区接近常年（图3.6.2）。

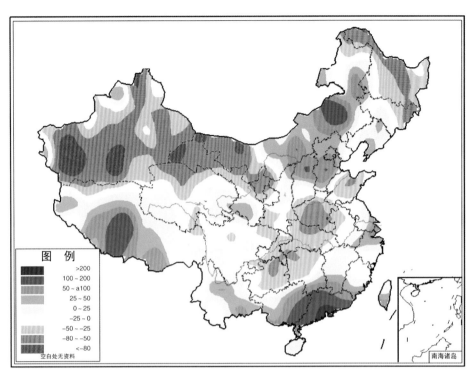

图 3.6.1　2008 年 6 月全国降水量距平百分率分布图（%）

Fig.3.6.1　Precipitation anomalies over China in June 2008(%)

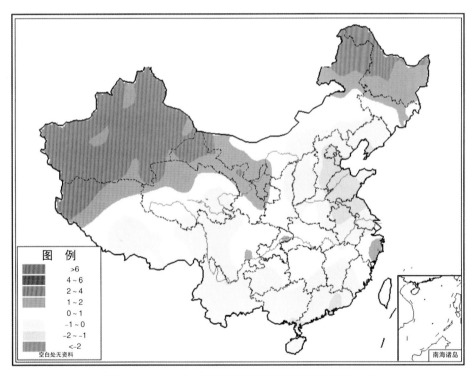

图 3.6.2　2008 年 6 月全国平均气温距平分布图（℃）

Fig.3.6.2　Mean air temperature anomalies over China in June 2008(℃)

3.6.2　主要气象灾害事记

5 月 26 日至 6 月 19 日，我国南方地区连续出现 4 次大范围强降雨天气过程，广东、广西、福建、湖南、湖北、江西、浙江、安徽、贵州、云南 10 省（自治区）平均降水量为 1951 年以来历史同期

最多。上述10省（自治区）和重庆因暴雨洪涝及引发的山体滑坡、泥石流等灾害共造成3629.3万人受灾，死亡177人，直接经济损失296.6亿元。20–25日，长江中下游地区及重庆等地出现大到暴雨，安徽、江苏、湖北、湖南、重庆、贵州等省（直辖市）近300万人受灾，直接经济损失超过6亿元。

6月上旬，西北地区大部、内蒙古中部等地降水量较常年同期偏少50%以上，出现中等程度的气象干旱，局部地区达到重旱。中旬，甘肃河东大部、宁夏南部、山西、陕西出现明显降水，气象干旱有所缓和，但下旬，西北地区大部温高雨少，宁夏中部、甘肃陇东、内蒙古西部等地气象干旱持续。月内，新疆北部持续少雨，旱情发展，局部地区一度达特旱等级。截至6月中旬，新疆塔城、阿勒泰、伊犁干旱造成24.1万人受灾，直接经济损失近2亿元。

6月，黑龙江、吉林、河北、北京、内蒙古、河南、山东、山西、陕西、甘肃、安徽、江苏、湖北、湖南、重庆、江西、云南、贵州等省（直辖市、自治区）遭受雷雨大风、冰雹等强对流天气袭击，部分地区损失较重。

6月25日热带风暴"风神"在广东省深圳市沿海登陆。受其影响，广东、湖南、江西、广西、福建5省（自治区）有190多万人受灾，死亡35人，直接经济损失26.7亿元。

6月，地震灾区多降雨天气，雨日一般有10～15天，其中6月13–15日地震灾区普遍出现中到大雨，局部暴雨。降雨天气多，对抗震救灾和灾后重建工作有不利影响。

3.7 7月主要气候特点及气象灾害

3.7.1 主要气候特点

7月：全国平均降水量比常年同期偏多，全国平均气温比常年同期偏高。华南、江南中西部、淮河流域等地出现强降雨过程；有两个台风登陆我国；甘肃、宁夏等地的气象干旱出现不同程度缓解；

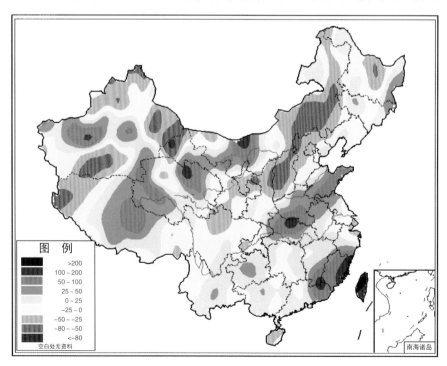

图3.7.1　2008年7月全国降水量距平百分率分布图(%)

Fig. 3.7.1　Precipitation anomalies over China in July 2008 (%)

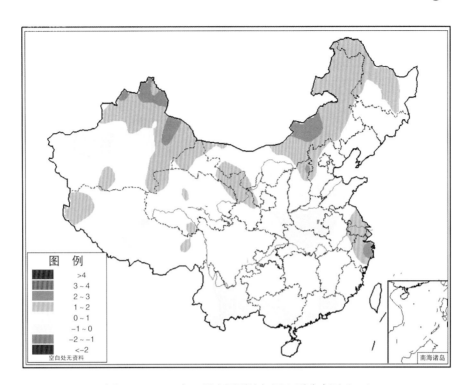

图3.7.2　2008年7月全国平均气温距平分布图（℃）

Fig. 3.7.2　Mean air temperature anomalies over China in July 2008 (℃)

陕西北部、山西中西部气象干旱发展；局地遭受雷雨大风、冰雹等强对流天气；江南、华南及四川东部等地出现高温天气。

　　月降水量与常年同期相比，黄淮、江汉大部、华南东部、青海西部、西藏中部等地降水量偏多30%~100%，其中福建东部等地偏多100%~200%；西北东部和西北部、华北北部和西部及内蒙古东部等地降水量偏少30%~80%；全国其余大部地区基本接近常年（图3.7.1）。福建月降水量为1951年以来历史同期次大值。

　　月平均气温与常年同期相比，黑龙江西北部、内蒙古中东部、河北北部、江苏中南部、浙江北部、上海、甘肃中部、新疆北部和东部等地气温偏高1~2℃，新疆、内蒙古局部地区偏高2~4℃，全国其余大部分地区基本接近常年（图3.7.2）。上海月平均气温为1951年以来历史同期最高值。

3.7.2 主要气象灾害事记

　　7月6–10日，华南大部、江南中西部等地部分地区出现大到暴雨，局部大暴雨，过程总雨量有50~120毫米，广东东部沿海有300~380毫米。强降水造成广东汕头、潮州、揭阳和汕尾等4市290多万人受灾，直接经济损失18.6亿元。

　　7月20–24日，四川盆地、黄淮、江淮、江汉等地普降暴雨到大暴雨，淮河流域出现超警戒水位洪水。湖北、四川、江苏、山东、安徽、重庆部分地区820多万人受灾，死亡24人，直接经济损失28.2亿元。

　　0807号台风"海鸥"于17日和18日相继在台湾和福建省沿海登陆，福建、浙江、江西、安徽等地出现较强降雨，造成88万人受灾，死亡7人，直接经济损失约8亿元。0808号强台风"凤凰"于28日先后在台湾和福建省沿海登陆，受其影响，7月28日至8月2日，福建、浙江东南部、江西东部、广东东部、安徽南部和中部、江苏西部等地出现了暴雨、大暴雨，局部特大暴雨，造成968.9万人受灾，死亡15人，倒塌房屋3.6万间，直接经济损失78亿元。

7月份，江苏、安徽、湖北、湖南、江西、河北、山东、甘肃、重庆等16个省（直辖市）局地遭受雷雨大风、冰雹、龙卷风等强对流天气袭击，直接经济损失20.4亿元。

7月，浙江、上海、江苏南部、安徽南部、江西东北部、福建西北部、四川东部等地高温日数比常年偏多3~8天，7月25-27日，江西、湖南、福建的部分地区出现40℃以上的高温天气（江西修水27日40.8℃，福建漳平25日40.2℃，江西遂川26日40.1℃）。

3.8 8月主要气候特点及气象灾害

3.8.1 主要气候特点

8月：全国平均降水量比常年同期偏多，全国平均气温比常年同期略偏高。局地暴雨洪涝灾害频繁，湖北、湖南、安徽、江苏等地受灾较重；强热带风暴"北冕"、台风"鹦鹉"登陆华南；华北、西北东部气象干旱缓解；局地遭受雷雨大风、冰雹等强对流天气袭击；新疆出现罕见高温，江南、华南出现持续高温天气。

月降水量与常年同期相比，黄淮南部、江淮大部、江汉、西南地区东北部及海南大部、河北西北部、内蒙古中部、新疆东部等地降水量偏多30%~100%；其中安徽东部、湖北中部、湖南西北部、新疆东部等地偏多100%~200%；江南南部、华南东部及黑龙江大部、内蒙古东北部、甘肃西部、新疆西南部和北部等地偏少30%~80%；全国其余地区基本接近常年（图3.8.1）。安徽月降水量为1951年以来历史同期次多值。

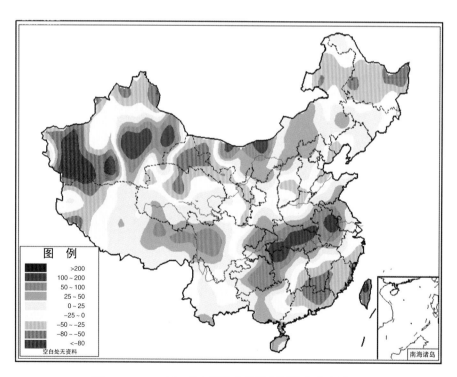

图例
>200
100~200
50~100
25~50
0~25
−25~0
−50~−25
−80~−50
<−80
空白处无资料

南海诸岛

图3.8.1　2008年8月全国降水量距平百分率分布图(%)

Fig. 3.8.1　Precipitation anomalies over China in August 2008 (%)

月平均气温与常年同期相比，黑龙江西部、内蒙古东北部、新疆东北部和西部等地偏高1~4℃；四川东部、重庆、贵州北部等地偏低1~4℃；全国其余地区基本接近常年（图3.8.2）。

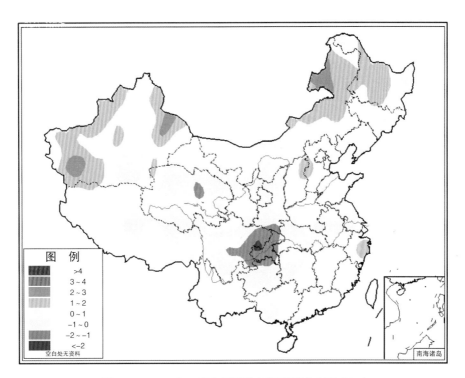

图 3.8.2　2008 年 8 月全国平均气温距平分布图（℃）

Fig. 3.8.2　Mean air temperature anomalies over China in August 2008 (℃)

3.8.2 主要气象灾害事记

8 月 13-17 日，湖北、湖南、重庆、贵州、安徽 5 省（直辖市）的暴雨洪涝共造成 804.9 万人受灾，19 人死亡，直接经济损失 24.7 亿元。28-30 日，湖北、安徽、重庆等省（直辖市）出现不同程度暴雨洪涝灾害，湖北省有 47 县（市、区）受灾，死亡 6 人，直接经济损失 25 亿元。

0809 号强热带风暴"北冕"于 8 月 6 日和 7 日相继在广东、广西沿海登陆。"北冕"带来的强风暴雨造成广东、广西、海南、云南 4 省（自治区）561.6 万人受灾，死亡 31 人，直接经济损失 19.8 亿元。0812 号台风"鹦鹉"于 8 月 22 日先后在香港、广东沿海登陆。受"鹦鹉"影响，两广沿海地区普降大到暴雨，局部降大暴雨或特大暴雨，广东、广西两省（自治区）共有 150.8 万人受灾，直接经济损失 42.9 亿元。

月内，黑龙江、河北等地的部分地区出现风雹灾害，受灾人口 165.4 万人，死亡 1 人，直接经济损失 9.5 亿元。

8 月初，新疆出现大范围高温酷热天气，吐鲁番、七角井、塔城、乌苏、哈巴河、福海、阿克苏等地极端最高气温突破或达到 8 月份历史极值，其中 8 月 4 日吐鲁番最高气温达 47.8℃，为我国有气象记录以来的最高值。8 月 7-22 日，江南、华南大部地区出现 35℃以上高温天气，其中江西遂川最高气温达 40.7℃，突破历史同期极值。湖南东部、江西、浙江、福建西部、广东北部等地 35℃以上的高温日数有 5～11 天，江西中南部超过 11 天。

3.9 9 月主要气候特点及气象灾害

3.9.1 主要气候特点

9 月：全国平均降水量接近常年同期，全国平均气温比常年同期偏高。强台风"森拉克"、"黑

格比"和超强台风"蔷薇"登陆我国；部分省（直辖市、自治区）遭受暴雨袭击，局地发生洪涝及滑坡、泥石流灾害；新疆北部、黑龙江大部气象干旱得到不同程度缓和；局地遭受雷雨大风、冰雹等强对流天气袭击；江南、华南等地出现高温天气。

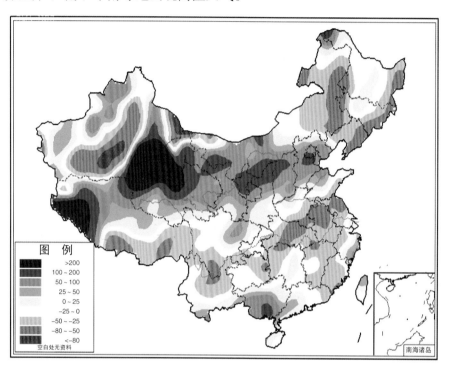

图 3.9.1　2008 年 9 月全国降水量距平百分率分布图(%)

Fig. 3.9.1　Precipitation anomalies over China in September 2008 (%)

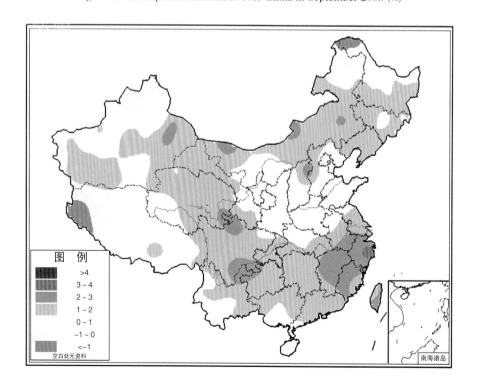

图 3.9.2　2008 年 9 月全国平均气温距平分布图（℃）

Fig. 3.9.2　Mean air temperature anomalies over China in September 2008 (℃)

月降水量与常年同期相比，西北中部和东北部、华北大部及新疆东部、西藏西部、内蒙古中部、四川东北部、广西中南部等地偏多30%～200%，其中西藏西南部、青海西北部、新疆东南部等地偏多200%以上；黄淮南部、江淮大部、江汉大部、江南北部、华南东部及云南北部、四川南部、贵州北部、西藏东南部、辽宁大部、内蒙古东部等地偏少30%～80%，新疆南部部分地区偏少80%以上；全国其余地区基本接近常年（图3.9.1）。

月平均气温与常年同期相比，东北中部和南部、西北中部、西南东部、江南、华南中北部及内蒙古大部、新疆东部和南部等地偏高1～2℃，其中江南中东部等地偏高2～4℃；黑龙江西北部、西藏西南部偏低1～2℃；全国其余地区基本接近常年（图3.9.2）。福建、广东、海南的平均气温为1951年以来历史同期最高值，云南为次高值。

3.9.2 主要气象灾害事记

0813号强台风"森拉克"于9月14日在台湾省宜兰县沿海登陆，受其影响，上海、浙江东部、福建中北部出现大到暴雨，局部大暴雨或特大暴雨。浙江、福建两省共有65.3万人受灾，直接经济损失1.4亿元。

0814号强台风"黑格比"于9月24日在广东省电白县登陆，受其影响，广东、广西、海南、云南等地出现大到暴雨，广东、广西、海南、云南4省（区）共有1502万人受灾，死亡35人，直接经济损失133.3亿元。

0815号超强台风"蔷薇"9月28日在台湾宜兰县沿海登陆，对台湾产生很大影响。

9月，四川、重庆、贵州北部等地频繁出现暴雨天气过程，造成547.1万人受灾，死亡48人，直接经济损失26.1亿元。

9月3-10日和23-25日，云南发生两次较大风雹、洪涝、滑坡和泥石流灾害，造成32.1万人受灾，死亡15人，直接经济损失1.1亿元。

9月16-23日，江南、华南等地再次出现大范围高温天气，极端最高气温一般为35～38℃，≥35℃的高温日数普遍在4天以上，其中福建漳州达12天。

3.10 10月主要气候特点及气象灾害

3.10.1 主要气候特点

10月：全国平均降水量较常年同期偏多，全国平均气温较常年同期显著偏高。热带风暴"海高斯"先后登陆海南文昌市和广东吴川市；部分省出现暴雨灾害，局地遭受雷雨大风、冰雹等强对流天气袭击；上中旬，东北、江南、西南及内蒙古等地的部分地区气象干旱发展；下旬，西藏遭遇强降雪天气；我国东部和南部的部分地区出现大雾天气。

月降水量与常年同期相比，华北北部、华南东南部及内蒙古东北部和西部、甘肃西部、新疆中部、青海西部和南部、西藏中东部等地降水量偏多30%～200%，局部偏多200%以上；华北西南部、黄淮大部、江南西部及内蒙古东南部、吉林西部、辽宁东部、陕西中北部、宁夏东部、新疆西南部、西藏西部、广西东部等地偏少30%～80%，西藏西部和新疆西南部部分地区偏少80%以上；全国其余地区接近常年同期（图3.10.1）。西藏区域平均降水量为1951年以来历史同期最多。

月平均气温与常年同期相比，全国大部地区气温偏高1～2℃，东北大部及内蒙古东部、新疆北部、江苏南部、浙江、江西中南部、湖南南部、福建西部、广东北部、广西东北部等地偏高2～4℃；西藏南部局地偏低1～2℃（图3.10.2）。上海、浙江、广东、广西4省（市、区）区域平均气温为1951年以来历史同期次高值。

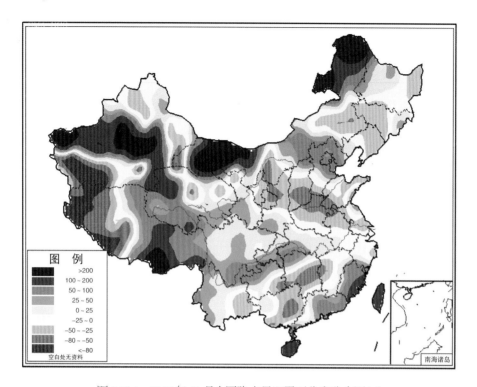

图 3.10.1　2008 年 10 月全国降水量距平百分率分布图(%)

Fig. 3.10.1　Precipitation anomalies over China in October 2008 (%)

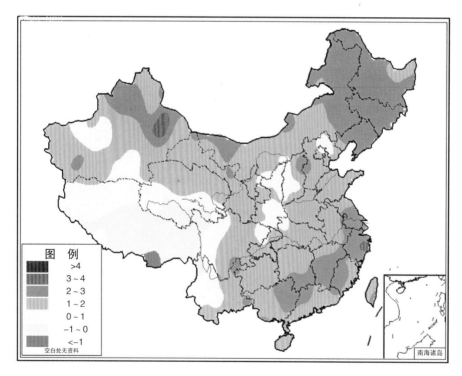

图 3.10.2　2008 年 10 月全国平均气温距平分布图（℃）

Fig. 3.10.2　Mean air temperature anomalies over China in October 2008 (℃)

3.10.2 主要气象灾害事记

　　10 月，海南、陕西、甘肃等地的部分地区出现暴雨或风雹天气，海口、文昌等地的部分地区累计降雨量超过 500 毫米，琼中县乘坡农场累计降雨量达 586.6 毫米。受其影响，3 省共有 259.7 万人受灾，死亡5人，直接经济损失7.1亿元。

10月25–30日，西藏东部、云南西部等地出现强降雪（雨）天气，累计降水量普遍在30毫米以上，西藏林芝、山南，云南迪庆、怒江、德宏等地降水量达100~160毫米。其中10月26–28日，西藏东部的大范围特大降雪（雨）天气过程，是西藏有气象观测以来范围最广、强度较强的一次过程，林芝、那曲、山南、日喀则、昌都等地19个县受灾，造成人员伤亡，死亡牲畜8700多头（只）；直接经济损失1.5亿元；受持续强降雪和雪崩影响，川藏公路交通中断。

10月9日，受大雾天气的影响，辽宁全省大部分高速公路封闭。沈大高速公路金州段发生10辆汽车连撞事故，多人受伤。同时大雾还造成桃仙机场多个航班延误。

10月18–19日，受大雾天气的影响，辽宁境内多条高速公路部分路段封闭；山东济青、潍莱、同三、日东等多条高速公路处于全线封闭或多个站点关闭状态；北京–哈尔滨高速公路（哈尔滨–双城路段）关闭7小时。

3.11 11月主要气候特点及气象灾害

3.11.1 主要气候特点

11月：全国平均降水量较常年同期偏多，全国平均气温较常年同期偏高。南方出现持续强降水，云南、广西、贵州、湖南等地部分地区遭受暴雨洪涝及滑坡、泥石流灾害；我国中东部地区出现大范围雾天气；华北南部、黄淮东部等地气象干旱发展；山东、辽宁、山西、新疆等地迎来入冬后首场降雪。

月降水量与常年同期相比，东北东部和南部、华北、西北东北部和西部、黄淮、江淮北部、江汉北部、西南中西部及广东东部、海南等地偏少30%~80%；江南、华南中西部、西南东南部及青

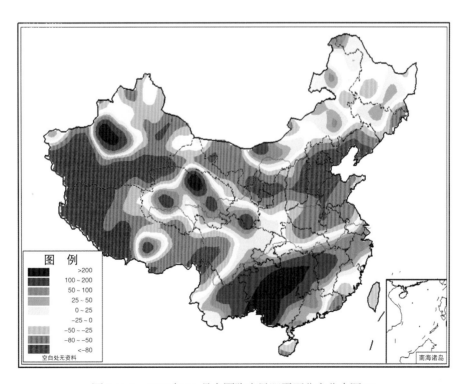

图 3.11.1　2008年11月全国降水量距平百分率分布图(%)
Fig. 3.11.1　Precipitation anomalies over China in November 2008 (%)

海中南部、甘肃东南部、内蒙古中部和东部的部分地区偏多30%～200%，其中湖南西南部、贵州东南部、广西西北部等地偏多200%以上；全国其余地区基本接近常年（图3.11.1）。湖南、贵州区域平均降水量为1951年以来历史同期最大值，广西为次大值，河北为次小值。

月平均气温与常年同期相比，我国北方大部地区及西藏西部等地偏高1～2℃，新疆、西藏、内蒙古的部分地区偏高2～4℃；全国其余大部分地区基本接近常年（图3.11.2）。

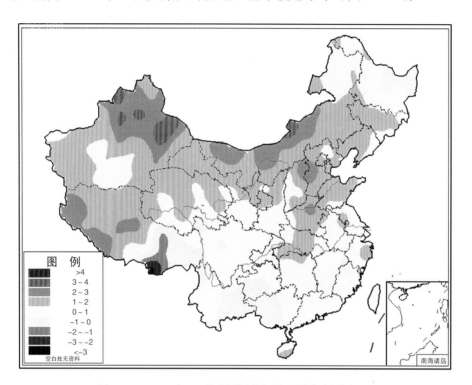

图3.11.2 2008年11月全国平均气温距平分布图（℃）

Fig. 3.11.2 Mean air temperature anomalies over China in November 2008 (℃)

3.11.2 主要气象灾害事记

11月上旬，云南、广西、湖南部分县（自治区）遭受洪涝灾害，受灾人口562.7万人，死亡58人，农作物受灾面积20.1万公顷，直接经济损失19.4亿元。

11月，重庆市有6个县（区）发生滑坡、泥石流灾害，受灾人口14万人，直接经济损失6640万元。6日，贵州仁怀市发生两起山体滑坡灾害，造成4人死亡。

11月24日，山东南部、河南东部、江苏西北部、安徽北部和南部、江西大部及湖南大部出现大雾天气，能见度小于1000米，部分地区不足200米，对交通造成很大影响。

11月，华北大部、黄淮、西北东北部降水量不足10毫米，加之上述大部地区气温普遍偏高1～2℃，使得华北南部、黄淮东部等地气象干旱发展。山西中部和河北南部土壤墒情偏差，不利于冬小麦冬前形成壮苗。

3.12 12月主要气候特点及气象灾害

3.12.1 主要气候特点

12月：全国平均降水量较常年同期明显偏少，全国平均气温较常年同期偏高。两次大范围寒潮侵袭我国；华北、黄淮、西北东北部等地气象干旱持续发展；西南和江南地区出现大雾天气；我国部分地区森林、草原、城市乡村火险气象等级持续偏高，西藏、江西、广西等地出现火点。

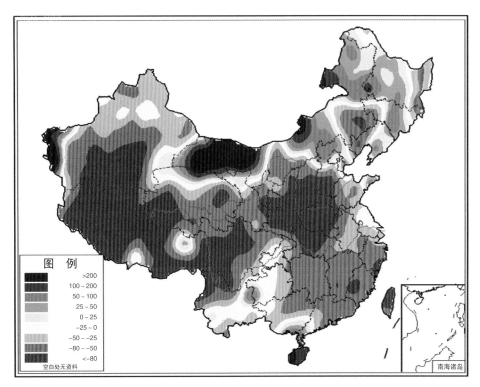

图 3.12.1　2008 年 12 月全国降水量距平百分率分布图(%)

Fig. 3.12.1　Precipitation anomalies over China in December 2008 (%)

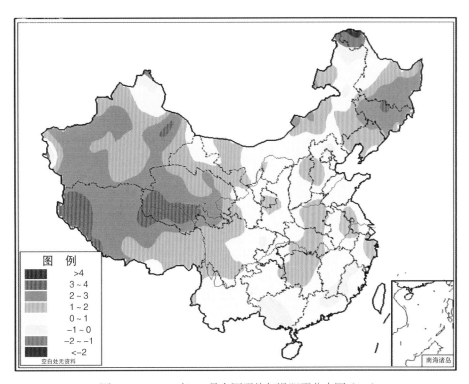

图 3.12.2　2008 年 12 月全国平均气温距平分布图（℃）

Fig. 3.12.2　Mean air temperature anomalies over China in December 2008 (℃)

月降水量与常年同期相比，除华北北部及内蒙古大部、甘肃西部、黑龙江西部、吉林中部、辽宁南部、山东半岛东部、海南、广西南部等地接近常年或偏多外，全国其余大部地区偏少30%～80%（图3.12.1）。

月平均气温与常年同期相比，东北大部、华北中部、西北中西部、西南西部及四川西部、湖南北部、湖北中部、河南中部、内蒙古北部等地偏高1～2℃，其中东北中部及新疆中南部、西藏西部、青海西南部偏高2～4℃；全国其余地区接近常年（图3.12.2）。青海区域平均气温为1951年以来历史同期次高值。

3.12.2 主要气象灾害事记

12月20-22日，强冷空气给青藏高原以东地区带来大范围强降温和大风天气，降温幅度一般有5～10℃，湖南南岳（降温23.8℃）、江西庐山（22.1℃）超过20℃。东北中北部、华北北部及内蒙古、陕西北部等地极端最低气温达 −20～−30℃，黑龙江、内蒙古部分站点低于 −30℃。山东、安徽、山西、陕西农业大棚受灾严重，部分小麦受冻死亡，直接经济损失2.5亿元。

11月1日至12月20日，华北、黄淮、西北东北部及四川西部、西藏等地降水偏少50%以上，气象干旱持续发展。截至12月25日统计，全国农作物受旱面积240万公顷，有82万人、20万头大牲畜发生饮水困难。

12月7日，陕西潼关县秦岭山麓发生火灾，过火面积6公顷；8日，华山景区发生山林火灾。14日，广西贺州市钟山县出现森林火灾，过火面积56.7公顷。22日，江西赣州市南康市和信丰县、大余县交界处出现火点，过火面积约30公顷。

第四章 分省气象灾害概述

4.1 北京市主要气象灾害概述

4.1.1 主要气候特点及重大气候事件

2008年北京市年平均气温为12.7℃，比常年偏高0.7℃；平均年降水量为688.1毫米，比常年偏多17.7%，为1999年以来最多（图4.1.1）。冬、春和秋季气温偏高，夏季气温接近常年；春季和秋季降水偏多，夏季降水接近常年，冬季降水偏少。夏季多强对流天气，闷热天气偏多，6月下旬出现连阴雨，12月出现两次寒潮过程。

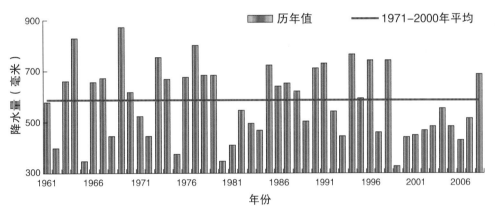

图 4.1.1 1961–2008年北京年降水量变化图

Fig.4.1.1 Annual precipitation amounts in Beijing during 1961–2008

2008年北京市主要气象灾害有：局地强对流、暴雨洪涝和雾等。全年因气象灾害及其引发的次生灾害造成农作物受灾面积3.3万公顷，其中绝收面积3000公顷，受灾人口42.2万人次，直接经济损失7.4亿元。总体来看，2008年北京市气候条件属较好年景，气象灾害造成的农作物受灾面积较2007年少，造成的直接经济损失与2007年相当。

4.1.2 主要气象灾害及影响

1. 局地强对流

2008年5-9月，北京市局地强对流天气发生频繁。局地强对流天气共造成2.3万公顷农作物受灾，其中绝收面积3000公顷，受灾人口31.8万人次，直接经济损失6.9亿元，其中农业经济损失5.9亿元。6月23日下午，丰台区、石景山区、房山区、大兴区、昌平区和延庆县等地出现严重风雹灾害（图4.1.2），造成农作物受灾面积1.4万公顷，其中绝收面积2028.4公顷，受灾人口8.4万人次，直接经济损失4.7亿元。

2008年北京市共发生雷电灾害54起，造成直接经济损失294.9万元。

2. 暴雨洪涝

2008年北京市出现了一次全市性暴雨过程（8月10–11日）和多次局地暴雨过程，共造成受灾人口2.4万人次，农作物受灾面积2000公顷，直接经济损失3000万元。暴雨还对交通造成了比较严重的影响。6月13日傍晚，北京市城区出现局地暴雨，造成西四环沙窝桥下严重积水，交通瘫痪长达2小时；城铁知春路和地铁积水潭等站被迫暂时封站，知春路城铁桥下严重积水，最深处近两米；首都机场30余架航班延误，10余航班取消。

图4.1.2　2008年6月23日北京市大兴区冰雹、大风和暴雨造成西瓜受损
（大兴区气象局提供）

Fig.4.1.2　Watermelons damaged by hail, gale and rainstorm in Daxing district of Beijing on June 23, 2008 (provided by Daxing Meteorological Bureau)

4.1.3 气象减灾服务简介

北京奥运会、残奥会气象保障工作是北京市气象局2008年工作的重中之重。北京市气象局对奥运会期间降水偏多的趋势做出了正确预测，准确预报出奥运会、残奥会开闭幕式天气，同时周密部署、实施了飞机和地面火箭人工消减雨作业，并采用精细预报服务奥运赛事，确保了奥运会、残奥会开闭幕日大型活动和赛事的顺利进行。2008年共向市政府、中国气象局决策服务中心报送734期决策服务材料，其中6次市领导批示。为缓解水资源紧缺的形势，2008年北京市气象局积极组织开展增雨（雪）作业，5–9月密云、官厅、白河堡三座水库因人工增雨增加入库水量2396万立方米，为抗旱增蓄和改善生态环境等方面做出了贡献。

4.2 天津市主要气象灾害概述

4.2.1 主要气候特点及重大气候事件

2008年天津市气温显著偏高，年平均气温为13.1℃，比常年偏高0.9℃，是1992年以来连续第17个偏高年。夏季气温接近常年，但6月气温较常年同期低1.2℃，是1993年来同期最低值；冬、春、秋季气温均显著偏高。全市平均年降水量为647.5毫米，比常年偏多81.5毫米，是1996年以来降水量最多的一年（图4.2.1）。年降水量空间分布呈西少东多态势，冬季干旱少雨，夏季降水量接近常年，春、秋季降水量异常偏多。

2008年，天津市出现了暴雪、寒潮、暴雨洪涝、冰雹、大风、雾等多种气象灾害，造成8.5万公顷农作物受灾，绝收面积1.7万公顷，受灾人口58.3万人，死亡11人，直接经济损失3亿元。总的来看，2008年属于气象灾害偏轻年。

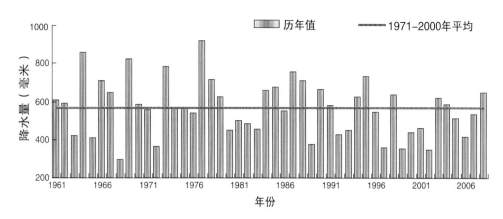

图 4.2.1　1961–2008 年天津年降水量变化图

Fig.4.2.1　Annual precipitation amounts in Tianjin during 1961–2008

4.2.2 主要气象灾害及影响

1. 暴雨洪涝

7月4日，天津市出现区域性暴雨，大港雨量最大，为148.5毫米。此次强降水天气造成大港城区及开发区出现大面积积水，最大积水深度50厘米；宝坻区农田水淹面积579.9公顷，树木折断倒伏1544棵，温棚倒塌、受损272座，直接经济损失933万元。

2. 局地强对流

2008年天津市风雹灾害造成的损失为各种气象灾害损失之最。8月26日蓟县、汉沽出现冰雹及短时雷雨大风，最大冰雹直径达2厘米，降雹密度约为1000粒/平方米，瞬时风力达7～8级。汉沽区321.4公顷棉花受损，葡萄受损18.7公顷；蓟县秋粮受灾面积13.3公顷，受灾果树面积21.3公顷。此次雹灾共计造成直接经济损失316万元。8月29日武清、宝坻出现雷雨大风等强对流天气，宝坻区马家店镇最大风速达19～20米/秒，共计造成直接经济损失430万元。武清区梅厂镇受灾村庄达28个，夏玉米成灾452公顷；宝坻区共有16个村不同程度受灾，受灾总面积410公顷（图4.2.2）。

图 4.2.2　2008 年 8 月 29 日风灾造成天津宝坻区马家店镇玉米大面积倒伏（宝坻区气象局提供）

Fig.4.2.2　Large area of corn blown down by strong wind on August 29, 2008 in Majiadian town of Baodi district of Tianjin (provided by Baodi Meteorological Bureau)

3. 雪灾

2008年12月20–21日，天津地区普降大到暴雪，市区降雪量

达到10毫米，为50年来历史同期最大的降雪过程。全市有11个站出现大雪，4个站出现暴雪，最大降雪出现在汉沽为11.7毫米。降雪对天津市公交、地铁、轻轨等公共交通设施均造成不同程度的影响。

4. 雾

2008年天津市雾日数为6～36天，宝坻比常年同期多9天。10月14日，除津滨高速公路外，途经天津的多条高速公路因雾被迫封闭，并发生多起交通事故，其中津保高速公路发生两起车祸，造成5人死亡，1人受伤。

4.2.3 气象减灾服务简介

2008年，天津市气象局向各级党政领导提供气象服务材料共计380期。针对12月3-5日的冷空气过程，天津市气象局于12月3日9时10分发布寒潮蓝色和海上大风黄色预警信号，将气象信息发送至市委、市人大、市政府、市农委、海委防汛办、市防汛办、市供热办等相关部门，及时通过电视台、北方网、报纸及电台等媒体发布冷空气及大风降温消息。由于预报准确、服务及时，各部门提前做好了防御准备，采取了有效防范措施，此次寒潮天气并未带来明显的损失。

4.3 河北省主要气象灾害概述

4.3.1 主要气候特点及重大气候事件

2008年河北省年平均气温比常年偏高0.8℃，冬、春、秋三季均偏高。全省平均年降水量为567毫米，较常年偏多近1成，为近5年来最多（图4.3.1），春、夏季降水量均为近10年来最多，冬季降水偏少，秋季正常。

年内，河北省先后遭受了干旱、风雹、暴雨洪涝、泥石流、低温冷冻等自然灾害。部分地区阶段性干旱严重，风雹灾害发生频繁，局部出现洪涝。灾害损失程度低于2007年，属于中等偏轻年份。重灾区主要分布在张家口、承德、保定、石家庄、邯郸、邢台等市。全年因气象灾害造成农作物受灾面积115.2万公顷，绝收14.8万公顷，受灾人口996.5万人，因灾死亡35人，直接经济损失45.4亿元。

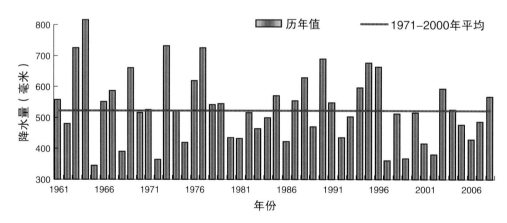

图4.3.1　1961-2008年河北年降水量变化图

Fig.4.3.1　Annual precipitation amounts in Hebei during 1961-2008

4.3.2 主要气象灾害及影响

1. 干旱

河北省2008年1月下旬开始显露旱情，进入3月后旱情进一步发展。2月初至3月中旬全省累计降水量不足 2 毫米，较常年同期偏少 8 成以上。河北中南部及承德、唐山两市部分地区干旱持续时间近 40 天，旱情较为严重。河北省全年因旱受灾人口 379.6 万人，受灾面积 62.9 万公顷，绝收面积 5.3 万公顷，直接经济损失 6.2 亿元，其中农业经济损失 5.9 亿元。

2. 暴雨洪涝

2008 年河北省暴雨洪涝以局地灾害为主，受灾程度较常年偏轻。暴雨洪涝灾害涉及 11 个市的 28 个县次：受灾人口 78 万人；农作物受灾面积 5.5 万公顷，绝收面积 1.1 万公顷；倒塌毁坏房屋 1000 间；因灾死亡 15 人，直接经济损失 4.9 亿元。

3. 局地强对流

2008 年河北省有 11 个市 52 个县遭受冰雹、雷雨大风、雷电等局地强对流灾害影响。全省受灾人口 520 万人，受灾面积 44.9 万公顷，绝收面积 7.8 万公顷，因灾死亡 19 人，其中雷电灾害死亡 18 人，直接经济损失 32.1 亿元（图 4.3.2）。

图 4.3.2　2008 年 6 月 29 日河北省康保县雷雨大风导致农户房屋倒塌
（康保县气象局提供）

Fig.4.3.2　Farmers' houses broken down by thunder wind on June 29, 2008 in Kangbao county of Heibei province
（provided by Kangbao Meteorological Bureau）

4. 低温冷冻害

2008 年低温冷冻害造成 1.9 万公顷农作物受灾，绝收面积 7000 公顷，直接经济损失 2.2 亿元。4 月 22–24 日，强冷空气造成河北省蔚县、涿鹿两县 18.9 万人受灾，杏花遭受较重冻害，面积有 1.9 万公顷。

4.3.3 气象减灾服务简介

2008 年，河北省气象部门共向省委省政府提供各种气象服务材料 620 余期，被省委省政府两办采用信息有 20 多条，其中得到省委省政府主要领导批示 14 次。省气象台从 7 月 15 日至 9 月 19 日开展了对政府领导和有关部门的"汛期气象日报"服务，完成了 52 次重大天气过程的决策气象服务工作。7 月 28 日，北京奥运会开幕在即，全省气象部门积极准备，精心备战奥运气象服务。省气象局就秦皇岛奥运足球赛事气象保障、奥运气象服务保障和人工消减雨作业等各项准备情况向省委省政府呈报了《关于奥运气象服务准备情况的报告》，获省领导批示。

4.4 山西省主要气象灾害概述

4.4.1 主要气候特点及重大气候事件

2008 年，山西省平均年降水量为 428.5 毫米，较常年值偏少 1 成。春季降水过程较多，对农业生产较为有利。夏季降水较少，7 月初到 8 月上旬大部分地区少雨高温，致使部分县(市)出现严重干旱。主汛期强降水过程少，暴雨洪涝等灾害造成的损失较往年明显减少。11–12月山西省大部基本无有效降水，发生大范围干旱。全省年平均气温为9.8℃，较常年偏高0.4℃，已连续12年高于常年值（图4.4.1）。总体来说，山西省2008年属于气候正常年。

2008年山西省气象灾害主要有干旱、暴雨洪涝、冰雹、连阴雨、雷击和低温冻害等，其中干旱、大风、冰雹、低温冻害造成的损失最为严重。全年因气象灾害造成农作物受灾面积216.4万公顷，绝收面积18.5万公顷，受灾人口686.3万人，死亡41人，直接经济损失80.1亿元。

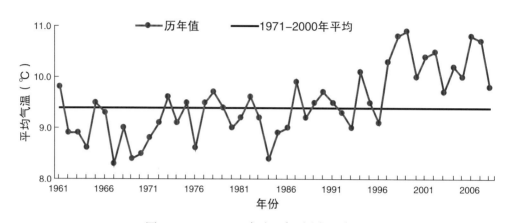

图4.4.1　1961–2008年山西年平均气温变化
Fig.4.4.1　Annual mean temperature in Shanxi during 1961–2008

4.4.2 主要气象灾害及影响

1. 干旱

2008年山西省因旱造成480万人受灾，103万人饮水发生困难，农作物受灾面积191.7万公顷，绝收面积15.3万公顷，直接经济损失67.6亿元，占山西省全年各类气象灾害总损失的84%。

7月至8月上旬，山西省降水偏少、气温偏高，大部分地区出现旱情，局部地区春玉米发生严重的"卡脖旱"，给农业生产造成不利影响。其中7月全省平均降水量仅为53.5毫米，比常年同期偏少5成，是1971年以来的历史同期最低值；7月下旬大部分地区基本无有效降水，全省发生大范围中度干旱，局地重旱。10月，大部分地区降水持续偏少，至12月，全省发生大范围严重干旱，森林草原火灾频发。

2. 低温冷冻害

2008年，山西省因低温冻害造成50万人受灾，农作物受灾面积8.1万公顷，绝收面积5000公顷，直接经济损失2.1亿元。低温冻害主要出现在10–12月，其中12月21日运城盐湖区遭受一次大风降温天气，造成大棚蔬菜严重受损。

3. 暴雨洪涝

2008年，山西省因暴雨洪涝灾害造成农作物受灾面积5.7万公顷，绝收面积1.1万公顷，受灾人口1.4万人，因灾死亡31人，直接经济损失8000万元。5–6月，山西省局地暴雨天气较往年偏多，造成严重局地洪涝灾害。

4. 局地强对流

2008年山西省局地强对流天气共造成10.9万公顷农作物受灾，绝收面积1.6万公顷，受灾人口

154.9万人，死亡10人，倒塌房屋1000间，直接经济损失9.6亿元，占全年各类气象灾害总损失的12%。风雹灾害主要出现在5月和6月（图4.4.2）。

图4.4.2　2008年6月28日山西省晋中市太谷县遭受风雹袭击（太谷县气象局提供）
Fig.4.4.2　Windhail attacked Taigu county of Jinzhong city in Shanxi province on June 28, 2008
（provided by Taigu Meteorological Bureau）

4.4.3 气象减灾服务简介

2008年，山西省气象局针对灾害性天气气候事件，及时发布各类预警信息，提供专题服务材料。2008年山西省气象局共向社会和政府部门提供各类决策服务材料539期，其中发布各类气象灾害预警98次，提供天气快报143篇，专题气象预报112项，多次召开新闻发布会，为山西省防灾减灾工作作出了重要贡献。

4.5 内蒙古自治区主要气象灾害概述

4.5.1 主要气候特点及重大气候事件

2008年，内蒙古年平均气温5.4℃，较常年偏高0.3℃；平均年降水量336.3毫米，较常年偏多34.9毫米，为近5年最多（图4.5.1）。春季内蒙古出现5次较大范围沙尘天气，春末部分地区出现旱情，中西部农区遭受霜冻灾害；夏季局地暴雨、雷雨大风、冰雹等灾害天气频发。2008年气象灾害及其引发的次生灾害造成565.9万人受灾，死亡62人；农作物受灾面积249.7万公顷，其中15.2万公顷绝收；倒塌房屋3.5万间，死亡大牲畜11万头（只）；直接经济损失97.3亿元。2008年内蒙古气候条件总体上利大于弊，农牧业气象年景正常偏丰。

4.5.2 主要气象灾害及影响

1. 干旱

2008年，内蒙古12个盟（市）均有不同程度干旱发生，因旱受灾386.5万人，饮水困难91万

人，农作物受灾面积165.8万公顷，绝收面积3万公顷，直接经济损失45.6亿元。总体上干旱影响较常年偏轻。

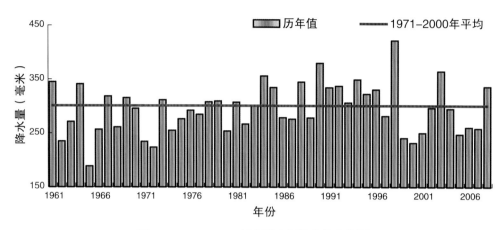

图4.5.1　1961–2008年内蒙古年降水量变化图

Fig.4.5.1　Annual precipitation amounts in Inner Mongolia during 1961–2008

2. 暴雨洪涝

2008年，内蒙古有11个盟（市）发生暴雨洪涝，受灾117.1万人，死亡35人，农作物受灾面积43.4万公顷，绝收面积5万公顷，倒塌房屋1.1万间，直接经济损失31亿元。8月15–18日，内蒙古巴彦淖尔市出现大范围强降雨天气，其中五原县塔尔湖、美林、什巴出现大暴雨。暴雨洪涝共造成11个乡镇2.1万多人受灾，农作物受灾面积4.7万公顷，其中番茄、籽瓜、蜜瓜等作物大部分绝收；冲毁防洪沙坝3800米、水渠300米、桥梁4座，冲垮道路11.1千米；直接经济损失2.7亿元。

3. 局地强对流

2008年，内蒙古12个盟（市）均有风雹、雷电等局地强对流灾害发生，受灾39.3万人，死亡23人，农作物受灾面积32.4万公顷，绝收面积6.3万公顷，直接经济损失17.6亿元。9月17日18时至20时，通辽市出现龙卷风、冰雹等强对流天气，科左后旗和库伦旗共4个乡镇1.3万多人受灾，农作物受灾面积8919公顷，其中绝收2394公顷，损毁树木11.2万棵，损毁房屋2485间，500千伏高压线路铁塔倒塌5座，损毁高压电线5千米；直接经济损失3419.6万元（图4.5.2）。

4. 低温冷冻害和雪灾

2008年，内蒙古有2个盟（市）

图4.5.2　2008年9月17日内蒙古通辽市遭受龙卷风灾害
（通辽市气象局提供）

Fig.4.5.2　Tornado attacked Tongliao city in Inner Mongolia Autonomous Region on September 17, 2008 (provided by Tongliao Meteorological Bureau)

发生雪灾、6个盟（市）出现低温冻害，共造成23万人受灾，死亡4人；农作物受灾面积8.1万公顷，绝收面积9000公顷；直接经济损失3.1亿元。5月10-12日巴彦淖尔市出现霜冻天气，有2.7万公顷农作物受灾，其中成灾面积1.4万公顷，受灾的农作物主要是玉米、蔬菜、瓜类等。

5. 凌汛

2008年3月20日凌晨，内蒙古鄂尔多斯市杭锦旗发生凌汛，独贵塔拉奎素段黄河大堤出现两处溃堤，杭锦旗独贵塔拉和杭锦淖乡共11个村、1个镇区被淹没，1万多群众被迫撤离；造成3.3万头（只）牲畜死亡，损失粮食、油料等5120万千克，倒塌房屋1509间，直接经济损失6.9亿元。

4.5.3 气象减灾服务简介

2008年，内蒙古自治区气象局进一步加强气象服务工作，圆满完成2008年世界草地与草原大会、奥运会和残奥会火炬接力传递、"神舟七号"载人飞船发射回收等重大气象保障服务任务，受到有关部门表彰奖励。全年发布各类气象服务产品600余期，发布气象灾害预警信号88期，在黄河防凌、抗旱防汛、防暴风雪、草原森林防扑火等防灾减灾工作中提供了主动、及时、有效的气象服务，受到政府部门及社会各界普遍欢迎和好评。

4.6 辽宁省主要气象灾害概述

4.6.1 主要气候特点及重大气候事件

2008年辽宁省年平均降水量为630.0毫米，比常年偏少5%；其中铁岭地区偏多1~3成，昌图、西丰达历史同期第三多值，其余大部地区接近常年或偏少1~3成。年平均气温为9.0℃，比常年偏高0.8℃，部分地区偏高1.0~1.6℃，为历史同期第四高值（图4.6.1）。春季气温偏高，为历史同期第三高值。夏季降水时空分布不均。秋季降水量偏少程度居历史同期第三位。冬季降水偏少。2008年辽宁省遭受的主要气象灾害有：暴雨洪涝、雷电、冰雹、龙卷风、大风、飑线、沙尘、干旱、霜冻、雾。全年因气象灾害造成381.1万人受灾，死亡29人，农作物受灾面积约53.9万公顷，绝收面积6万公顷，直接经济损失约8.3亿元。总体来讲，2008年为气象灾害偏轻年份。

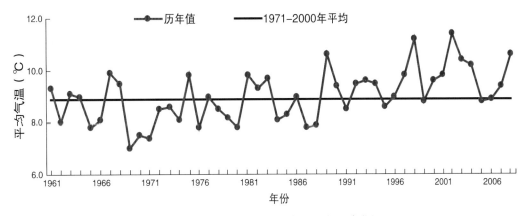

图4.6.1　1961-2008年辽宁年平均气温变化图
Fig.4.6.1　Annual mean temperature in Liaoning during 1961-2008

4.6.2 主要气象灾害及影响

1. 暴雨洪涝

2008年辽宁省因暴雨灾害造成33.4万人受灾，农作物受灾面积约17.3万公顷，绝收面积1.1万

公顷，直接经济损失约4亿元。7月31日至8月1日，全省普降暴雨，局部大暴雨，过程最大降水量出现在锦州市义县瓦子峪，为256.0毫米。暴雨致全省5.2万公顷农作物受灾，经济损失约1.7亿元。

2. 局地强对流

2008年，辽宁省因雷雨、大风、冰雹等强对流天气造成65.8万人受灾，约3.2万公顷农作物受灾，绝收面积4000公顷，损坏、倒塌房屋1.1万间，直接经济损失约2.4亿元（图4.6.2）。7月16日，绥中县4个乡镇28个村遭受大风和冰雹灾害，最大风力达8级以上，持续时间15~20分钟；全县玉米倒伏1.9万公顷，果树受灾7万株，刮倒杨树5000株，大棚损坏42栋，刮倒电线杆33根，冲毁漫水桥1座；直接经济损失3037万元。

2008年全省共发生雷电灾害19次，涉及10个市（地），造成27人死亡，经济损失为212.4万元，雷电造成的灾害损失较重。

图4.6.2　2008年9月17日龙卷风袭击辽宁省彰武县阿尔乡镇
（辽宁省气象局提供）

Fig.4.6.2　Tornado attacked A'Erxiang town of Zhangwu county in Liaoning province on September 17, 2008 (provided by Liaoning Meteorological Bureau)

3. 干旱

2008年辽宁省因干旱灾害造成272.9万人受灾，84万人饮水困难，农作物受灾面积约32.1万公顷，绝收面积4.5万公顷，直接经济损失约1.4亿元。7月16日至8月20日，朝阳西部、葫芦岛及阜新部分地区出现旱情，造成玉米等农作物大幅减产。朝阳地区平均降水量为40.8毫米，比常年同期偏少7成，为1951年以来同期最少，全市受灾面积达22.8万公顷，绝收面积2.9万公顷。其中建平、喀左、凌源发生了自1951年以来最严重的夏旱。

4. 低温冷冻害和雪灾

2008年低温冻害造成辽宁省9万人受灾，农作物受灾面积约1.3万公顷，直接经济损失约5000万元。4月24日，本溪地区最低温度降到0℃以下，桓仁县柞木台为−5.3℃，作物受灾严重。

4.6.3 气象减灾服务简介

辽宁省政府组织、省气象局负责实施了"全省万名村主任防御气象灾害知识暨兼职气象信息员培训"活动，实现气象防灾减灾进农村。为备战奥运服务，气象局共召开9次奥运安保工作会议，投入使用了近200万元装备的气象应急车；精细化预报、细致周到的奥运气象服务赢得政府和公众的口碑，受到省领导多次批示。全年共组织全省大范围的人工增雨（雪）作业25次，共增加降水34.2亿立方米；尤其是7-8月，辽西部分地区出现严重干旱，省气象局抓住降雨的有利时机，连续4次开展了增雨作业，基本解除了辽西地区的旱情。

4.7 吉林省主要气象灾害概述

4.7.1 主要气候特点及重大气候事件

2008年吉林省年平均气温比常年高1.2℃，是1961年以来高温的第三位（图4.7.1）；降水比常年略少。年内主要气候特点是：春季气温特高，降水充沛，但少日照。进入播种期，吉林省降水较多，对大田作物的播种有利。此外，春季还出现了干旱、寒潮、大风、暴雪、大雾和局地暴雨、冰雹等灾害性天气。夏季气温略高，降水略少，日照略少。全省大部分地方水热匹配较好，基本满足作物生长发育需要。此外，还出现了区域性暴雨、大风、冰雹、雷电、雾、高温、干旱等灾害性天气。秋季气温高，降水少。

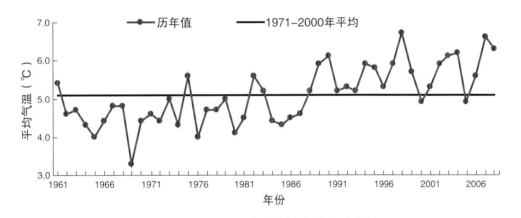

图4.7.1 1961–2008年吉林年平均气温变化图
Fig.4.7.1 Annual mean temperature in Jilin during 1961–2008

2008年吉林省主要气象灾害为干旱、风雹、雷击、暴雨洪涝。全省由于气象灾害受灾人口为277.5万人，死亡17人，农作物受灾总面积为58万公顷，成灾面积21万公顷，绝收面积5.1万公顷，直接经济损失12.5亿元。2008年气象条件对吉林省农业的影响是利多弊少，农业气象灾害小，属丰收年景。

4.7.2 主要气象灾害及影响

1. 干旱

2008年春季和夏季，吉林省均出现了干旱。1月1日至3月19日，吉林省降水持续偏少，全省平均降水量仅为7.5毫米，居历史同期少雨的第三位，特别是白城基本无降水，松原较常年同期偏少近9成。由于降水持续偏少，致使吉林省中西部大部分县（市）农田缺墒明显，对春耕生产有一定的影响。8月上中旬降水少，吉林省中西部主要产粮区又出现了严重干旱。截至9月末，全省干旱受灾面积为46.6万公顷，成灾面积为13.3万公顷，直接经济损失为9.6亿元。

2. 局地强对流

2008年，全省因局地强对流造成260.8万人受灾，死亡17人，受灾面积为6.2万公顷，直接经济损失为7000万元。5–9月，吉林省部分地方遭受冰雹、雷雨大风等强对流天气的袭击（图4.7.2）。4–10月，全省雷暴日为1293个站次。有47个县市（次）雷击事件致灾，有8人因雷击死亡，雷击灾害造成的直接经济损失为385.5万元。

3. 暴雨洪涝

2008年夏季吉林省降水虽然略少，但局地强降水天气频繁出现，造成了一定程度的洪涝灾害。5-8月，受灾人口13.3万人，农田受灾面积5.2万公顷，成灾面积2.8万公顷，绝收面积4470公顷；直接经济损失2.2亿元。6月5日13时30分至16时，榆树市部分乡镇出现了雷雨天气，保寿镇长青村附近路面低洼积水1.5米左右。

4.7.3 气象减灾服务简介

2008年为省委、省政府及各职能部门提供《气象信息》235期，《重要气象信息报告》22期，获省委省领导重要批示11

图4.7.2　2008年8月28日吉林省永吉县遭冰雹袭击（永吉县气象局提供）

Fig.4.7.2　Hail attacked Yongji county in Jilin province on August 28, 2008 (provided by Yongji Meteorological Bureau)

次。被国办、国务院应急办和省政府转载32次。在提供2008年度春播期人工增雨前期预报、汛期首场降雨及主汛期大范围暴雨预报、奥运传递气象服务保障、降水集中期结束对水库蓄水预报等气象服务工作中成绩突出。

4.8 黑龙江省主要气象灾害概述

4.8.1 主要气候特点及重大气候事件

2008年全省平均年降水量比常年偏少1成，冬、夏、秋季少，春季多，其中1月为1961年以来同期极少值，春季为最大值；全省年平均气温异常偏高，为1961年以来同期第二高值年（图4.8.1），四季气温均偏高，其中3月为1961年以来同期最高值；年日照时数略多，但春季为1961年以来同

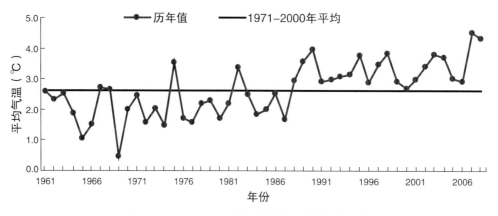

图4.8.1　1961-2008年黑龙江年平均气温变化图

Fig.4.8.1　Annual mean temperature in Heilongjiang during 1961-2008

期最少值。全年因气象灾害造成的受灾人口达961.9万人，死亡9人，农作物受灾面积为236.7万公顷，绝收面积为10.2万公顷，直接经济损失为94.5亿元。总体来讲，2008年黑龙江省气象灾情较常年偏轻，气候年景较好。

4.8.2 主要气象灾害及影响

1. 干旱

2008年黑龙江省的干旱主要集中在初春和后夏两个阶段。全年因干旱造成的直接经济损失为78亿元，有736.2万人受灾，57万人饮水困难，农作物受灾面积159.7万公顷，绝收面积为5.3万公顷。初春干旱为1961年以来同期最严重，大部分江河水位偏低、水库蓄水偏少、地下水位呈下降趋势；东部靠水库供水的七台河市等城镇用水极其紧张（图4.8.2）；干旱导致森林火灾出现时间提前，火警火灾是近10年最多的一年。后夏中西部地区及三江平原东北部出现严重干旱，全省大田受旱面积144.4万公顷，占全省耕地面积的12%。

此线为水库南岸历年同期水位线

图4.8.2 2008年3月黑龙江省七台河市桃山水库水位情况
（七台河市气象局提供）

Fig.4.8.2 Water level of Taoshan Reservoir in Qitaihe city of Heilongjiang province in March, 2008 (provided by Qitaihe Meteorological Bureau)

2. 局地强对流

2008年黑龙江省因风雹及雷电灾害造成49.4万公顷农田受灾，绝收面积3.5万公顷，受灾人口148万人，死亡7人，损坏房屋2.1万间，倒塌房屋1.4万间，直接经济损失10.3亿元。2008年黑龙江省风雹灾害较重，其中5月23日五常、7月4日巴彦、8月5日拜泉及伊春市的汤旺河、乌伊岭、嘉荫等地遭受龙卷风袭击，损失惨重。9月15-17日，哈尔滨市及周边地区出现强雷暴，造成多起雷击损坏电器事故，并引发两起火灾，烧伤2人。

3. 暴雨洪涝

2008年黑龙江省暴雨洪涝灾害较轻，全年因暴雨及局地强降水造成16万公顷农田受灾，绝收面积7000公顷，受灾人口40万人，死亡2人，损坏房屋2万间，直接经济损失4.3亿元。7月6日，绥化市遭受局地暴雨袭击，受灾人口3.4万人，农作物受灾面积1.5万公顷，倒塌房屋107间，直接经济损失3119万元。8月12日，鸡西市、密山市遭受强降雨袭击，最大积水深度1.2米，受灾人口1.3万人，死亡2人，倒塌房屋123间，农作物受灾面积4378公顷，直接经济损失3034.5万元。

4. 病虫害

2008年黑龙江省病虫害造成32.6万公顷农田受灾，绝收面积4.1万公顷，受灾人口68.1万人，直接经济损失7.6亿元。主要是8月份因干旱引发的草地螟虫害，范围波及全省13个市(地)和农垦地区。

5. 低温冷冻害和雪灾

2008年黑龙江省因低温冷冻害和雪灾造成11.6万公顷农田受灾，绝收面积7000公顷，受灾人口37.8万人，直接经济损失2亿元。6月22-23日，漠河县发生低温冷冻灾害，造成农作物受灾304公顷，绝收300公顷，直接经济损失54.7万元。

4.8.3 气象减灾服务简介

黑龙江省气象部门对2008年可能发生的主要天气灾害和气候事件进行了认真的预测分析并采取各种形式开展了密切跟踪服务，在全省的防灾减灾工作中发挥了重要的作用。成功地预警了前春的严重干旱及其森林火险形势，对指导春季农业生产和森林防火工作起到重要作用；准确预报了7月5-6日的大范围暴雨天气，并于4日向省委、省政府领导报送了《重大气象信息专报》，省委书记吉炳轩作出重要批示。

4.9 上海市主要气象灾害概述

4.9.1 主要气候特点及重大气候事件

2008年上海市年平均气温为16.9℃，比常年偏高1.1℃（图4.9.1），冬季气温前高后低，其余三个季节气温都显著偏高，其中7月平均气温创历史同期最高。全市平均年降水量为1272.0毫米，较常年偏多11%，雨量分布南多北少，冬季和秋季降水略偏多，春季降水偏少，夏季降水偏多，梅雨期间降水过程频繁，强度大。全市因气象灾害造成受灾人口4.9万人，死亡5人；农作物受灾面积2.8万公顷；倒塌房屋1285间；直接经济损失3.2亿元。2008年属气象灾害一般年份。

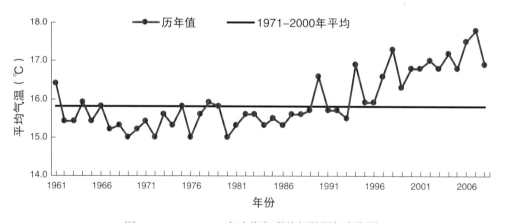

图4.9.1　1961-2008年上海年平均气温历年变化图

Fig.4.9.1　Annual mean temperature in Shanghai during 1961-2008

4.9.2 主要气象灾害及影响

1. 低温冷冻害与雪灾

1月下旬至2月上旬，上海出现持续低温雨雪天气，平均气温和平均最高气温分别较常年同期偏低2.6℃和3.9℃，为近30年来最低值；雨雪持续时间为1964年以来最长，累计雨雪量114毫米，为1901年以来历史同期最多，积雪深度达22～23厘米，为上海近136年来次大值（图4.9.2）。因正值春运高峰期，此次低温雨雪天气严重影响公路、铁路、民航等交通部门的正常运营。高速公路几度关闭，长途客运取消3000多个班次，近10万旅客受阻；大批列车未能准时到发或停运，造成近

9万旅客滞留；航运实际使用率仅50%，机场延误航班6000余次，影响旅客近8万人次；港口200多艘船取消出航计划。全市共2人死亡，农作物受灾面积2万公顷；直接经济损失1.6亿元。

2. 暴雨洪涝

8月25日上海部分地区遭遇百余年以来最强雷暴雨，徐家汇气象站1小时雨量达117.5毫米，为该站有气象记录130余年来所未见，其他一些地区雨量也超过100毫米的大暴雨标准。因雨量过于集中，超过市政的排水能力，造成全市150余条（段）马路积水10~40厘米，1.1万余户民居进水，发生交通事故3000多起，车辆抛锚约700起。暴雨还造成上海两大机场各百余航班延误，长途班车400多个班次晚点。

3. 局地强对流

雷雨大风等强对流性天气造成房屋倒塌死亡3人，紧急转移安置3.6万人；倒塌房屋1203间，损坏房屋1344间；农作物受灾

图4.9.2　2008年1月28日上海市嘉定区南翔镇积雪造成简易厂房倒塌
（嘉定区气象局提供）

Fig.4.9.2　Simple workshop broken down by snowpack in Nanxiang town of Jiading district in Shanghai City on January 28, 2008 (provided by Jiading Meteorological Bureau)

面积1400公顷；直接经济损失1.6亿元。8月22日洋山港区出现飑线大风，气象站和山顶的极大风速达40.6米/秒、57.9米/秒。东海大桥上有6辆集装箱卡车侧翻，部分活动板房摧毁。

4. 雾

1月7—11日的连日大雾使交通严重受阻，长途客运班线大多停驶，市域高速公路几度关闭；机场近200个航班延误或取消；开往崇明等三岛和普陀山的客轮一度处于全线停航状态，长江口水域聚集了约800艘抛锚的船舶，因运煤船难以进港使上海的电煤库存量一度跌入警戒线以下。

4.9.3 气象减灾服务简介

2008年对年初的低温雨雪冰冻和"8.25"大暴雨等灾害性天气，气象部门积极做好决策、公众及专业服务工作。及时发布暴雪、道路结冰、暴雨等预警信号和防灾指引，启动内外部、分类应急预案，为做好灾害气象应急服务形成制度保障，加强与周边省市的天气联防联动，随时向市有关部门报告最新情况。气象信息为上海市"测、报、防、抗、救、援"防灾体系中的"首要环节"，其作用在应对灾害性天气的过程中得到充分发挥，并呈现出规范化、制度化和有效化的特点。全市有关部门根据气象服务，大力协作及时调度，确保将灾害性天气过程对城市生命线系统正常运行的影响降到最低程度。

4.10 江苏省主要气象灾害概述

4.10.1 主要气候特点及重大气候事件

2008年全省平均气温15.5℃，较常年偏高0.6℃，已连续12年较常年偏高（图4.10.1），其中冬季、夏季气温持平略高，春季、秋季气温偏高。年降水量时空分布不均，淮北和苏南南部地区降水量较常年偏多，其他地区偏少。1月底到2月初江苏省淮河以南地区遭受了历史罕见的区域性暴雪天气；汛期暴雨频发，降水强度大，局部出现较严重积涝。2008年主要灾害性天气有雪灾、暴雨洪涝、雾、寒潮、热带气旋、雷电、冰雹、龙卷、大风、干旱等。各类气象灾害共造成受灾人口623.8万人次，死亡54人，农业受灾面积49.7万公顷，绝收面积5.1万公顷，直接经济损失54.9亿元。

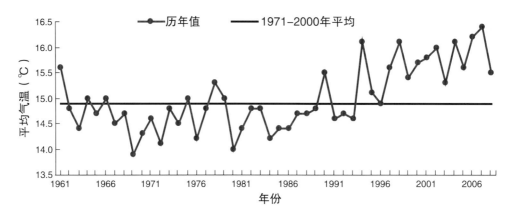

图4.10.1　1961–2008年江苏年平均气温变化图

Fig.4.10.1　Annual mean temperature in Jiangsu during 1961–2008

4.10.2　主要气象灾害及影响

1. 低温冷冻害和雪灾

2008年，低温冷冻害和雪灾造成245.3万人受灾，死亡7人，农作物受灾面积17.7万公顷，倒塌房屋9000万间，损坏房屋1.7万间，直接经济损失27.8亿元。1月11日至2月初，江苏省大部分地区遭受了罕见的持续雨雪和冰冻天气。暴雪持续时间之长为1961年来之最；暴雪范围之广仅次于1984年；暴雪积雪之深为1961年以来之最，有23个市、县（区）超过当地历史极值，1个站与历史记录持平。

2. 局地强对流

2008年大风、冰雹、龙卷风等强对流天气过程频发，受灾人口178.4万人次；农业受灾面积7.8万公顷，绝收面积1.8万公顷；直接经济损失11.4亿元。其中9月21日凌晨4时40分左右，宜兴西北部的归径村出现雷雨大风，持续1小时左右，期间并出现龙卷风和冰雹天气，给当地带来较

图4.10.2　9月20日江苏省宜兴市龙卷风和冰雹天气造成电线杆倾倒和供电塔折断（宜兴市气象局提供）

Fig.4.10.2　Telegraph poles and power towers broken down by tornado and hail on September 20 in Yixing city of Jiangsu province (provided by Yixing Meteorological Bureau)

重的灾情，直接经济损失4000多万元（图4.10.2）。2008年全省共发生雷电灾害778起，雷击造成23人死亡，直接经济损失509.3万元。

3. 暴雨洪涝

2008年，江苏省暴雨频发，降水强度大，局部出现较严重积涝：造成120.7万人受灾；农作物受灾面积10.1万公顷，农作物绝收面积2万公顷；直接经济损失8.7亿元。

4. 热带气旋

2008年共有4个热带气旋影响江苏，其中受第7号台风"海鸥"和第8号强台风"凤凰"影响，江苏省大部地区降大到暴雨，局部大暴雨，全省普遍出现7～8级大风。受热带气旋影响，全省约79.4万人受灾，1人死亡；农田受灾面积约14.2万公顷；直接经济损失7.1亿元。

5. 雾

2008年对江苏省影响较大的大雾日有12天，严重影响公路、航运、航空交通，飞机起降受阻，高速公路关闭，轮渡停航，并造成多起交通航运事故。全年因雾死亡23人，受伤54人。

4.10.3 气象减灾服务简介

2008年1月11日至2月初，江苏省发生历史罕见的低温雨雪冰冻天气，江苏省气象局启动重大气象灾害预警应急预案Ⅱ级应急响应，沿江8市气象局同时启动了重大天气应急响应程序。江苏省气象局连续发布了5期重要天气报告，根据雪情发展，及时发布和变更道路结冰预警信号，并确定预警范围。接待电台、电视台、报社记者20多人次，并通过网站、96121、手机短信、电视台滚动字幕等方式最广泛地向社会公众服务。江苏省气象部门共发布决策服务材料227期，省领导批示6次。发布道路结冰和暴雪预警信号151次。免费发送手机短信1521万次、小灵通161.8万次，在各类新闻媒体发布预警信息40余次。召开新闻发布会43次。报纸、电视播报有关应急响应报道200余次。省级气象专家接受连线直播采访50余次。

4.11 浙江省主要气象灾害概述

4.11.1 主要气候特点及重大气候事件

2008年浙江省年平均气温17.7℃，比常年偏高0.8℃，是1997年以来连续第12个偏暖年（图4.11.1）；年降水量全省平均为1347.4毫米，比常年偏少约1成，且连续6年偏少。全年气候异常多

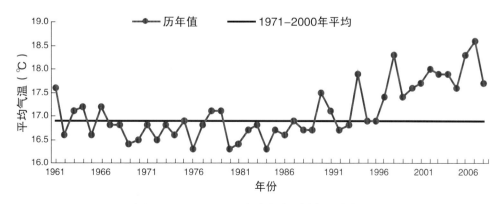

图4.11.1　1961-2008年浙江年平均气温变化图

Fig.4.11.1　Annual mean temperature in Zhejiang during 1961-2008

变：年初遭受持续低温雨雪冰冻灾害；梅汛期持续时间长、降水强度大；有4个热带气旋影响沿海地区。气象灾害造成受灾人口3148.7万人，死亡36人；农作物受灾面积107.5万公顷，绝收6.2万公顷；直接经济损失240.6亿元。总体而言，2008年属气象灾害偏重年。

4.11.2 主要气象灾害及影响

1. 低温冷冻害和雪灾

2008年，低温冷冻害和雪灾造成全省79个县（市、区）不同程度受灾：受灾人口2381.9万人，死亡9人；农作物受灾面积61.3万公顷，绝收面积4.1万公顷；倒塌房屋4000间；直接经济损失174.3亿元。1月13日至2

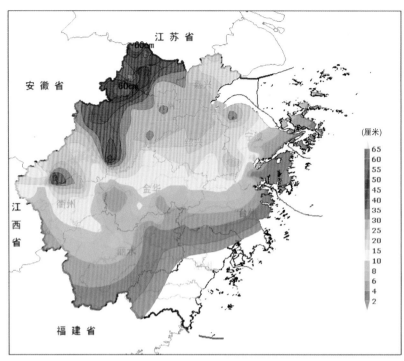

图4.11.2　2008年2月2日17时浙江省积雪分布（浙江气象台提供）
Fig.4.11.2　Distribution of snow cover in Zhejiang at 17:00 BT on February 2, 2008 (provided by Zhejiang Meteorological Observatory)

月5日全省出现罕见的持续低温雨雪和冰冻天气，暴雪强度之强、范围之广、持续时间之长总体达50年一遇，杭州等13县（市）积雪深度破当地历史最大记录，其中浙西北部分山区超过60厘米（图4.11.2）。此次低温雨雪冰冻天气正值一年一度最繁忙的春运期间，给群众生产生活，特别是农业、林业、电力、交通运输、能源供应等方面都带来了严重的影响，经济损失之重、受灾人口之多为历史罕见。

2. 热带气旋

2008年有4个热带气旋影响浙江，分别为0807号台风"海鸥"、0808号强台风"凤凰"、0813号强台风"森拉克"以及0815号超强台风"蔷薇"，对沿海地区造成了一定的影响。热带气旋导致浙江受灾人口403.5万人，农作物受灾面积13.9万公顷，直接经济损失18.5亿元。

3. 暴雨洪涝

2008年，暴雨洪涝造成农作物受灾面积23.3万公顷，受灾人口320.1万人，直接经济损失44.8亿元。暴雨洪涝灾害主要出现在5月底及6月梅汛期。2008年梅雨期具有入梅早、梅雨量偏多、降水集中期明显、过程性降水频繁、雨带摆动幅度大等特点，是1999年后范围最广、强度最强、持续时间最长的梅汛过程。

4. 干旱

2008年浙江因干旱造成农作物受灾面积2.3万公顷。其中11月中旬至12月中旬，全省平均降水量为8.1毫米，比常年同期偏少9成，为历史上第四偏少年，全省均出现干旱，其中温州、丽水地区旱情比较严重。

5. 局地强对流

2008年浙江多次出现雷雨大风、冰雹等强对流天气，造成43.2万人受灾，直接经济损失3.0亿元。主要出现在4月上旬、7月中旬至8月上旬。最严重的一次发生在4月7-8日，长兴、海宁、泰顺、龙游、遂昌等地冰雹如鸡蛋大小，并伴随大风、短时强降水等恶劣天气，造成泰顺直接经济损失达4003万元，龙游直接经济损失达1.2亿元。2008年浙江省雷电灾害覆盖范围大、涉及面广，最严重的一次发生在6月23日18时40分左右，淳安县文昌镇丰茂村一艘船被雷电击中，造成船上3人死亡，4人受伤。

4.11.3 气象减灾服务简介

2008年浙江天气气候多变，气象灾害频发，浙江省气象局对低温雨雪冰冻、热带气旋、强冷空气、高温热浪、暴雨洪涝等天气过程积极应对，共启动应急响应12次，总计应急响应时间达768小时。雪灾期间，充分运用气象协理员监测信息，每隔一小时绘制积雪分布图。建立了覆盖全省、遍及城乡的1.9万气象协理员队伍，重点承担预警传播、灾情调查、科普宣传等工作，成为基层防灾减灾的重要力量。共开展气象科普讲座272次，听众84万人次，建成11个气象科普示范乡镇，发放气象科普宣传材料45万份。实施火箭人影作业22次，增雨量7000万吨，为抗旱做出突出贡献。

4.12 安徽省主要气象灾害概述

4.12.1 主要气候特点及重大气候事件

2008年安徽省年平均气温16.0℃，较常年偏高0.5℃，为1997年以来连续第12年偏高（图4.12.1）。冬季"前冬暖、后冬冷"；春季气温异常偏高，出现1951年以来第二个暖春年；夏季气温为近9年来同期最低，沿淮北出现罕见凉夏。全省平均年降水量1144毫米，较常年略偏少。年内冬、夏降水偏多，春、秋少雨。2008年，安徽省相继出现了低温雨雪冰冻、热带气旋、暴雨洪涝、局地强对流、雾等气象灾害。全省因气象灾害造成农作物受灾面积127.7万公顷，受灾人口2225.5万人，死亡123人；直接经济损失189.7亿元。总体来说，全年气象灾情严重，属气候偏差年景。

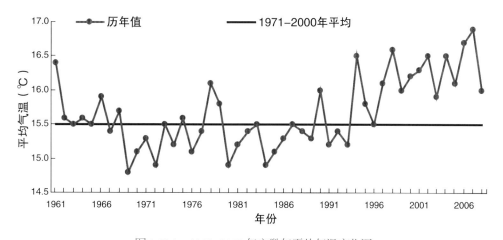

图4.12.1　1961-2008年安徽年平均气温变化图

Fig.4.12.1　Annual mean temperature in Anhui during 1961-2008

4.12.2 主要气象灾害及影响

1. 低温冷冻害和雪灾

2008年,低温冷冻害和雪灾造成农作物受灾面积69.5万公顷,绝收面积4.7万公顷;受灾人口1342.3万人,死亡13人;倒塌房屋9.1万间,损坏房屋17.3万间;直接经济损失132.3亿元。1月10日至2月6日,连续发生5次全省性降雪,造成大面积的雪灾。大别山区和江淮之间最大积雪深度普遍超过35厘米,大别山区和江南还出现大范围的冻雨天气(图4.12.2)。长时间低温、雨雪、冰冻灾害天气给全省交通、电力、通信、人民生活等方面造成严重不利影响,综合来看是1949年以来持续时间最长、积雪最深、范围最大、灾情最重的一次雪灾。

图4.12.2　2008年1月17日积雪压塌大别山区腹地宜华输电线路
(安徽省气象局提供)

Fig.4.12.2　Transmission line collapsed by snowpack on January 17, 2008 in Yihua, hinterland of Da Bie Mountain area

(provided by Anhui Meteorological Bureau)

2. 热带气旋

2008年,全省因热带气旋造成农作物受灾面积22.3万公顷,绝收面积2.3万公顷;受灾人口281.4万人,死亡12人;直接经济损失29.5亿元。年内先后受3个热带气旋影响,其中,7月28日至8月3日,受强台风"凤凰"影响,滁州、巢湖等地出现了历史罕见强降水,过程降水量普遍在200毫米以上,滁州(428.5毫米)、全椒(423.4毫米)、含山(410.0毫米)、巢湖(254.0毫米)等地最大24小时降水量突破历史极值。强降水导致滁河流域发生了仅次于1991年的大洪水。

3. 暴雨洪涝

4-9月全省多次出现大范围强降水,导致淮河干流出现近40年来最大春汛,夏季王家坝3次超警戒水位。最严重的暴雨洪涝过程出现在6月8-10日,沿江江南地区降水量普遍超过100毫米,黄山、宣城等地因暴雨洪涝造成河水暴涨,部分村庄进水,耕地受淹,水利、交通等基础设施损毁,经济损失严重。全年因暴雨洪涝造成农作物受灾面积30.2万公顷,其中绝收面积2.8万公顷;受灾人口510.5万人,死亡1人;直接经济损失25.2亿元。

4. 局地强对流

2008年大风、冰雹、龙卷等强对流天气时有发生,造成较严重的经济损失和人员伤亡。全省农作物受灾面积5.7万公顷;受灾人口91.3万人;直接经济损失2.7亿元。6月20日下午,灵璧县灵城镇遭受龙卷风袭击,瞬间风力达12级以上,持续约5分钟,灾害造成1人死亡,45人受伤,直接经济损失1852万元。全省因雷击造成19人死亡,15人受伤,雷电灾害主要集中在4-9月。

5. 雾

年内大雾频繁,对交通运输产生极大危害。全年因大雾导致交通事故138起,死亡77人。1月8日,合徐高速因大雾先后发生36起事故,有82辆车追尾发生碰撞,共造成7人死亡,12人受伤。10月30日凌晨,南洛高速界首段因大雾引发的交通事故造成2人死亡,9人受伤。

4.12.3 气象减灾服务简介

2008年安徽气象部门以高度的责任意识,努力增强气象服务的敏锐性、针对性和有效性,气象服务工作得到省委、省政府、中国气象局和社会公众的肯定。低温雨雪冰冻期间,省局分别于1月19日、26日启动并升级重大气象灾害应急预案,先后制作《重大气象信息专报》19期,《气象灾情信息》13期,编制雪灾评估报告5期,发布预警信号1711条、手机预警短信7400万人次。省领导在雪灾决策服务材料上批示多次。汛期气象服务中,省局共向省委、省政府及有关单位报送《重大气象信息专报》10期、《天气情况》13期、其他专题材料28期,发送传真近500次。发布预警信号1768次、手机预警短信4735万人次。年内,重大社会活动气象服务工作也得到多方地肯定与好评。

4.13 福建省主要气象灾害概述

4.13.1 主要气候特点及重大气候事件

2008年,福建省年平均气温19.7℃,较常年偏高0.4℃;平均年降水量1504.2毫米,偏少约1成(图4.13.1)。1月下旬至2月上旬:西部、北部的部分县(市)出现低温雨雪冰冻灾害;春季局部地区出现冰雹等强对流天气;雨季闽南部分县(市)出现特大暴雨过程;夏季出现两次较大范围持续高温天气。全年有10个热带气旋登陆或影响福建省,影响台风偏多、台风初来时间偏早,但灾害偏轻。2008年全省因气象灾害导致受灾人口406.3万人,因灾死亡23人,直接经济损失62.8亿元。2008年福建省气候正常,气象灾害偏轻。

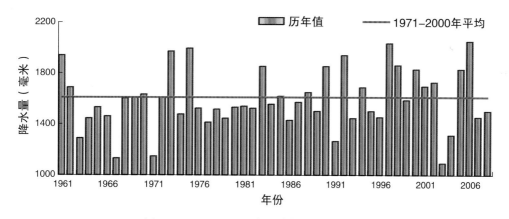

图4.13.1 1961-2008年福建年降水量变化图
Fig.4.13.1 Annual precipitation amounts in Fujian during 1961-2008

4.13.2 主要气象灾害及影响

1. 低温冷冻害和雪灾

2008年,全省有167.6万人遭受低温冷冻害和雪灾,直接经济损失30.9亿元。1月下旬至2月上旬,福建省西部、北部遭受罕见的低温雨雪冰冻灾害(图4.13.2)。这次过程的天气气候特点是:日平均气温偏低、气温日较差小、持续时间较长、灾害损失重。

2. 干旱

2008年,福建省出现了春季、夏季和秋冬季气象干旱,全省农作物受灾面积4000公顷,绝收1000公顷。2月中旬至4月中旬,福建省中南部沿海出现春旱,共有13个县(市)气象干旱为特旱。10

月中旬后，福建省降水持续偏少，出现大范围秋冬气象干旱，截至12月31日，省内44个县（市）为中旱，南部7个县（市）为重旱。

3. 局地强对流

2008年，福建省因大风、冰雹等局地强对流天气共造成9.1万人受灾，直接经济损失1.1亿元。5月2日傍晚至夜里，三明市的建宁、将乐和泰宁3个县出现大风、冰雹等强对流天气，将乐县南口乡2日晚19时30分左右遭受冰雹袭击，持续十几分钟。2008年，福建省共发生雷灾421起，造成20人死亡，5人受伤，直接经济损失1277.2万元。

图4.13.2　2008年1月26日至2月2日福建省建宁县遭受冻雨危害
（建宁县气象局提供）

Fig.4.13.2　Freezing rain attacked Jianning county of Fujian province from January 26 to February 2, 2008 (provided by Jianning Meteorological Bureau)

4. 暴雨洪涝

2008年，福建省因暴雨洪涝共造成37.4万人受灾，直接经济损失9.8亿元。年内全省共出现15次暴雨过程，雨季从5月5日开始，6月29日结束，开始日期正常，结束日期较常年略偏迟，雨季特点是西北部偏弱、东南部偏强和高峰期不强，其中6月12-13日，中南部地区先后出现暴雨到大暴雨，闽南部分县（市）出现特大暴雨过程，遭受一定经济损失。

5. 热带气旋

2008年，共有10个热带气旋登陆或影响福建省，其特点是影响台风偏多、台风初来时间偏早，但造成灾害偏轻，其中有2个热带气旋登陆福建。强热带风暴"海鸥"和台风"凤凰"分别于7月18日和7月28日在霞浦县长春镇和福清市东瀚镇登陆，造成直接经济损失21.1亿元。

4.13.3 气象减灾服务简介

2008年，福建省气象部门提前33小时准确地预测出"海鸥"台风将登陆闽北–浙南一带沿海，对其可能造成的风雨影响预报也较准确；提前86小时准确地预测出"凤凰"的登陆时间和地段，对沿海起风时间和大风量级的预报比较准确，对强降水的开始时间、暴雨强度和落区预报基本正确。省政府根据预报统一部署，沿海船舶及时回港避风，海上作业人员转移上岸。省委书记卢展工、省长黄小晶在省防汛抗旱指挥部称赞道："福建气象部门在今年2次正面登陆我省的台风预报服务中预报准确，汇报及时，内容详细，使省委、省政府能非常直观地了解到台风的发展动态和风雨影响情况，为省委、省政府及时部署防御台风工作提供了科学的决策依据"。

4.14 江西省主要气象灾害概述

4.14.1 主要气候特点及重大气象事件

2008年江西省年平均气温为18.4℃，较常年偏高0.6℃（图4.14.1）；年平均降水量1535.3毫米，较历年平均值略偏少；日照时数接近常年。冬季全省气温偏低，其中1月12日至2月2日全省平均气温和平均最高气温均创历史同期新低；汛期（4-6月）全省降水略偏少，无全省性大范围洪涝；伏秋期（7-9月）全省出现阶段性干旱，其中秋旱重于伏旱。2008年因气象灾害及引发的次生灾害造成农作物受灾面积达237.6万公顷，绝收面积49.8万公顷；受灾人口3476万人次，死亡55人（其中雷击死亡22人）；直接经济损失达329.7亿元。从灾害程度来看，江西省属于重灾年。

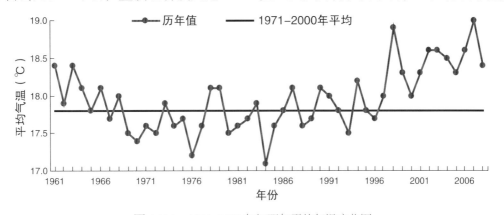

图 4.14.1　1961-2008 年江西年平均气温变化图
Fig.4.14.1　Annual mean temperature in Jiangxi during 1961-2008

4.14.2 主要气象灾害及影响

1. 低温冷冻害与雪灾

2008年，低温冷冻害与雪灾造成全省2210.1万人次受灾，因灾死亡7人；倒塌房屋5.2万间，损坏房屋19.4万间；农作物受灾面积120.5万公顷，绝收35.3万公顷；因灾造成直接经济损失263.6亿元。1月12日至2月2日江西省出现了历史上罕见的影响范围广、强度大、持续时间长的低温雨雪冰冻天气过程。全省平均气温和平均最高气温，均创历史同期新低；有71个县（市）相继出现冻雨，其中45个县（市）电线积冰直径超过10毫米，其中庐山84毫米为最大；抚州、井冈山、南城3市（县）电线积冰直径创历史同期最大值。此次低温雨雪冰冻事件对江西省交通运输、能源供应、电力传输、通信、农林业及人民群众生活等造成了严重影响和重大损失(图4.14.2)。

2. 暴雨洪涝

2008年江西省先后出现了15次区域性暴雨过程；其中汛期（4-6月）共发生了8次区域

图 4.14.2　2008年2月16日江西省井冈山坡谷地带冰冻造成毛竹爆裂（殷剑敏提供）
Fig.4.14.2　Bamboos burst on February 16, 2008 by frost at the hillside and valley area of Jinggang Mountain in Jiangxi province (provided by Yin Jianmin)

性暴雨过程，接近历史同期。全年暴雨洪涝受灾人口901.9万人，因灾死亡9人；倒塌房屋1.6万间，损坏房屋4.2万间；农作物受灾面积89.4万公顷，绝收面积12.4万公顷；直接经济损失51亿元。

3. 热带气旋

2008年影响江西省的热带气旋共7个，且热带气旋影响时间较往年早，其中强热带风暴"风神"、强台风"凤凰"减弱后的低压中心进入江西省，造成局部地区出现明显灾情。年内因热带气旋导致受灾人口133.8万人次，死亡6人；紧急转移安置8.7万人，倒塌房屋1.2万间；农作物受灾面积7.7万公顷，绝收7000公顷；直接经济损失9.4亿元。

4. 局地强对流

2008年江西省局地强对流天气如大风、冰雹共造成209.7万人次受灾，死亡6人；倒塌房屋1.1万间，损坏房屋3.3万间；农作物受灾面积7.2万公顷；直接经济损失5.3亿元。2008年全省共发生雷电灾害144起，因雷击造成22人死亡，是近年来伤亡人数最少的一年，直接经济损失299万元。

5. 干旱

2008年，江西省因干旱导致农作物受灾面积12.8万公顷，绝收7000公顷，受灾人口20.5万人次，1万人饮水困难，直接经济损失4000万元。伏秋期（7-9月）全省出现阶段性干旱，此外11月10日至12月26日全省平均降水仅7毫米，较历年同期偏少9成以上，部分地区出现阶段性干旱。

6. 雾

2008年江西省共出现23次区域性大雾天气，最低能见度在100米以下。11月14日早晨，因大雾导致沪昆高速公路江西东乡段193公桩至195公桩之间发生4起汽车相撞事故，共造成5人死亡、10人受伤。12月15-17日江西省连续出现大雾天气，其中15日早晨有54个县（市）出现大雾或浓雾，是2008年江西省范围最广、强度最强的大雾天气，江西省中北部多条高速公路先后实行全线封闭。

4.14.3 气象减灾服务简介

面对历史罕见的持续低温雨雪冰冻天气，江西省气象部门1月26日11时进入Ⅲ级气象应急响应状态，27日10时40分进入Ⅱ级应急响应状态。1月19日吴新雄省长在《气象呈阅件》上作出重要批示，对春运工作提出4条指示和具体要求。

4.15 山东省主要气象灾害概述

4.15.1 主要气候特点及重大气候事件

2008年山东省平均气温为13.5℃，较常年偏高0.4℃，1997年以来连续第12年偏高。全省平均年降水量为735.5毫米，较常年偏多13.4%（图4.15.1）。与常年相比，鲁西北大部、鲁中局部地区偏少，其中鲁西北部分地区偏少20%以上；其他大部分地区偏多，半岛部分地区偏多40%以上。年内：冬季气温略偏高，降水略偏多；春季气温显著偏高，春末降水显著偏多；夏季气温偏低，降水偏多；秋季气温偏高，降水偏少。2008年山东省因气象灾害造成14人死亡（其中雷击死亡2人），647.6万人受灾，农作物受灾面积67.2万公顷，直接经济损失28.2亿元。总体来看，属气象灾害偏轻年份。

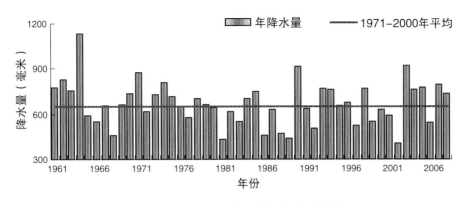

图 4.15.1　1961–2008 年山东年降水量变化图

Fig.4.15.1　Annual precipitation amounts in Shandong during 1961–2008

4.15.2 主要气象灾害及影响

1. 暴雨洪涝

2008 年山东省暴雨洪涝灾害主要发生在 7–8 月，其中7 月 17–20 日，8 月 20–21 日影响范围较大，主要分布在鲁中、鲁南（图 4.15.2）、半岛和鲁西北的部分地区。全年因暴雨洪涝造成 122.3 万人次受灾，3 人死亡；农作物受灾面积 12.1 万公顷，绝收面积 2.8万公顷；造成直接经济损失 8.5 亿元。

图 4.15.2　2008 年 8 月 21 日山东省苍山县农田遭受暴雨袭击
（山东省气象局提供）

Fig.4.15.2　Farmland attacked by rainstorm in Cangshan county of Shandong province on August 21, 2008 (provided by Shandong Meteorological Bureau)

2. 局地强对流

2008 年 5–8 月山东省均有大风冰雹灾害发生，其中 6 月25–26 日、6 月 29 日、7 月 9–11 日、8 月 25–28 日的风雹造成严重人员伤亡和财产损失。全年因大风、冰雹等局地强对流天气造成 250.7 万人次受灾，11 人死亡（其中雷击死亡 5 人）；农作物受灾面积 26 万公顷，绝收面积2.2 万公顷；直接经济损失 10.6 亿元。

3. 干旱

3–6 月、8 月和 12 月，济南、淄博、枣庄、东营、烟台、泰安、临沂、滨州、聊城、菏泽等地出现了不同程度的旱情。2008 年全省因旱受灾人口 247.9 万人，受灾面积 25.6 万公顷，直接经济损失 6.2 亿元。

4. 低温冷冻害和雪灾

2008 年，低温冷冻害和雪灾造成全省 25.1 万人受灾，农作物受灾面积 3.2 万公顷，直接经济损失 2.8 亿元。2 月和 12 月，烟台、济南、潍坊、泰安、临沂、聊城、菏泽等地发生较严重的低温冻害。

5. 病虫害

2008年，病虫害主要发生在6-7月，菏泽、滨州、聊城、临沂、泰安、济宁、枣庄、淄博和济南等地遭受病虫害，255.2万人受灾，17.2万公顷农作物受灾，直接经济损失7.3亿元。

4.15.3 气象减灾服务简介

对2008年山东省出现的重大灾害性天气过程，山东省气象局充分利用现代化探测手段，做到了监测早、发布早、预报准、服务及时。圆满完成北京奥运会气象服务保障工作和青岛海域浒苔治理气象服务保障工作。先后向省政府提供重要天气预报33期、预警信号47期、重要天气快报6期，报送呈阅件15期；使用短信平台向省领导传送重要雨情和天气预报等信息共4万余人次；向山东卫视、大众日报等新闻媒体发送天气预报传真500余份。贾万志副省长多次在一些重要天气预报上做出批示，预报服务工作获得充分肯定和高度评价。

4.16 河南省主要气象灾害概述

4.16.1 主要气候特点及重大气候事件

2008年，河南省年平均气温较常年偏高0.4℃（图4.16.1），其中，冬、夏季偏低，春、秋季偏高，春季为1961年以来同期次高值。全省年平均降水量较常年略偏少，其中，冬、春季偏多，夏季正常，秋季偏少。冬季出现了低温雨雪冰冻天气；初春和初夏部分地区出现了阶段性干旱；夏季雷雨、大风、冰雹等强对流天气频繁，损失严重，局地暴雨造成严重内涝。2008年全省因各种气象灾害造成农作物受灾面积为96.7万公顷，绝收面积为5万公顷，受灾人口603.4万人，死亡62人，直接经济损失32.8亿元。总体来看，2008年河南省气象灾害较轻，气候条件属偏好年景。

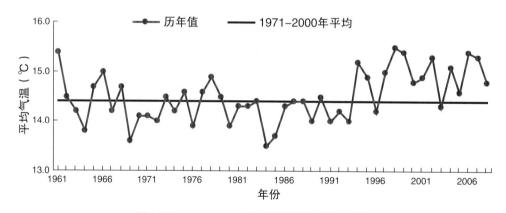

图4.16.1 1961-2008年河南年平均气温变化图

Fig.4.16.1 Annual mean temperature in Henan during 1961-2008

4.16.2 主要气象灾害及影响

1. 低温冷冻害和雪灾

2008年1月中下旬，全省出现了3次大范围罕见的低温雨雪天气，中东部地区还出现了大范围冻雨。全省平均降水量为有气象记录以来历史同期最多值，平均气温为有气象记录以来同期最低值，信阳最大积雪深度为近50多年来的最大值，给交通运输、能源供应、电力传输、农业生产以及人民生活造成了严重影响,其中信阳受灾最重(图4.16.2)。河南省受灾人口55万人,农作物受灾面积13.8万公顷,其中绝收面积3000公顷,倒塌房屋4000间,损坏房屋7000间,直接经济损失10.8亿元。

2. 干旱

2008年2-3月、5月下旬至6月底和11-12月,河南降水明显偏少,豫北和中西部地区出现了干旱,其中以春季干旱较为严重。全省农作物受灾面积58.4万公顷,其中绝收面积3.5万公顷,15万人饮水困难,直接经济损失7.6亿元。与常年相比,干旱灾害为偏轻年份。

图4.16.2　2008年1月下旬河南省信阳市房屋被积雪压塌
(信阳市气象局提供)

Fig.4.16.2　Houses collapsed by snowpack in Xinyang city of Henan province in late January, 2008 (provided by Xinyang Meteorological Bureau)

3. 局地强对流

2008年,河南省局地强对流天气造成农作物受灾面积17.1万公顷,其中绝收面积1.0万公顷;受灾人口199.6万人,死亡23人;倒塌房屋2000间,损坏房屋2.6万间;直接经济损失10.4亿元;风雹灾害为中度灾害年份。局地强对流天气主要出现在4月上旬、5月中旬和6月上旬,其中6月3日出现了年内影响范围最广、损失最重的强对流天气,北部和中东部地区29个县(市)遭受了雷雨、大风和冰雹袭击,其中鄢陵县极大风速达到31.5米/秒,西华县极大风速达到27.1米/秒,均突破历史极值,新乡境内最大冰雹直径达4厘米,最长降雹持续时间15分钟。

4. 暴雨洪涝

2008年河南省暴雨洪涝灾害主要发生在7-8月。7月13-14日,北中部地区有9个站出现暴雨,13个站出现大暴雨,郑州日降水量达174.0毫米,造成市区多条道路严重积水。7月22日是全年暴雨范围最大的一天,中东部和南部有34个站出现暴雨,有20个站出现大暴雨,淮阳(243毫米)出现建站以来日降水量的最大值。全年暴雨洪涝受灾面积为7.4万公顷,其中绝收面积为2000公顷;因灾死亡1人;倒塌房屋3000间,损坏房屋1.0万间;造成直接经济损失4亿元。受灾面积是1978年以来最少的一年。

4.16.3 气象减灾服务简介

针对2008年河南省发生的低温雨雪冰冻、强对流和暴雨洪涝等多种重大灾害性天气过程,全体气象工作者在局领导的指挥下,充分利用现代化探测手段,密切监视天气变化,及时给省委、省政府及相关部门提供了准确的预警预报和及时有效的服务,多次发布《重要天气预报》、《重要气象信息》、《重大信息领导专报》、《灾害性天气预警信号》等预报服务材料,决策服务材料多次被上级领导批示并被有关部门引用和转发,在防灾减灾中发挥了极其重要的作用,取得了显著的社会和经济效益。

4.17 湖北省主要气象灾害概述

4.17.1 主要气候特点及重大气候事件

2008年：湖北省降水时空分布不均，全省平均年降水量为1202.1毫米，比多年平均值多13.9毫米，为近5年来最多的年份（图4.17.1）；年内气温变幅大，年平均气温为16.7℃，比常年偏高，也是连续第12年偏高。2008年，湖北省各类气象灾害及其衍生灾害共造成4384万人次受灾，因灾死亡103人，紧急转移安置灾民54.9万人次；农作物受灾403.3万公顷，其中绝收面积40.1万公顷；因灾倒塌房屋13.5万间，损坏房屋38.6万间；直接经济损失221.9亿元。

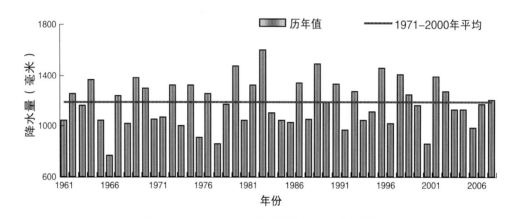

图4.17.1　1961−2008年湖北年降水量变化图

Fig.4.17.1　Annual precipitation amounts in Hubei during 1961−2008

4.17.2 主要气象灾害及影响

1. 低温冷冻害和雪灾

2008年，低温雨雪冰冻灾害造成湖北省2279.8万人受灾，因灾直接死亡13人；农作物受灾面积249万公顷，其中绝收面积21.5万公顷；倒塌房屋9.8万间，损坏房屋17万间；直接经济损失114.2亿元。1月12日至2月3日，湖北省出现了自1954/1955年以来冬季最严重的低温、雨雪、冰冻天气（图4.17.2），期间有4次大到暴雪天气过程（1月12−15日、18−21日、25−28日、1月30日至2月1日），大部分地区连续雨雪日数达18～22天；累计雨雪量全省大部地区比常年同期偏多5成至1倍；全省大部平均

图4.17.2　2008年1月31日湖北省咸宁学院篮球场积雪压垮风雨棚
（咸宁市气象局提供）

Fig.4.17.2　Weather−shelter collapsed by snowpack on the basketball field of Xianning College in Hubei province on January 31, 2008 (provided by Xianning Meteorological Bureau)

气温为 −1 ~ −2℃，比常年同期偏低 4 ~ 6℃；连续低温日数达 11 ~ 22 天，为 1954 年以来最多。

2. 暴雨洪涝

2008 年，湖北省发生了 14 次范围大、灾害重的暴雨天气过程，有 329 县（市）次暴雨、67 县（市）次大暴雨、4 县（市）次特大暴雨。其中红安（214.5 毫米）、建始（220.9 毫米）、襄樊（293.9 毫米）、长阳（211.2 毫米）均创该站日降水量历史最大纪录；8 月 28-30 日湖北省遭遇了 2008 年范围最广、雨量最大、灾害最严重的一次暴雨灾害。

2008 年湖北省因暴雨洪涝及其引发的滑坡、泥石流等地质灾害：造成受灾人口 1635.1 万人，因灾死亡（含失踪）38 人；农作物受灾面积 118.5 万公顷，绝收面积 14.3 万公顷；损坏房屋 10 万间、倒塌房屋 2 万间；直接经济损失 70.5 亿元。

3. 局地强对流

2008 年湖北省共发生雷雨大风、冰雹等强对流天气过程 21 次，其中有 6 次危害性较大（4 月 8-11 日、5 月 2-4 日、5 月 11-12 日、6 月 2-3 日、7 月 26-29 日及 8 月 12-16 日），宜昌、当阳、枝江、英山 4 县市分别出现 30.1、28.3、23.6、25.0 米／秒的大风，均创其建站以来新高。2008 年湖北省强对流天气造成受灾人口 468.1 万人，因灾死亡（含失踪）51 人，其中因雷击死亡 21 人；农作物受灾面积 33.8 万公顷，绝收面积 4.4 万公顷；损坏房屋 11.4 万间，倒塌房屋 1.8 万间；直接经济损失达 37.2 亿元。

4.17.3 气象减灾服务简介

2008 年湖北省决策气象服务取得了显著成效：逐步完善了湖北省气象灾害普查及灾害数据库工作，并开展了暴雨灾害预估方法研究；针对重大灾害性天气过程进行灾情调查与分析评估 13 次；利用新开发的"湖北省气象灾害预估系统"，对湖北省出现的 8 次大范围暴雨过程进行了灾害预估和服务，为减少暴雨灾害损失发挥了重要作用；年内发布《重大气象信息专报》21 期、《专题气象服务》73 期、《应急气象服务》55 期、《春运专题气象服务》46 期、《两会专题气象服务》12 期，发布灾害性天气预警信号 139 次。为湖北各级政府、部门、社会开展防灾、减灾、抗灾、避灾提供了科学决策依据，得到省委、省政府领导以及社会地认可，省政府领导在服务材料上作批示 22 次。

4.18 湖南省主要气象灾害概述

4.18.1 主要气候特点及重大气候事件

2008 年湖南年平均气温 17.5℃，较常年偏高 0.4℃，是 1997 年以来连续第 12 年气温偏高年份；年平均降水量 1225.0 毫米，较常年偏少 12.2%（图 4.18.1）。降水时空分布极不均匀，年降水偏少 15% 以上的县（市）多位于湘中、湘北等地。11 月降水较常年同期偏多 175%，12 月降水较常年偏少 72%。年内主要气象灾害有：冬季低温雨雪冰冻灾害、汛期暴雨洪涝灾害和局地强对流天气等。2008 年全省因各种气象灾害共造成 5074.3 万人次受灾，死亡 103 人，农作物受灾面积 447.4 万公顷，因灾直接经济损失 413.4 亿元。综合分析评估 2008 年气候年景为一般年景。

4.18.2 主要气象灾害及影响

1. 低温雨雪冰冻灾害

2008 年 1 月 12 日至 2 月 8 日出现严重的低温雨雪冰冻天气，冰冻过程持续 28 天为有气象记录以来

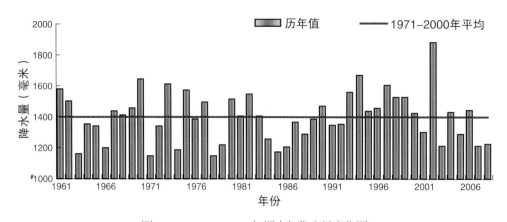

图4.18.1　1961-2008年湖南年降水量变化图

Fig.4.18.1　Annual precipitation amounts in Hunan during 1961-2008 (mm)

的最高值；71个县市连续冰冻日数刷新或平当地最长连续日数记录。日平均气温≤0℃的最长连续日数创1951年以来极大值。过程雨雪日数和过程积雪日数之多、最大积雪深度之深均为1951年以来前3位。此次灾害造成3350.3万人受灾，死亡26人；损坏房屋30万间，倒塌房屋6.7万间；农作物受灾面积317.1万公顷，绝收面积45.9万公顷；因灾直接经济损失272亿元。

2. 暴雨洪涝

2008年湖南先后发生了11次洪涝灾害过程,永州、邵阳、郴州、怀化等市(州)灾情较重、损失较大(图4.18.2)。14个市（州）89个县(市、区)1249个乡镇1234.7万人受灾,死亡23人；5个城市一度进水受淹,农作物受灾面积67.2万公顷；灾害共造成直接经济损失100.7亿元。

3. 干旱

2008年，全省14个市（州）都发生不同程度的干旱，旱情主要发生在无蓄水工程的"天水田"、以及部分灌区的尾灌区。1-6月，部分地区出现春夏连旱，以湘西、湘北受旱较重；7-8月，湘中及其以南出现夏旱后蔓延至全省，尤

图4.18.2　2008年5月28日暴雨引起湖南省绥宁县川石村山体滑坡造成房屋被掩埋（绥宁县气象局摄）

Fig.4.18.2　Houses buried by rainstorm induced mountain landslide on May 28, 2008 at Chuanshi village of Suining county in Hunan province, (provided by Suining Meteorological Bureau)

以湘中长沙、娄底、益阳、湘潭、邵阳等地旱情较重；9月中旬至10中旬，全省62%的县（市）出现干旱；11月中旬至12月，湘北、湘南部分县（市）再现旱情。干旱共造成350.5万人次受灾，农作物受灾面积48.6万公顷，直接经济损失14.1亿元。

4. 局地强对流

2008年湖南省发生雷击事件1261起，共造成22人死亡，52人受伤，通信、电力行业受损严重，

直接经济损失3969.4万元。个别地区还发生了罕见的龙卷风、冰雹灾害，造成农作物倒伏、折秆严重，一些大棚设施被风摧毁。2008年全省因龙卷风、冰雹、雷电等局地强对流天气共造成101.6万人受灾，因灾死亡22人，直接经济损失24.9亿元。

4.18.3 气象减灾服务简介

针对特殊的天气气候条件，积极开展减灾服务：抗冰救灾中向省委省政府等30多个单位发布决策服务材料1338期，通过广播、电视、短信等方式发布预警信息39期、预警信号1935县次；汛期为各级政府、部门提供决策服务材料335份，实现了防洪、抗旱、蓄水、发电"四不误"；共发布220期雷电监测预警产品；在13个市（州）50个县（市、区）开展人工增雨作业370次，人工防雹作业140次。省长周强、副省长徐明华先后3次对报送的决策气象服务材料作出重要批示，省防汛抗旱指挥部在《防汛抗旱简报》中高度评价了气象预报服务。

4.19 广东省主要气象灾害概述

4.19.1 主要气候特点及重大气候事件

2008年广东省年平均气温21.6℃，与常年持平，为近12年来最低（图4.19.1）；全省平均年降水量2136毫米，较常年偏多18.6%，为近7年来最丰。年内极端天气气候事件频繁发生，年初全省遭遇80年一遇的低温雨雪冰冻灾害；汛期内暴雨频发，"龙舟水"为1949年以来最强；年内有6个热带气旋登陆广东，较常年显著偏多，初来的台风"浣熊"登陆异常早，"黑格比"为近12年登陆广东最强台风。气候异常导致2008年广东气象灾害损失严重，农作物受灾面积160万公顷，绝收面积16.2万公顷，受灾人口2536.7万人，死亡118人，直接经济损失约240.1亿元。气候条件属偏差年景。

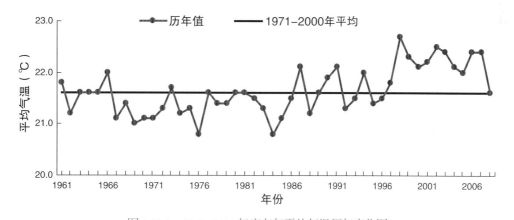

图4.19.1　1961–2008年广东年平均气温历年变化图
Fig.4.19.1　Annual mean temperature in Guangdong during 1961–2008

4.19.2 主要气象灾害及影响

1. 低温冷冻害和雪灾

2008年，全省有419万人遭受低温冷冻害和雪灾，农作物受灾面积43.3万公顷，绝收面积2.1万公顷，直接经济损失33.6亿元。1月中旬至2月中旬，广东遭遇80年一遇的低温雨雪冰冻灾害，其持续时间长且影响范围广，期间平均气温异常低、（冻）雨水异常多、日照严重不足。长时间的低温和阴雨（雪）寡照导致粤北出现严重的雨雪冰冻现象，全省出现严重的低温阴雨（雪）天气，给交通、电力、农业、林业、渔业等方面造成严重损失（图4.19.2）；此外，由于恰逢春运高峰期，大量旅客受困滞留，社会影响巨大。

图4.19.2　2008年2月1日广东省连州市西江镇果树受冻和电线结冰
（广东省气候中心提供）

Fig.4.19.2　Frozen fruit trees and iced wire in Xijiang town of Lianzhou city in Guangdong province on February 1, 2008
（provided by Guangdong Climate Center）

2. 热带气旋

2008年共有6个热带气旋登陆广东，较常年显著偏多，与1964年、1995年并列第二位。其中，"浣熊"登陆异常早，"黑格比"强度强，"风神"、"北冕"和"鹦鹉"降水突出，"海高斯"是有热带气旋观测记录以来，唯一在内陆减弱为低压区后又重新加强成热带气旋的个例。此外，7月登陆福建的台风"海鸥"和强台风"凤凰"对粤东影响也较大。热带气旋频繁袭击造成广东1369.2万人受灾，72人死亡，农作物受灾面积68万公顷，绝收面积8.7万公顷，倒塌房屋6.5万间，直接经济损失159.1亿元。其中，强台风"黑格比"造成的损失最严重，粤西和珠三角西部共有6个市652万人受灾，死亡22人，直接经济损失77.6亿元。

3. 暴雨洪涝

2008年暴雨洪涝造成广东省745.5万人受灾，死亡17人；农作物受灾面积41.5万公顷，绝收面积4.7万公顷；损坏房屋2.6万间，倒塌房屋3000间，直接经济损失46.6亿元。4月19日全省开汛，较常年推迟4天，前汛期（4—6月）全省平均降水量1111毫米，为1951年以来同期最多。5月28日至6月18日，广东连续出现4次强度大、范围广、时间长、灾害重的暴雨到大暴雨、局部特大暴雨的降水过程，给全省造成严重的人员伤亡和经济损失。

4.19.3 气象减灾服务简介

2008年，广东省气象部门发布《重大气象信息快报》135期、《重大气象信息专报》10期，为领导决策提供了有效的科学依据。低温雨雪冰冻灾害期间，充分发挥"广东省突发公共事件预警信息发布平台"作用，及时发送应急、交通、天气、卫生等信息，受到广大人民群众欢迎，发挥了安定民心、维护社会稳定的作用。上半年，针对部分地区的秋冬春连旱，广东省气象部门在各级政府支持下开展了大面积人工增雨作业，增加降雨量约20亿立方米，取得明显的增雨抗旱效果。

4.20 广西壮族自治区主要气象灾害概述

4.20.1 主要气候特点及重大气候事件

2008年，广西年平均气温20.4℃，比常年偏低0.1℃；年平均降水量1847.9毫米，比常年偏多近2成，为1961年以来第2高值（图4.20.1）。年内极端天气气候事件频繁发生，年初广西遭受历史罕见的低温雨雪冰冻天气袭击，灾害范围广、强度大、持续时间长、灾情重。汛期暴雨洪涝灾害频繁，其中6月8-18日，广西出现持续性大范围强降雨，导致严重洪涝灾害；11月上旬广西出现历史同期罕见的强降雨，导致邕江及上游地区发生洪涝灾害。2008年共有4个热带气旋影响广西，热带气旋影响异常偏早，影响偏重。全年因气象灾害共造成农作物受灾面积230.6万公顷，绝收面积15.8万公顷，受灾人口3494.5万人次，死亡126人，直接经济损失356.5亿元。总的来看，2008年广西气象灾害属偏重年份。

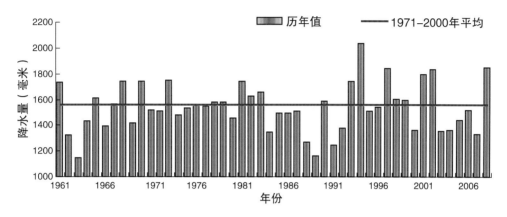

图4.20.1　1961-2008年广西年降水量变化图

Fig.4.20.1　Annual precipitation amounts in Guangxi during 1961-2008

4.20.2 主要气象灾害及影响

1. 低温冷冻害和雪灾

2008年1-3月和12月，广西出现低温雨雪冰冻、霜冻和寒潮，全省1214.3万人受灾，因山体滑坡死亡2人；农作物受灾面积70.1万公顷，绝收面积4.1万公顷；因灾死亡大牲畜7.7万头；损坏房屋5.9万间，倒塌房屋7.2万间；造成直接经济损失200亿元。其中1月12日至2月20日的低温雨雪冰冻过程影响范围之广、强度之大、持续时间之长，为历史罕见，因灾造成直接经济损失超过1949年以来任何一次同类灾害造成的损失（图4.20.2）。

2. 暴雨洪涝

2008年，暴雨洪涝共造成

图4.20.2　2008年1月26日广西资源县电线积冰（桂林市气象局提供）

Fig.4.20.2　Iced wire in Ziyuan county of Guangxi on January 26, 2008 (provided by Guilin Meteorological Bureau)

1382.8万人次受灾，死亡80人；农作物受灾面积64.2万公顷，绝收面积7.6万公顷；损坏房屋17.8万间，倒塌房屋7.4万间；直接经济损失95.4亿元。最强暴雨过程出现在6月8-18日，11月上旬的

两次强降雨过程也为历年同期所罕见。

3. 热带气旋

2008年影响广西的热带气旋有4个，其中第1号强热带风暴"浣熊"是1949年以来影响广西最早的台风；第14号强台风"黑格比"是1971年以来进入广西境内最强的台风。全年因热带气旋导致广西870.4万人次受灾，死亡21人；农作物受灾面积69.7万公顷，绝收面积1.9万公顷；损坏房屋7.6万间，倒塌房屋2.3万间，直接经济损失60.7亿元。

4. 局地强对流

2008年，广西因大风、冰雹、雷电等局地强对流天气共造成27万人受灾，死亡23人；农作物受灾面积4.2万公顷，绝收面积5000万公顷；损坏房屋2.5万间，倒塌房屋1000间；直接经济损失4000万元。

5. 干旱

2008年春季和秋季，广西部分地区发生干旱，农作物受灾面积22.4万公顷，绝收面积1.7万公顷，因旱饮水困难36.3万人。

4.20.3 气象减灾服务简介

2008年，广西气象局全力以赴作好灾害性天气的监测预测预报服务工作，共启动重大气象灾害预警应急响应7次，全年共发布《重大气象信息专报》22期、《气象服务信息》199期、《气象服务参考》153期、《专项气象服务》167期，发布灾害天气预警信号59次。

4.21 海南省主要气象灾害概述

4.21.1 主要气候特点及重大气候事件

2008年海南省年平均气温24.1℃，接近常年；年平均日照时数较常年异常偏少，为1961年以来的最少年份；平均年降水量2140.2毫米，较常年偏多近2成，为2002年以来最多（图4.21.1）。降水时空分布不均，部分地区出现冬春旱；1月下旬中期至2月中旬中期，发生了1951年以来罕见低温阴雨天气过程；热带气旋的活动时间偏长，造成的灾害重于常年；暴雨洪涝、局地强对流等气象灾害事件也比较突出。全年因气象灾害共造成853.9万人次受灾，死亡（含失踪）人口31人；农作物受灾面积36.6万公顷，其中绝收面积1.8万公顷；直接经济损失23.4亿元。气候年景属于偏差年景。

4.21.2 主要气象灾害及影响

1. 干旱

2008年，干旱造成全省118.8万人次受灾，10万人饮水困难；农作物受旱面积8.1万公顷，造成直接经济损失4.4亿元，其中农业经济损失3.9亿元。1—4月由于降水时空分布不均，部分地区出现冬春连旱。干旱少雨对农作物生长、水力发电、水产养殖等造成严重影响。全年干旱影响程度为中等灾害年景。

2. 暴雨洪涝

2008年为海南省暴雨洪涝灾害相对较多的一年，全年有5个月出现了暴雨洪涝灾害，其中10月出现的大范围暴雨洪涝造成的灾害最为严重。全年全省有17个市（县）263.1万人次受灾；农作物受灾面积9.3万公顷，其中绝收面积8000公顷；倒塌房屋1000间，损坏房屋2000间；全年暴雨洪涝

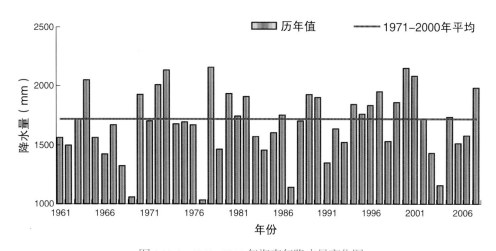

图 4.21.1　1961−2008 年海南年降水量变化图
Fig.4.21.1 Annual precipitation amounts in Hainan during 1961−2008

导致的直接经济损失 6.2 亿元。属暴雨洪涝灾害严重年份。

3. 热带气旋

2008 年海南省先后受 6 个热带气旋影响，其中有 2 个登陆。热带气旋的活动期为 6 个月，较常年偏长 2 个月，台风初来时间较常年偏早 2 个月，终台偏早 1 旬。0801 号强热带风暴"浣熊"和 0814 号强台风"黑格比"影响相对较大（图 4.21.2）。全年因热带气旋影响使全省 11 个市（县）267.8 万人受灾，死亡 18 人，紧急转移安置人口 31.7 万人；农作物受灾面积 11.9 万公顷，绝收面积 2000 公顷；直接经济损失 5.5 亿元。热带气旋灾害属于中等影响年份。

4. 低温冷冻害

2008 年，全省有 17 个市（县）204.2 万人受灾；农作物受灾面积 7.4 万公顷，其中绝收面积 6000 公顷；直接经济损失达 7.2 亿元。1 月下旬中期至 2 月中旬中期，海南省有 14 个市（县）出现了重度低温阴雨天气过程，

图 4.21.2　2008 年 9 月 24 日"黑格比"导致海南省临高县调楼镇出现洪涝灾害（临高县气象局提供）
Fig.4.21.2 Flood disaster by "Hagupit" in Diaolou town of Lingao county in Hainan province on September 24, 2008 (provided by Lingao Meteorological Bureau)

为 1951 年以来范围最大的一次；持续时间 24 天，为 1969 年以来的最长记录。此次低温阴雨天气对海南省农业和养殖业产生了严重影响。2008 年为海南省低温冷冻灾害严重年份。

5. 局地强对流

2008 年海南省发生雷电、大风、冰雹和龙卷风等局地强对流天气灾害事件 111 起，属于中等偏

轻年份。其中雷电灾害共发生107起，造成13人死亡，6人受伤，部分建筑物和电气设备损坏，直接经济损失431万元。

4.21.3 气象减灾服务简介

海南省气象局面对复杂的天气气候形势，密切监视、认真分析，及时准确地向社会发布天气警报和预警信号。先后为"全国煤电油运保障服务"、"博鳌亚洲论坛"、"建省20周年庆典活动"和"奥运会火炬接力海南传递"等重大社会活动提供专题气象服务报告。全年累计发送《重要气象信息专报》71期、《重要气象信息快报》63期、《重大突发事件报告》11期，其中有8份决策材料受到省领导的高度重视，并做出重要批示。在针对"浣熊"的服务过程中，省政府办公厅根据省气象局的服务材料专门出台了琼府办函[2008]108号文件《关于切实做好防御2008年第1号台风"浣熊"工作的紧急通知》，指导做好防台工作。由于预报早、预报准，最大程度地减少了灾害损失。

4.22 重庆市主要气象灾害概述

4.22.1 主要气候特点及重大气候事件

2008年重庆市年平均气温17.7℃，较常年偏高0.3℃（图4.22.1）。平均年降水量1123.4毫米，接近常年值。冬季出现了历史罕见的持续低温雨雪冰冻天气；春季气温偏高，部分地区异常偏暖；夏季高温强度较弱，旱情较轻；秋季多阴雨、浓雾天气。

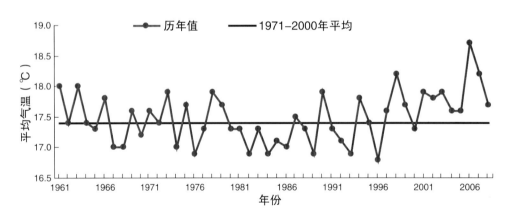

图4.22.1 1961–2008年重庆年平均气温变化图

Fig.4.22.1 Annual mean temperature in Chongqing during 1961–2008

2008年重庆市发生的气象灾害主要有1月中下旬的低温冷冻害和雪灾，夏季暴雨洪涝、风雹，此外还有局地滑坡、雷电等灾害。全年因灾造成1154.1万人受灾，死亡50人，农作物受灾面积66.2万公顷，直接经济损失30.4亿元。与近10年相比，2008年重庆市气象灾害偏轻。

4.22.2 主要气象灾害及影响

1. 低温冷冻害和雪灾

2008年，全市32个区（县）遭受了不同程度的低温冻害、雪灾，造成499.3万人受灾，因灾死亡4人，农作物受灾面积29.8万公顷，直接经济损失17.5亿元。1月中下旬，重庆市出现了持续的低温雨雪冰冻天气,此次过程持续时间长、降温幅度大、影响范围广,为1951年以来所罕见(图4.22.2)。

2. 暴雨洪涝

2008年,暴雨洪涝灾害共造成重庆518.3万人受灾,死亡31人,农作物受灾面积9.2万公顷,直接经济损失10亿元。夏季,重庆市"涝重于旱",主要有6月15日和7月22日的区域暴雨以及6月、8月的几次局地大到暴雨天气过程。

3. 局地强对流

2008年,局地强对流灾害造成128.5万人受灾,死亡15人,农作物受灾11.7万公顷,房屋损

图4.22.2 2008年1月12日重庆市酉阳县雪灾(酉阳县气象局提供)
Fig.4.22.2 Snow disaster in Youyang county of Chongqing City on January 12, 2008 (provided by Youyang Meteorological Bureau)

坏2.9万间,直接经济损失2.9亿元。风雹灾害出现在4-8月,主要有4月8日、6月5日的局地风雹灾害和7月11日的强对流天气过程等几次较重的灾害。2008年重庆市发生的雷电灾害偏轻,造成8人死亡,直接经济损失172.3万元。

4.22.3 气象减灾服务简介

2008年1月中下旬的低温雨雪冰冻天气过程,重庆市气象局全力开展监测、预报和服务工作,预报准确、服务主动,取得了较明显的社会效益。1月27日重庆市政府启动《重庆市突发气象灾害应急预案》,预警级别为特别重大级气象灾害,重庆市气象局立即进入应急响应状态,加密发布服务材料,并有针对性地对交通等部门进行了专题气象服务,做到了"实时监测、滚动预报、准确预警、跟踪服务",得到了重庆市领导及有关部门的高度评价。

4.23 四川省主要气象灾害概述

4.23.1 主要气候特点及重大气候事件

2008年,四川省年平均气温接近常年;全省年平均降水量比常年偏多(图4.23.1)。冬季气温偏低,降水量创同期有气象记录以来最高值;春季气温异常偏高,降水正常,其中3月降水量为同期历史最多值;夏季气温、降水接近常年值;秋季气温显著偏高,降水正常。年内:1月下旬发生严重低温雨雪冰冻天气;9月下旬地震重灾区出现持续暴雨天气并引发严重地质灾害;秋季盆地小春作物播栽期湿害重;年末盆地出现持续性大雾。全年各种气象灾害共造成1633.8万人受灾,137人死亡;农作物受灾面积141.2万公顷,绝收面积6.7万公顷,直接经济损失110.7亿元,其中农业直接经济损失76.3亿元。总体来看,2008年四川省气候条件属一般年景。

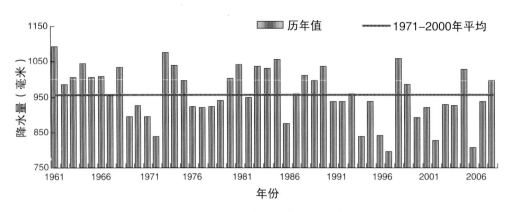

图4.23.1 1961-2008年四川年降水量变化图

Fig.4.23.1 Annual precipitation amounts in Sichuan during 1961-2008

4.23.2 主要气象灾害及影响

1. 低温冷冻害和雪灾

2008年,全省有19个市(州)99个县(市、区)、800万人不同程度遭受低温冷冻害和雪灾,死亡5人,造成直接经济损失63.1亿元。年初,四川省发生了30年一遇(盆地达到50年一遇)的严重区域性持续低温雨雪冰冻天气过程(图4.23.2);盆地平均气温、平均最高气温均为历史同期最低,低温日数创历史最高记录,冰冻日数位居历史第二,全省平均降水量为历史同期最多,全省有60县平均气温低于1℃的日数、47县降水日数突破历史同期最多记录。

图 4.23.2 2008年1月21日四川省筠连县遭受冰冻灾害
(筠连县气象局提供)

Fig. 4.23.2 Frost disaster in Yunlian county of Sichuan Province on January 21, 2008 (provided by Yunlian Meteorological Bureau)

2. 暴雨洪涝

2008年汛期四川省暴雨强度偏弱,但局部地区发生严重山洪、泥石流等次生灾害。全年暴雨洪涝共造成767万人次受灾,死亡106人;直接经济损失43.7亿元,其中农业直接经济损失29.9亿元。9月22-27日,四川盆地发生了两次区域性暴雨及强雷暴天气过程。全省共计12市38个县(市)降了暴雨,降水强度大,强降雨中心少动并位于汶川地震重灾区。此次过程造成全省388.9万人受灾,死亡38人,失踪37人,直接经济损失23.5亿元,其中农业直接经济损失9亿元。特别是地震重灾区的北川连续5天出现暴雨天气,灾害损失严重。

3. 局地强对流

2008年大风、冰雹局地强对流灾害主要分布在内江、泸州、达州等市,造成20.8万人受灾,直接经济损失3.8亿元,其中农业直接经济损失2.6亿元,对人民生活、农作物、经济林果和房屋安全造成不利影响。

四川省雷电天气频发，共计发生雷电灾害161起，因雷击死亡18人，伤11人，造成直接经济损失1716万元。9月23-24日，四川盆地西部出现一次严重雷电天气过程，主要发生在成都、绵阳、广元等地。此次雷电灾害造成5人死亡，2人受伤，部分单位设备受损严重，大量航班被迫延误、取消，近7000名出港旅客滞留机场。

4.雾

2008年大雾天气主要出现在1月、2月和10-12月，特别是秋、冬季大雾对高速公路和航空运输造成较大影响。其中12月8-17日盆地出现持续大雾天气，影响成都、绵阳、德阳、资阳等10多个市，省内大部分高速公路实施了交通管制，多条道路关闭。成都双流机场也多次被迫关闭，造成众多航班延误，数万名旅客滞留。

4.23.3 气象减灾服务简介

2008年初，四川省气象部门紧密围绕"持续低温雨雪冰冻灾害"救灾工作，充分发挥气象部门的整体效能，从1月24日起全省气象部门进入应急气象服务工作状态，多次发布专项滚动天气预报，开展灾情调查收集、分析和动态评估，及时以《气象信息快报》（共6期）和《重大气象信息专报》（2期）的形式为政府有关部门提供重要气象信息和防灾减灾对策建议，取得了满意的效果。汶川地震发生后，四川省气象局积极主动与政府防灾减灾部门密切配合，组织开展动态监测、及时发布天气信息和防灾建议，编写决策服务信息，极大地减少了震后灾害性天气给社会、人民带来的损失。

4.24 贵州省主要气象灾害概述

4.24.1 主要气候特点及重大气候事件

2008年，贵州省年平均气温15.5℃，略高于常年；年降水量时空分布不均，全省平均降水量较常年偏多8.2%（图4.24.1）。

2008年，贵州省先后遭受了冰冻、干旱、风雹、雷电、暴雨洪涝等气象灾害，特别是年初发生历史罕见的冰冻天气，持续天数长，影响范围广，冰冻强度大，损失巨大。2008年各种气象灾害共造成全省3453.4万人受灾，其中死亡及失踪201人，直接经济损失高达222.7亿元，远远大于2007年。2008年年初气候明显异常，但春、夏、秋光温水条件基本满足秋收作物的需要，全年农业气象条件仍属于较好年景。

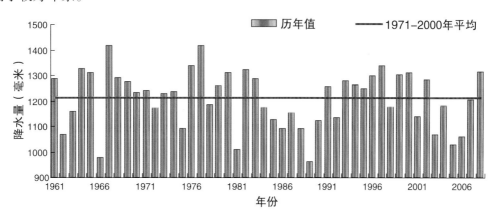

图 4.24.1 1961-2008年贵州年降水量变化图
Fig.4.24.1 Annual precipitation amounts in Guizhou during 1961-2008

4.24.2 主要气象灾害及影响

1. 低温冷冻害和雪灾

2008年，贵州省低温冷冻灾害历史罕见，全省受灾人口2654.8万人，死亡30人，农作物受灾面积149万公顷，倒塌房屋3.1万间，损坏房屋12.8万间，造成直接经济损失198.3亿元。1月12日至2月21日，全省有2/3地区气温偏低2℃以上。1月12日至2月2日，中东部地区持续21天遭受低温雨雪冰冻灾害，2月2日后，东部地区低温冰冻逐步缓解，但西部地区冰冻灾害加重，至2月14日，西部部分地方持续时间长达33天，全省68.2%的县冰冻持续时间突破历史记录。这次冰冻灾害具有降温幅度大、影响范围广、持续时间长、结冰厚、灾害损失重等特点，给全省工农业生产及人民群众生活造成了严重危害（图4.24.2），属特大型气象灾害。

图4.24.2 2008年2月道路结冰造成贵州省贵阳——新寨高等级公路上车辆滞留（黔南州气象局提供）
Fig.4.24.2 Vehicles blocked up by road icing on Guiyang–Xinzhai Highway in Guizhou province in February, 2008 (provided by Qiannan Meteorological Bureau)

2. 暴雨洪涝

2008年，贵州省共出现暴雨227县（次），大暴雨31县（次）。全年因暴雨洪涝造成547.1万人受灾，136人死亡，伤病5835人，直接经济损失18.8亿元。全年降水总量较常年偏多8.2%，但暴雨洪涝造成损失总体上少于2007年。其中5月21-30日，境内连续出现局地强降水天气，40个县（市、区）不同程度受灾，死亡39人，失踪12人，伤病183人，紧急转移安置5万人，毁损房屋3200多间，部分交通、通信、电力设施损毁严重，直接经济损失达10亿元。

3. 局地强对流

2008年，贵州省风雹灾害总体较常年偏轻。全年150.0万人受灾，紧急转移1.9万人，死亡35人，直接经济损失约5.1亿元。其中3月16-21日、4月19-21日、5月1-3日、5月22-23日、5月25-27日出现的几次明显强对流天气：共造成32.5万人受灾，10人受伤，转移安置844人；农作物受灾3.1万公顷，死亡大牲畜28头；损坏房屋1.2万间，倒塌房屋361间；直接经济损失1.2亿元，其中农业经济损失4616万元。

4. 干旱

2008年，贵州省干旱灾害较常年偏轻。入汛以后，北部、东部地区的遵义、铜仁等地出现夏旱，但范围程度都较轻。全年因干旱灾害造成101.5万人受灾，直接经济损失5096万元。

4.24.3 气象减灾服务简介

2008年1月12日至2月21日，针对持续低温雨雪冰冻灾害，贵州省气象局在省委、省政府组织召开的各类会议上通报气象预测预报信息15次，向省委省政府及相关部门报送各类专题服务材料等共170期，发布决策服务预警信息98期（次）。为满足相关部门动态掌握冰冻灾害发展情况，首次将全省电线结冰厚度观测资料应用到气象服务材料中，并向省电监办传送最低气温、电线结冰厚度实况22期，先后向抗冰冻指挥部传送《天气实况及未来天气趋势预报》13期，并4次在抗冰冻会议上直接汇报气象预报信息。为省政府应急办公室制作冰冻灾害等级分布图和冰冻灾害等级区域划分提供气象依据。

4.25 云南省主要气象灾害概述

4.25.1 主要气候特点及重大气候事件

2008年云南省年降水量偏多，是近7年降水最多的年份（图4.25.1）；年平均气温正常至偏高，其中秋季偏高较明显，冬季气温是2000/2001年以来最低的一年；年平均日照较常年偏少，是近38年来第3少年份。雨季开始期大部分地区偏早至特早，结束期正常至偏早。

年内多种气象灾害交替发生，其中低温雨雪冰冻灾害最严重，其次是强降水引发的洪涝、地质灾害。1月中旬至2月中旬发生严重低温雨雪冰冻灾害；冬春季局部发生冬旱和春旱；春夏季冰雹、大风灾害频繁发生；汛期及秋季强降水引发了严重的洪涝和地质灾害。灾害共造成全省2390.6万人受灾，死亡422人；损坏房屋33.7万间，倒塌房屋11.8万间；农作物受灾面积146万公顷，绝收面积18.9万公顷；直接经济损失98.7亿元，属气象灾害偏重年份。

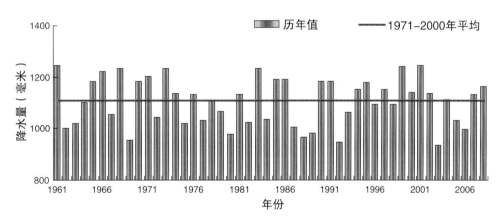

图 4.25.1 1961-2008 年云南年降水量变化图
Fig.4.25.1 Annual precipitation amounts in Yunnan during 1961-2008

4.25.2 主要气象灾害及影响

1. 低温冷冻害和雪灾

2008年低温雨雪冰冻灾害造成全省1141.4万人受灾，27人死亡；房屋受损19.7万间，倒塌3.9万间；农作物受灾面积59.1万公顷，绝收面积10.7万公顷；直接经济损失50.8亿元。1月中旬至2月中旬，滇西北、滇中及以东以北的大部地区发生了历史罕见的低温雨雪冰冻灾害；2月下旬气温短暂回升后又受强冷空气影响，使滇中及以东以北地区再次出现强倒春寒天气。灾害持续时间之长、强度之大、损失之重都创下了50年来的记录；滇东北的昭通市、曲靖市，滇西北的怒江州、迪庆州灾害持续时间和受灾最为严重。

2. 暴雨洪涝

2008年暴雨洪涝和滑坡、泥石流灾害共造成739.6万人受灾，298人死亡；房屋受损8.9万间，倒塌6.7万间；农作物受灾面积14.1万公顷，绝收面积1.7万公顷；直接经济损失30.5亿元。总体

上看，2008年汛期暴雨洪涝灾害较2007年偏轻，但秋季暴雨洪涝灾害偏重。暴雨洪涝灾害主要发生在6–8月和10月下旬至11月上旬。10月下旬至11月上旬，由于降水强度大，持续时间长，引发了大范围暴雨洪涝和地质灾害，其中楚雄州受灾最严重，大暴雨造成59人死亡，17人受伤。

3. 热带气旋

2008年孟加拉湾风暴北上、"北冕"强热带风暴和"黑格比"强台风西行减弱后的低压使云南出现大范围的强降水。灾害造成155.1万人受灾，34人死亡，紧急转移安置1.7万人；房屋倒塌1万间；农作物受灾面积12.8万公顷，绝收面积1000公顷；直接经济损失8.3亿元。

4. 局地强对流

2008年云南省冰雹、大风灾害主要集中在3–8月，雷电灾害则以5–7月为高发期。大风、冰雹、雷电灾害共造成85.2万人受灾，63人死亡；房屋受损4.1万间，倒塌2000间；农作物受灾面积12.5万公顷，绝收面积2.2万公顷；直接经济损失4.6亿元。

5. 干旱

2008年干旱共造成269.3万人受灾，143万人饮水困难；农作物受灾面积47.5万公顷，绝收面积4.2万公顷；直接经济损失4.5亿元，属干旱偏轻年份。2007年12月至2008年1月中旬，云南省降水明显偏少，迪庆、保山、临沧、玉溪、昆明、红河等州（市）发生局部冬旱；3月中旬至4月下旬初，高温少雨天气造成昭通、曲靖、玉溪、保山、昆明等州（市）发生春旱。

4.25.3 气象减灾服务简介

2008年1月中旬至2月中旬，面对严重的低温雨雪冰冻灾害，云南省气象局及时开展了气象决策服务，特别是启动应急预案期间，每天4次向中国气象局、云南省委和省政府报送全省最新的天气实况、天气预报和气象灾情等气象信息。在云南省政府领导赶赴灾区指导抢险救灾期间，省台及时向省政府办公厅报送全省最新的气象情况和专题天气预报，为省政府领导指挥抗击灾害提供了重要的决策气象信息。省台还每天向参加抢险救灾的省武警总队、交警总队、电网公司、通信管理局等单位提供了气象保障服务。

4.26 西藏自治区主要气象灾害概述

4.26.1 主要气候特点及重大气候事件

2008年全区年平均气温较常年偏高0.5℃，部分站点月平均气温超历史极值，冬、春季平均气温偏高，夏季正常，秋季持平。全区年平均降水量为近48年最多（图4.26.1），但降水时空分布不均匀，部分站点月降水量超历史极值。6–9月，日喀则、山南、林芝等地区出现了短时强降水天气。10月26–29日，山南地区、林芝地区、日喀则地区普遍出现强降雪天气，局部出现大到暴雪。2008年全区因气象灾害共造成21人死亡，288人受伤；受灾人口75.3万人；农作物受灾面积5.4万公顷，绝收面积2.1万公顷；直接经济损失约4.5亿元。

4.26.2 主要气象灾害及影响

1. 雪灾

2008年全区因雪灾造成23.5万人受灾，11人死亡，农作物受灾面积3.3万公顷，死亡大小牲畜

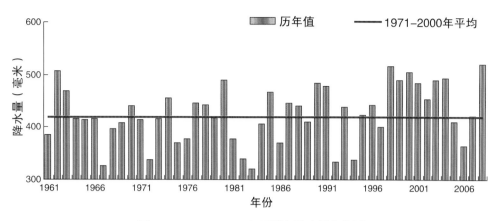

图 4.26.1　1961–2008 年西藏年降水量变化图
Fig.4.26.1　Annual precipitation amounts in Tibet during 1961–2008

12.07 万头（匹、只），直接经济损失 1.6 亿元。10 月底山南、林芝和日喀则等地出现暴雪天气，导致山南南部地区出现历史罕见的雪灾（图 4.26.2）。

2. 暴雨洪涝

2008 年全区因暴雨洪涝和泥石流、滑坡等灾害共造成 22 万人受灾，死亡 7 人，农作物受灾面积约 6000 公顷，绝收面积约 1000 公顷，损坏房屋约 4000 间，倒塌约 3000 间，死亡牲畜 4900 万头，直接经济损失约 2.8 亿元。

图 4.26.2　2008 年 10 月下旬西藏山南地区错那遭受雪灾（西藏气象局提供）
Fig.4.26.2　Snow disaster in Cuona of Shannan district in Tibet in late October, 2008 (provided by Tibet Meteorological Bureau)

3. 局地强对流

2008 年全区因大风、冰雹、雷电灾害共造成 1.8 万人受灾，雷击造成 3 人死亡，农作物受灾面积 1.5 万公顷，绝收面积 4000 公顷，直接经济损失约 1000 万元。

4.26.3　气象减灾服务简介

2008 年，西藏气象局向中国气象局以及区党委办公厅、政府办公厅、自治区抗灾办公室等有关部门共发布《气象灾情》79 期。1 月准确预报阿里地区、那曲地区的降雪过程，为防灾、救灾工作提供气象服务保障。2008 年西藏境内共发生两次 6.0 级以上的地震，灾情发生后气象局立即组织专家会商，制作地震灾区专项天气预报 62 期。在珠峰气象保障队前期设备准备工作未就绪的情况下，共提供珠峰地区专项预报 7 期。在登顶期间多次对珠峰地区天气进行不定期会商，为奥运火炬珠峰展示活动顺利进行提供了准确的预报意见。

4.27 陕西省主要气象灾害概述

4.27.1 主要气候特点及重大气候事件

　　2008年陕西省平均年降水量偏少，年平均气温偏高（图4.27.1），年日照时数接近常年。冬季气温异常偏低，是1961年以来第5异常偏低年，其中13站（主要分布在陕北与关中）创1961年以来的历史新低。1月降水量全省异常偏多，是1961年以来仅次于1989年的第二个多雪年。春、夏季降水偏少，局部地区出现干旱，旱情与历年同期相比属较轻年份。汛期风雹、暴雨灾害多发，局部地区重复受灾，损失严重。汛期首场暴雨出现较早，但强降水天气过程较常年同期略偏少，主要河流汛情平稳，未发生大的洪水过程。

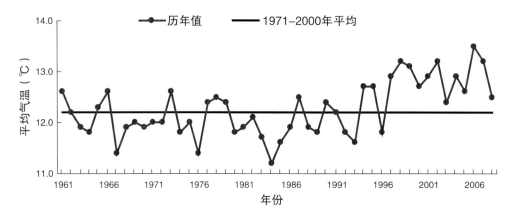

图4.27.1　1961—2008年陕西年平均气温变化图
Fig.4.27.1　Annual mean temperature in Shaanxi during 1961−2008

　　2008年，陕西省因干旱、暴雨洪涝、冰雹大风、低温冻害、滑坡、泥石流等灾害，造成615.7万人受灾，死亡49人，倒塌房屋2577间；农作物受灾面积104.7万公顷，绝收面积6.6万公顷；直接经济损失约32.1亿元，其中农业经济损失约11亿元。2008年总体属气象灾害发生偏轻年份。

4.27.2 主要气象灾害及影响

1. 干旱

　　2008年，陕西省因干旱造成直接经济损失约7.1亿元，受灾人口209.2万人，农作物受灾面积47.8万公顷，绝收面积2.5万公顷，有77万人发生临时饮水困难。2008年6月下旬至8月上旬，降水持续偏少，陕北、渭北与关中局部出现不同程度的旱情，陕北大部为中至重旱，渭北西部轻至中旱，渭北东部出现重旱。干旱造成人、畜饮水困难，夏玉米受旱成灾。

2. 暴雨洪涝

　　2008年全省共出现24个暴雨日，65站次暴雨，其中大暴雨8站次。暴雨日数和站次数较常年同期偏少。暴雨呈现历时短、强度大、局地性强、个别站次突破建站以来历史极值的特点。

　　受暴雨洪涝影响，全省有57万人受灾，紧急转移安置8859人，因灾死亡43人；损坏房屋3.1万间，倒塌房屋2000间；农作物受灾面积13.5万公顷，绝收面积9000公顷；直接经济损失9.2亿元（图4.27.2）。

3. 局地强对流

年内受大风、冰雹天气影响，全省直接经济损失约11.2亿元，其中农业经济损失3.6亿元；受灾人口164.5万人，死亡4人（均为雷电灾害死亡）；损坏房屋9000间，倒塌房屋2000间；农作物受灾面积16.7万公顷，绝收面积1.2万公顷。

4. 低温冷冻害和雪灾

2008年因雪灾和低温冻害造成直接经济损失约4.6亿元，受灾人口185万人，损坏房屋9000间，倒塌房屋4000间，农作物受灾面积26.7万公顷，绝收面积2.0万公顷。1月中下旬，陕西省出现降雪日数长达12~18天的连阴雪天气，降雪日数排历

图4.27.2　2008年7月20-21日强降水造成陕西省汉中市部分县受淹
（汉中市气象局提供）

Fig.4.27.2　Strong precipitation from July 20 to 21, 2008 caused some counties of Hanzhong city in Shaanxi province to be submerged (provided by Hanzhong Meteorological Bureau)

史第二位；1月降水量为1961年以来仅次于1989年的同期第二多，1月平均气温为1961年以来的第四低，造成严重的雪灾冻害。

4.27.3 气象减灾服务简介

7月20-21日，陕西西南部出现区域性暴雨到大暴雨，为2008年入汛后陕西出现最强的一次区域性暴雨天气，部分站日降水量突破历史记录。针对此次暴雨过程，全省气象部门紧急启动暴雨灾害天气应急预案，累计向社会发布雷电和暴雨预警信号23次；制作发送预报预警和专题服务材料百余份。陕西省气象台发布《重要天气报告》1期、暴雨预警信号3期，并向省委、省政府提供《7月份天气过程及后期天气展望》专题服务材料。发布暴雨蓝色预警信号后，省政府办公厅徐春华在《预警信号》上做出重要批示："请汉中、安康、咸阳市政府安排好预防工作"。同时全省各级气象部门通过报纸、短信、网站、电子显示屏、12121电话、电视等向公众及时滚动发布和通报各类天气信息。

4.28 甘肃省主要气象灾害概述

4.28.1 主要气候特点及重大气候事件

2008年，甘肃省年平均气温8.2℃，比常年偏高0.5℃，是1997年以来连续第12个偏高年（图4.28.1）。冬季平均气温比常年同期偏低-1.3℃，玉门突破1953年有气象记录以来极小值；春季偏高2.0℃，为1961年以来同期最高值，也是1997年以来连续第12个偏高年份；夏季偏高0.6℃，是1994年以来连续第15个偏高年份；秋季偏高1.1℃，是2001年以来连续第8个偏高年份。年平均降水量为394.9毫米，与常年持平。冬季平均降水量比常年同期偏多8成，为1991年以来最多；春季偏少；夏季接近常年；秋季偏多。年平均日照时数略偏多。春旱连夏旱，陇中和陇东北旱情较重，秋旱范围小、影响弱；沙尘暴日数偏少；暴雨洪涝次数少；冰雹日数偏少，但局地灾害较重。全年

气候条件较好。2008年主要气象灾害有雪灾、低温冻害、大风沙尘暴、暴雨洪涝、局地强对流、干旱等，造成1503.5万人受灾，死亡25人，农作物受灾面积133.4万公顷，成灾面积51.9万公顷，绝收面积14.5万公顷，损坏房屋7.1万间，倒塌房屋1万间，直接经济损失119.1亿元。

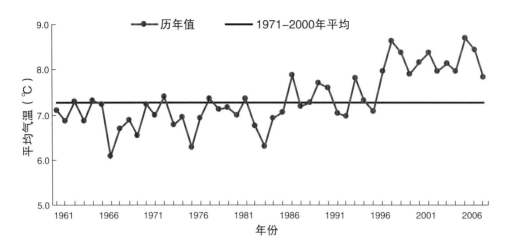

图 4.28.1　1961–2008年甘肃年平均气温变化图

Fig.4.28.1　Annual mean temperature in Gansu during 1961–2008

4.28.2 主要气象灾害及影响

1. 暴雨洪涝

2008年，全省暴雨总日数比常年同期偏少，为近6年最少，共有15站出现暴雨。暴雨洪涝造成71.4万人受灾，死亡12人，农作物受灾面积7.8万公顷，成灾面积1.7万公顷，绝收面积9000公顷，损坏房屋1.7万间，倒塌房屋7000间，直接经济损失10.3亿元。8月19–21日，甘肃省临夏州普降暴雨，甘南州夏河县发生泥石流（图4.28.2），共造成6人死亡，直接经济损失1.8亿元。

图 4.28.2　2008年8月19–20日甘肃省夏河县城泥石流灾害
（夏河县气象局提供）

Fig.4.28.2　Mudslide disaster in Xiahe county of Gansu province from August 19 to 20, 2008 (provided by Xiahe Meteorological Bureau)

2. 局地强对流

2008年，全省共出现60个冰雹日，较常年偏少，主要受灾地区是临洮和静宁县。局地强对流共造成265.6万人受灾，死亡12人，农作物受灾面积16.1万公顷，成灾面积4.6万公顷，绝收面积2.3万公顷，损坏房屋2.4万间，倒塌房屋1000间，直接经济损失33.4亿元。7月18–19日，全省有16县出现冰雹，共造成3人死亡，直接经济损失4.8亿元。

3. 低温冷冻害和雪灾

2008年，因低温冻害和雪灾造成562.9万人受灾，死亡1人，农作物受灾面积31.2万公顷，绝收面积6万公顷，损坏房屋3万间，倒塌房屋2000间，直接经济损失56.8亿元。1月出现低温雨雪冰冻天气，降雪日数和降雪量均为百年一遇，平均气温是30年最低，危害程度近60年罕见，全省设施农业、畜牧业和林果业遭受重创，直接经济损失达21亿元。

4. 干旱

2008年，甘肃春旱或春末初夏旱比较严重，全省因干旱造成603.6万人受灾，91万人出现饮水困难，农作物受灾面积78.4万公顷，成灾面积39.3万公顷，绝收面积5.4万公顷，直接经济损失18.7亿元。

5. 沙尘暴

2008年2月22日，敦煌、玉门和肃州首次出现沙尘暴。年内最后一次沙尘暴出现在12月21日（敦煌）。全年共有15站出现沙尘暴：造成7.9万人受灾，农作物受灾面积2.5万公顷，直接经济损失7000万元。

4.28.3 气象减灾服务简介

2008年，甘肃省气象局向省委、省人大、省政府、省政协、省抗旱防汛指挥部、省民政厅呈送《重大气象信息专报》53期，上报《重大突发事件报告》72期、雨情快报113期、地震区专题预报483期。为全省抗震救灾、防汛抗旱工作做出了贡献。省委、省政府采纳信息20条，省委、省政府领导批示4次。

4.29 青海省主要气象灾害概述

4.29.1 主要气候特点及重大气候事件

2008年青海省年平均气温为2.8℃，较常年偏高0.6℃。春、夏、秋三季气温偏高。年平均降水量为400.7毫米，较常年偏多近2成，为1961年以来第五多（图4.29.1）。四季降水均偏多，冬秋两季均创历史同期极值。

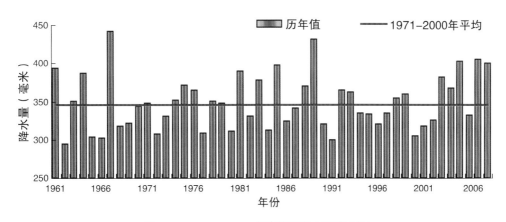

图 4.29.1　1961–2008年青海年降水量变化图

Fig.4.29.1　Annual precipitation amounts in Qinghai during 1961–2008

2008年青海省发生的气象灾害及气象因素诱发的灾害主要有雪灾、暴雨洪涝、地质灾害（山体滑坡、泥石流）、冰雹、雷电、大风、干旱、霜冻、沙尘暴、病虫害等。共造成159.5万人受灾，死亡9人，农作物受灾面积12.2万公顷，直接经济损失14.6亿元。总体来看，2008年天气气候条件对农业的影响利大于弊，属于年景较好的年份；而对牧业而言，虽然牧草产量与近几年同期持平，但年初遭遇百年不遇雪灾，牧业受到巨大损失。

4.29.2 主要气象灾害及影响

1. 雪灾

2008年青海省因雪灾和低温冻害共造成71.1万人受灾，3.1万公顷温棚作物及农作物受灾，直接经济损失3.6亿元。其中1月11日至2月5日出现的大范围低温降雪天气具有持续时间长、影响范围广、强度大、灾害重等特点。1月中下旬，全省有24个台站降雪量、34个台站降雪日数、11个台站最大积雪深度创历史极值；

图 4.29.2　2008 年 2 月 8 日青海省雪灾造成牲畜死亡
（青海省玉树州气象局提供）

Fig.4.29.2　Death of livestock by snow disaster on February 8, 2008
（provided by Yushu Meteorological Bureau）

1月中旬至2月气温持续偏低，2月有8个台站平均气温突破1961年以来历史最低值。1月中旬至3月，青海省共有38个县146个乡镇70.1万人受灾，1800公顷温棚蔬菜受冻成灾，74.7万头（只）牲畜死亡，并对交通运输有严重影响（图4.29.2）。

2. 暴雨洪涝

2008年青海省发生暴雨洪涝及强降水气象灾害37起，主要集中在7—9月。共造成12.5万人受灾，死亡7人，农作物累计受灾面积1.4万公顷，死亡大牲畜1万只；倒塌房屋1177间，损坏房屋2.1万间；直接经济损失3.6亿元。其中7月27—31日，青海出现了少见的大到暴雨天气，全省共出现大雨20站次，大部分地区旬降水量较常年同期偏多3成甚至5倍，致使德令哈、乌兰、都兰、大柴旦、天峻、刚察、祁连、海晏、兴海、同德、贵德、共和、囊谦等地不同程度受灾。

3. 局地强对流

2008年青海省发生冰雹灾害29起、雷电灾害11起，共造成17.3万人受灾，因灾死亡2人，农作物受灾面积1.1万公顷，绝收面积1000多公顷，直接经济损失约7000万元，其中农业损失6000多万元。

4. 干旱

7月上、中旬农业区大部分地区降水持续偏少，互助、平安、湟源、大通、湟中、乐都等地发生了不同程度、阶段性的干旱灾害。干旱共造成58.6万人受灾，农作物受灾面积6.6万公顷，绝收面积6000公顷，直接经济损失达6.7亿元。

4.29.3 气象减灾服务简介

2008年初青海省出现百年一遇的低温连阴雪天气，给农牧业生产和群众生活造成了严重影响。青海省气象局对此高度重视，要求全省气象部门紧急行动起来，认真贯彻落实中国气象局和省委、省政府的部署，全力做好雪灾应急救灾气象服务工作，努力把灾害造成的损失减少到最低程度。省局决策气象服务中心制作发布《气象信息快报》18期、《气象信息专报》2期，向省委、省政府等部门及领导准确、及时通报全省雪情及灾情；积极为3月5日召开的气象新闻发布会组织材料，向社会各界通报了2008年隆冬我省异常低温连阴雪监测、分析情况以及冬季气候趋势预测，对全省防灾抗灾作出了积极的贡献。

4.30 宁夏回族自治区主要气象灾害概述

4.30.1 宁夏主要气候特点及重大气候事件

2008年宁夏年平均气温较常年同期偏高0.9℃（图4.30.1），为1994年以来连续第15个偏高年；年内气温阶段性变化大，降水时空分布不均。其中，2007/2008年冬季全区平均气温比常年同期偏低2.5℃，是1968年以来最冷的冬季，降水量大部分地区偏多1倍以上；春季全区平均气温为1961年以来同期最高，降水量偏少4成以上。年内极端天气气候事件频繁发生，各地不同程度地出现了干旱、低温冻害、雪灾、大风、沙尘暴、霜冻、暴雨洪涝、冰雹、雷电凌汛等灾害。全区因灾死亡、失踪10人，直接经济损失15.9亿元。

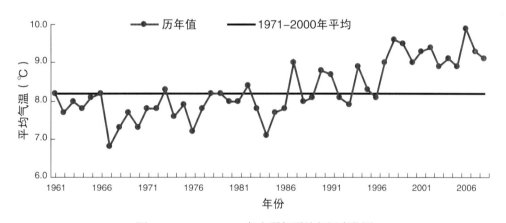

图4.30.1　1961—2008年宁夏年平均气温变化图
Fig.4.30.1　Annual mean temperature in Ningxia during 1961—2008

4.30.2 宁夏主要气象灾害及影响

1. 低温冷冻害及雪灾

2008年1月11—29日，宁夏出现持续降雪低温天气过程。这次过程主要有三个特点：一是累计雪量历史同期最大；二是连阴雪天数最长；三是气温持续异常偏低。由于此次降雪持续时间长，降雪量较大，对交通运输业、设施农业及畜牧业产生严重影响。2008年，低温冷冻害及雪灾造成全区116.6万人受灾，因灾死亡3人；倒塌房屋3000间，损坏房屋9000间，损坏温棚3.2万座；农作物受灾面积6.6万公顷，绝收面积4000公顷；直接经济损失4.8亿元。

2. 干旱

2008年4月下旬至8月中旬，宁夏大部分地区降水偏少，气温偏高，中部干旱带和南部山区的平均降水量为1961年以来第二少，导致旱情迅速发展蔓延。2008年，全区11个县（市、区）、152.0万人受灾；85座小型水库和9.9万眼水窖干涸，84.9万人、25.6万头大家畜饮水困难；49.4万公顷农作物受灾，4.2万公顷夏粮绝产；直接经济损失约8.2亿元（图4.30.2）。

3. 暴雨洪涝

2008年，宁夏出现7次局地暴雨洪涝，其中5月1次，7月2次，8月4次。全区因暴雨洪涝共造成10.6万人受灾，4人死亡，农作物受灾面积约5000公顷，直接经济损失5000万元。

4. 局地强对流

2008年宁夏全区共出现冰雹天气10次，影响范围主要集中在宁夏中南部地区。冰雹及雷电灾害共造成39.2万人受灾，死亡1人，失踪2人，农作物受灾面积10.2万公顷，直接经济损失2.5亿元。

图4.30.2　2008年干旱造成宁夏中部地区水库干涸（杨淑萍提供）

Fig.4.30.2　Reserviors dried up by drought in 2008 in central Ningxia (provided by Yang Shuping)

5. 凌汛

2008年1月11-29日，宁夏出现持续降雪低温天气过程。受持续低温天气影响，黄河宁夏段封河速度加快，累计封河长度达260千米，创宁夏黄河封河长度40年之最。1月28日11时，宁夏中宁县石空镇新渠梢河段形成局部冰塞，100多米防洪堤漫堤，133公顷农田受淹。

4.30.3 气象减灾服务简介

2008年1月中下旬到2月中旬，宁夏大部分地区出现了有气象观测记录以来时间最长的连阴雪天气。宁夏气象局按照"重大气象服务应急预案"，全力以赴做好应急气象服务工作，并有针对性地开展了专业气象服务。1月20日，自治区主席王正伟在宁夏气象局报送的《重要天气情况报告》上作了重要批示。由于预报准确、服务主动及时，自治区党政机关、自治区应急办、安监局、防汛抗旱指挥部、交通厅、教育厅、农牧厅、林业局等单位和部门也紧急部署，采取了积极的应对措施，最大程度地降低了持续阴雪低温极端天气的不利影响，减少了灾害损失，保障了人民群众的生活生产和社会经济的平稳运行，取得了较好的社会经济效益。

4.31 新疆维吾尔自治区主要气象灾害概述

4.31.1 主要气候特点及重大气候事件

2008年新疆气温异常偏高，降水明显偏少，干旱严重。年平均气温北疆地区比常年偏高1.4℃（图4.31.1），与1997年并列历史同期第一位；天山山区偏高1.4℃，南疆地区偏高0.7℃。年降水量全疆大部分地区偏少1～7成，其中伊宁县、霍城县偏少幅度破历史同期极值。冬季气温异常偏低，1月中旬至2月中旬，南疆出现历史上罕见的持续低温和异常降雪；春、夏、秋气温持续异常偏高，降水偏少，新疆大部分地区发生了严重的春夏秋连旱；4月中旬后期全疆范围内出现了强寒潮。2008年气象灾害共造成435.4万人受灾，死亡37人，农作物受灾面积217.2万公顷，绝收面积23.9万公顷，直接经济损失50.1亿元。

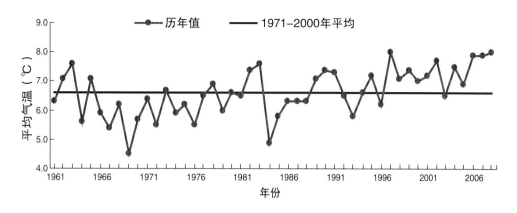

图 4.31.1　1961–2008年北疆地区年平均气温变化图
Fig.4.31.1　Annual mean temperature in northern Xinjiang during 1961–2008

4.31.2 主要气象灾害及影响

1. 干旱

2008年5–11月，新疆大部分地区发生了严重的春夏秋连旱，其中5–9月的旱情仅次于1974年，是历史上第二个干旱严重年。干旱造成受灾人口263.4万人，59万人饮水困难，农作物受灾面积105万公顷，绝收面积14.3万公顷，1866.7万公顷天然草场严重受旱，直接经济损失29.9亿元。其中阿勒泰、塔城地区和伊犁河谷天然草场受灾极为严重，草场还发生了大面积的鼠害、虫害。

2. 低温冻害和雪灾

2008年，新疆低温冻害和雪灾共造成130.3万人受灾，17人死亡，农作物受灾面积87.3万公顷，绝收面积8.2万公顷，直接经济损失14.3亿元。1月15日至2月中旬，南疆出现历史上罕见的持续低温和异常降雪，造成14.8万人受灾，1人死亡，农作物受灾面积5.5万公顷，损坏房屋7693间，直接经济损失3.2亿元。3月上旬末中旬初，伊犁果子沟霍城县境内国家西气东输二线工程一隧道施工现场发生重大雪崩，4人死亡，12人失踪（图4.31.2）。

3. 暴雨洪涝

2008年，新疆部分地（州）出现了局地暴雨洪水灾害，受灾

图 4.31.2　2008年3月13日新疆伊犁州果子沟发生重大雪崩
（伊犁州气象局提供）
Fig.4.31.2　Severe avalanche in Guozigou of Yili prefecture in Xinjiang Uighur Autonomous Region on March 13, 2008
(provided by Yili Meteorological Bureau)

人口12.6万人，死亡14人，农作物受灾面积约2.8万公顷，直接经济损失3.3亿元。4月30日伊犁河谷霍城县清水河镇发生暴雨洪水，造成该县清水河镇7名放学回家的学生死亡、1人失踪。

4. 局地强对流

2008年，新疆因冰雹、雷电等局地强对流天气造成29.1万人受灾，农作物受灾面积22.1万公顷，绝收面积1.3万公顷，直接经济损失2.6亿元。10月7日，阿克苏地区库车、沙雅、新和县出现强对流天气，冰雹造成农业、林果业及温室大棚等经济损失7288万元，特别是棉花受灾极为严重，受灾面积9834公顷，深秋季节出现如此强的冰雹实属罕见。

4.31.3 气象减灾服务简介

新疆气象局针对春夏秋连旱、年初南疆异常低温降雪、4月18日寒潮等重大天气、气候事件开展了系列化气象服务，积极主动向自治区党政各级领导部门报送17份《重要气象情报》，其中得到自治区领导批示10次，受到了自治区领导和区局领导的好评。特别是针对30年一遇的特大干旱，气象局报送的《重要气象情报》受到自治区领导的高度重视，7月18日和23日新疆气象局局长史玉光先后在自治区党委常委主席联席会议和全疆抗旱救灾紧急电视电话会议上做重点发言，自治区领导表扬了气象局所做的干旱气象服务工作。提前半个多月准确预报了棉花播种期间有强冷空气活动，棉花播期预报准确，将4月18日寒潮天气对棉花生产的影响降低到了最低程度。

第五章 全球重大气象灾害概述

5.1 基本概况

2008年，全球地表平均气温较常年（1961–1990年平均）偏高0.31℃，为有记录以来的第10个暖年。年初，暴风雪、严寒、低温、雨雪和冰冻天气席卷欧洲东南部经中亚至中国的多个国家和地区，北美也频繁遭受暴风雪的袭击；中国北方出现严重冬春连旱；夏季，东亚、南亚、欧洲中东部、美国密西西比河流域等地遭受不同程度的暴雨洪涝；年内，澳大利亚持续干旱（图5.1.1）。5月，拉尼娜事件结束。1月，北半球和欧亚地区积雪覆盖为有记录以来最大；9月，北极海冰面积达到历史第二低点。2008年，西北太平洋热带气旋活动较常年异常偏少，大西洋飓风活动接近常年。

5.2 全球重大气象灾害分述

5.2.1 干旱

年初，中国东北、华北等地出现严重冬春连旱。

5月，西班牙加泰罗尼亚自治区出现60年来最严重干旱。

年内，澳大利亚主要产粮区墨累－达令河流域出现持续干旱，部分地区7年来干旱不断，持续干旱使澳大利亚的谷物大量减产。

年内，智利中南部出现50年来最严重干旱。

12月上中旬，莫桑比克中南部出现干旱，约50万人需要粮食援助。

5.2.2 暴雨洪涝

1. 亚洲

1–2月，印度尼西亚和菲律宾频遭暴雨袭击，引发洪水和泥石流，共造成至少58人死亡。

5月26日至6月19日，中国南方出现4次大范围强降雨天气过程，导致177人死亡；10月下旬至11月上旬，中国南方出现罕见秋季持续性强降水，多条河流发生严重秋汛。

6–9月，南亚多国出现暴雨洪水，并引发泥石流和山体滑坡，共造成至少639人死亡，主要受灾国有印度、孟加拉国、尼泊尔和斯里兰卡。洪涝灾害集中出现在6月中下旬、8月中旬和9月中下旬。

8月上旬末至中旬，持续暴雨袭击老挝、泰国、柬埔寨和缅甸，导致湄公河水位暴涨，造成至少4人死亡。

10下旬，也门东部和南部先后遭暴雨袭击，造成至少91人死亡。

10月下旬至11月初，越南中部和北部频遭暴雨袭击，引发洪涝，导致至少92人死亡。

11月末至12月初，泰国南部持续暴雨引发洪涝，造成21人死亡。

2. 欧洲

7月下旬，欧洲中东部遭遇罕见暴雨和洪水，其中乌克兰、摩尔多瓦和罗马尼亚部分地区灾情最为严重，共造成至少34人死亡。

9月上旬，英国部分地区遭暴雨袭击，导致至少8人死亡。

3. 美洲

1—3月，南美西部多国频繁遭受暴雨袭击，主要受灾国有玻利维亚、秘鲁和厄瓜多尔，共造成至少101人死亡，24人失踪。

6月上中旬，美国密西西比河流域连降暴雨，引发洪灾，造成至少24人死亡，密西西比河决堤，锡达河水位打破1851年以来最高纪录，为该流域15年来最大洪灾。

10月，中美洲多国遭暴雨袭击，共造成至少108人死亡，哥斯达黎加、尼加拉瓜、洪都拉斯、危地马拉和萨尔瓦多受灾较重，其中洪都拉斯至少76人死亡。

11月21—24日，巴西南部圣卡塔琳娜州持续暴雨引发洪水，造成117人死亡。

4. 非洲

8月下旬，埃塞俄比亚西部连降暴雨，造成至少3人死亡，近2万人无家可归。

9月初，索马里出现持续暴雨，导致至少10人死亡。

9月底至10月中旬，阿尔及利亚持续暴雨引发洪水，造成至少65人死亡。

10月20日，摩洛哥暴雨引发洪水，造成至少7人死亡。

11月8日，肯尼亚西北部遭受暴雨袭击，造成至少10人死亡。

5.2.3 热带气旋

2008年，全球热带气旋活动较常年偏弱，共有89个热带风暴生成，其中41个发展为飓风、台风或气旋性风暴。

1. 西北太平洋

2008年，西北太平洋共有22个热带风暴生成，较多年平均值（27个）偏少。

4月18和19日，强热带风暴"浣熊"在中国海南和广东两次登陆，是1949年以来登陆中国最早的台风，共造成21人死亡（含失踪）。

5月18日，热带风暴"夏浪"登陆菲律宾吕宋岛北部，在吕宋部分地区引发水灾和泥石流，造成至少37人死亡，3.5万人受灾。

6月20—25日，台风"风神"袭击菲律宾和中国，仅在菲律宾就造成664人死亡。

7月17和18日，台风"海鸥"先后登陆中国台湾和福建，造成至少32人死亡（含失踪）。

7月28日，强台风"凤凰"先后登陆中国台湾和福建，造成23人死亡（含失踪）。

8月6—8日，"北冕"登陆中国和越南，共造成至少161人死亡，32人失踪，其中在越南北部引起的暴雨持续到8月中旬，造成至少130人死亡。

8月20—22日，台风"鹦鹉"登陆菲律宾北部和中国香港、广东，暴雨引发洪水和泥石流，造成至少12人死亡。

9月23—27日，强台风"黑格比"先后袭击菲律宾、中国华南和越南北部，引发洪水和泥石流，共造成至少92人死亡。

10月3—4日，热带风暴"海高斯"先后登陆中国海南和广东，造成1人死亡。

2. 东太平洋

2008年，东太平洋有17个热带风暴生成，其中7个飓风，均接近多年平均值。

5月29日，热带风暴"阿尔玛"登陆尼加拉瓜，中美洲多个国家受到影响，造成至少3人死亡，10人失踪。

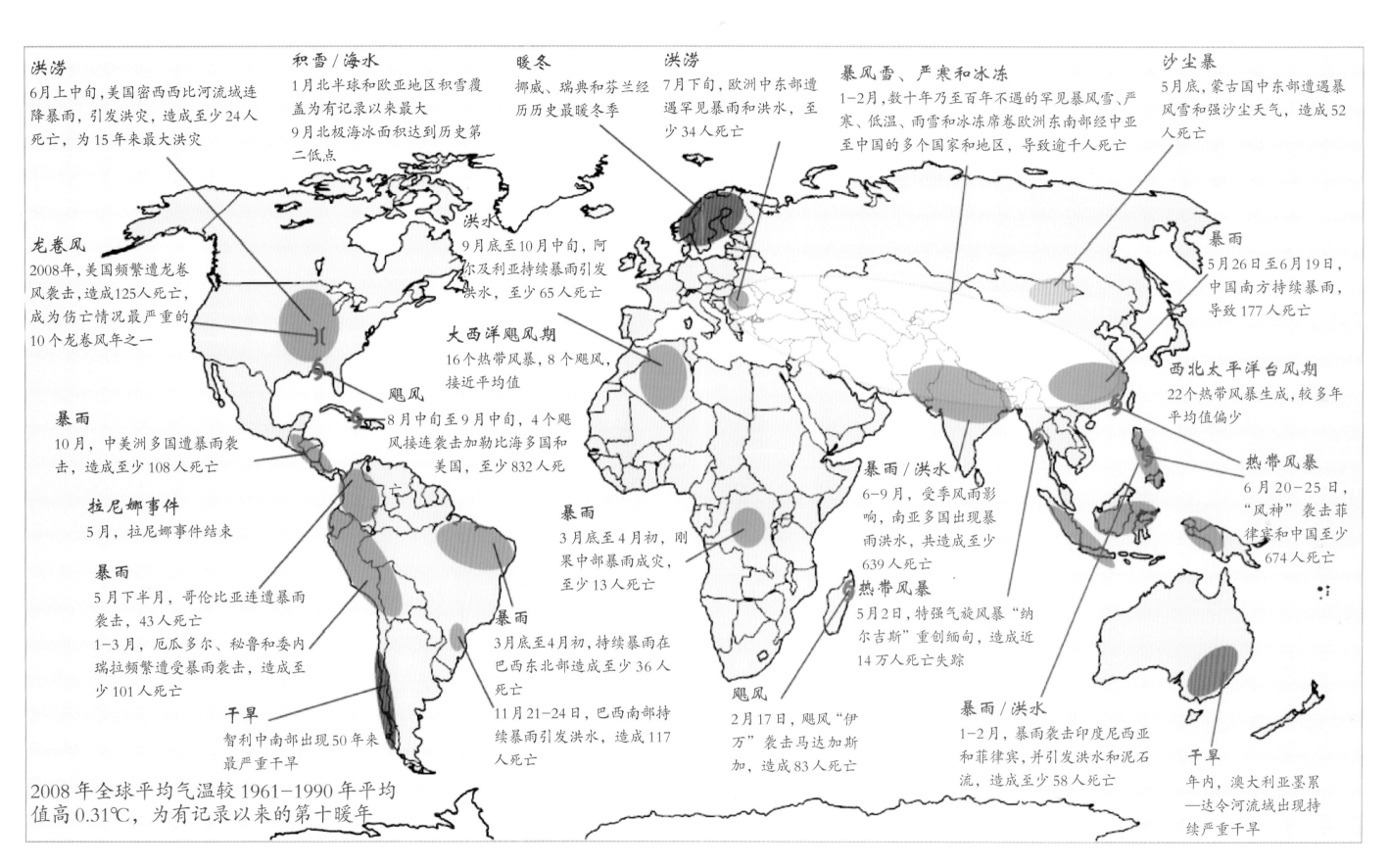

图 5.1.1　2008 年全球重大天气气候事件示意图

Fig.5.1.1　Global major weather and climate events in 2008

10月11-12日，飓风"诺伯特"两次登陆墨西哥西北部，造成3人死亡，1人失踪。

3. 大西洋

在2008年大西洋飓风季节，共生成16个热带风暴，其中8个飓风，接近多年平均值。飓风带来的灾害损失仅次于2005年。

7月20日，热带风暴"多利"登陆洪都拉斯，造成至少5人死亡；23日，"多利"升级为二级飓风，在美国南部与墨西哥东北部交界处登陆，导致墨西哥至少2人死亡。

8月17-24日，热带风暴"费伊"袭击多米尼加、海地、古巴和美国，四度在墨西哥湾海岸登陆，共造成逾60人死亡。

8月27日至9月1日，飓风"古斯塔夫"袭击多米尼加、海地、古巴和美国，共造成至少122人死亡，新奥尔良市民上万人被迫紧急撤离。

9月初，飓风"汉娜"和"艾克"相继袭击加勒比海和美国，造成至少650人死亡，其中加勒比海岛国死亡人数超过600人，成为加勒比海岛国近48年来最严重的飓风灾害。

10月中旬，飓风"奥马尔"导致委内瑞拉持续暴雨，近万人受灾。

4. 北印度洋

北印度洋生成7个热带风暴，其中1个气旋性风暴。

5月2日，特强气旋风暴"纳尔吉斯"登陆缅甸，引发暴雨、洪水和风暴潮，造成至少8.4万人死亡，5.4万人失踪。

10月27日，热带风暴"拉什米"袭击孟加拉国南部，因其引发的暴雨洪涝造成孟加拉国和印度东北部至少21人死亡。

2月17日，飓风"伊万"袭击马达加斯加，造成83人死亡，177人失踪，受灾人口达32万，其中近19万人无家可归。

5.2.4 暴风雪、低温和严寒

1. 欧亚

1-2月，暴风雪、严寒、低温、雨雪和冰冻天气席卷欧洲东南部经中亚至中国的多个国家和地区，多个地区遭遇数十年乃至百年不遇的罕见严寒冰冻天气，导致逾千人死亡，交通和电力供应受到严重影响。

3月下旬，德国和奥地利遭大雪袭击，造成3人死亡。

5月底，蒙古国中东部遭遇暴风雪和强沙尘天气，造成52人死亡，部分地区能见度降到10~20米，个别地区风速达40米/秒。

10月26-28日，中国西藏出现有气象资料以来最强雨雪天气过程。

11月7-9日，日本北部和西部遭受暴风雪袭击，造成7人失踪。

2. 美洲

1-2月，暴风雪频繁袭击美国和加拿大，造成至少19人死亡；12月中下旬，美国东北部、中西部和南部地区遭持续冰雪风暴袭击，至少30人死亡。

6月中旬初，秘鲁南部遭罕见暴风雪袭击，当地农牧业受损严重。

5.2.5 高温热浪

1. 亚洲

5月初，印度出现高温天气，导致33人死亡。

7月下旬，日本大部分地区出现高温天气，至少3人死亡。

2. 美洲

6月上旬，美国东海岸地区出现持续高温天气，造成至少17人死亡，其中纽约7-10日连续4天日最高气温达到或超过35℃，日平均温度比历史同期偏高5~9℃。

6月中旬末、下旬初，美国加州南部日平均气温连续3天破历史纪录，达38℃以上，其中洛杉矶地区出现接近46℃的高温。高温天气造成1人死亡，引发800余起山火。

5.2.6 龙卷风

2008年，美国频繁遭龙卷风袭击，共造成125人死亡，成为自1953年以来伤亡最严重的10个龙卷风年之一。

5.3 重大气候事件成因分析

5.3.1 北半球频繁遭暴风雪、严寒袭击

2007年8月开始的拉尼娜事件是导致天气气候出现异常的气候背景，拉尼娜事件发生的冬季，欧亚地区中高纬大气环流的经向发展会异常强烈，高压脊可向北延伸到极区，引导极地冷空气频繁南下，从而引起暴风雪和严寒天气。2008年1月，通常位于哈得逊湾的大槽扩展至北美中西部，从而导致北美大范围暴风雪；欧亚大气环流出现持续异常，表现为北大西洋的高空西风气流在欧洲突然分支，在乌拉尔山地区强烈向北伸展，并形成稳定的阻塞形式（持续日数超过20天）；同时在中亚有冷槽或低涡存在，不断有冷空气分裂东移；孟加拉南支槽也明显发展，为中国出现雨雪提供丰沛水汽条件，对流层中低层存在稳定的逆温层是导致中国南方持续出现冻雨的主要原因。

5.3.2 印度尼西亚和菲律宾遭受暴雨袭击

拉尼娜事件发生的冬季，西太平洋对流活动增强，相应暴雨洪涝增多。1-2月印尼和菲律宾出现的暴雨洪涝灾害主要是受拉尼娜的影响。

5.3.3 南美西部多国频繁遭受暴雨袭击

自2007年12月起，赤道南美沿岸海温迅速增温，2月已为正海温距平控制，海温的迅速增暖引发强烈的对流活动，使南美西部异常多雨，从而形成洪涝。

5.3.4 特强气旋风暴"纳尔吉斯"重创缅甸

特强气旋风暴"纳尔吉斯"重创缅甸，造成近14万人死亡失踪。造成如此大的伤亡的原因主要有以下几点：首先，"纳尔吉斯"登陆时，中心附近最大风速达到52米/秒，相当于西太平洋的超强台风，这在北印度洋的风暴中并不多见；其次，缅甸南部特殊的地理条件，海岸线呈漏斗状，风暴引起的风暴潮可导致灾难性的生命和财产损失；再次，缅甸政府应对风暴的措施和应急体系尚不完善，不少房屋结构脆弱，不堪狂风暴雨的袭击。

5.3.5 美国密西西比河流域出现严重洪灾

6月上中旬，美国密西西比河流域出现15年来最大洪灾，主要是由大气环流和前期下垫面异常所致。6月，美国中西部高空受较强异常低压控制，西部为槽区，南部暖湿气流较为活跃，北美西北部高压脊引导冷空气和暖湿气流交汇于密西西比河流域，造成持续暴雨。此

外，2007/2008年冬季，美国部分地区出现创纪录的降水和积雪，春季大量融雪致使部分沿岸地区面临洪水威胁。

5.3.6 西太平洋热带气旋活动较常年偏弱

2008年5月起，伴随拉尼娜事件的结束，热带中东太平洋海温迅速回升，造成沃克环流在东太平洋的下沉支和西太平洋暖池的上升支均减弱，而西太平洋暖池上空对流活动减弱不利于热带气旋的生成。2008年台风季节西太平洋暖池区对流活动整体偏弱是造成生成热带气旋数偏少的主要原因。从各月的情况看，5月份暖池区的对流活动异常活跃，生成热带气旋数也较常年偏多，之后的整个夏季对流都不活跃，9月份暖池区对流有一段相对活跃期，热带气旋活动较为集中。

第六章　防灾减灾重大气象服务事例

2008年面对低温雨雪冰冻极端气象灾害、汶川特大地震灾害、北京奥运会和残奥会、防汛抗旱、神舟七号载人航天飞行等连番考验，各级气象部门迅速反应、科学应对、严密监视、准确预报、主动服务。

2008年，胡锦涛总书记、温家宝总理、习近平副主席、回良玉副总理等中央领导同志对气象服务做出130次重要批示。回良玉副总理充分肯定了全国气象部门在2008年重大气象服务中取得的成绩。他表示，2008年对气象工作来说，重大任务多、紧急任务多、复杂任务多。在党中央、国务院的坚强领导下，中国气象局以科学发展观为指导，认真贯彻落实胡锦涛总书记、温家宝总理等中央领导同志的重要指示精神，在圆满完成重大气象保障服务的同时，强化气象防灾减灾工作，全力做好重大灾害性天气的预报服务工作，得到了党中央、国务院，各级党委、政府，各部门及社会各界的充分肯定和高度赞扬。

2008年11月13日，国务院办公厅电子政务办公室致函中国气象局预测减灾司，对2008年防汛气象信息报送工作表示衷心感谢。其主要内容是：2008年6月10日到9月24日，《防汛气象信息》共出刊107期，为国务院领导同志及时了解汛情、水情、气象、灾害等信息，指导防汛工作发挥了积极作用。

6.1 低温雨雪冰冻救灾气象服务

2008年1月10日至2月2日，我国南方地区连续出现4次低温雨雪冰冻天气过程，其影响范围之广、强度之大、持续时间之长，均为百年一遇。其所造成的灾害对经济社会发展和人民生产生活影响面之广，直接经济损失之大、受灾人口之多，为50年来同类灾害之最。

中国气象局先后召开6次全国紧急电视电话会议，部署抢险救灾气象服务保障工作，并分别于1月25日和27日启动重大气象灾害预警应急预案Ⅲ级和Ⅱ级应急响应命令，派出6个工作组前往灾情严重的地区指导工作。

6.1.1 准确及时的预报预警为救灾工作提供了气象保障

灾情发生后，各级气象部门先后启动38次应急预案，向灾区派出53个工作组，主动开展积雪深度、电线结冰等专项观测以及极端天气事件分析、气候趋势预测、主要公路干线天气预报、煤电油运应急气象服务等专项服务。各级气象台站共发布寒潮、暴雪、道路结冰等预警信号9412次，发送灾害预警和防御手机短信13.24亿条次。

准确及时的天气预报预警服务是救灾保障。此次灾害性天气共有4次，分别为：1月10-16日、18-22日、25-29日和1月31日至2月2日。1月10日起，各级气象部门实行24小时负责人带班制度，预报领班坚守在预报服务第一线，及时分析气象资料。中央气象台提前2～5天对这4次天气过程做出准确预报，先后发布暴雪红色预警2次、暴雪橙色预警12次、大到暴雪预报10次，并在降水预报图中添加雨雪分界线以及冻雨预报区，保证了产品形式的完整和直观（图6.1.1）。中央气象台还增加全国天气会商频次，联合国家、省、地多级力量针对低温雨雪冰冻灾害天气滚动提供详细准确的预报。国家卫星气象中心加强了气象卫星遥感监测，每天向国务院及有关部门报送气象卫星遥感监测图。安徽、河南、贵州、广西、浙江、湖北、广东等省（自治区）气象部门及时增加了积雪深度、电线结冰直径等观测频次。

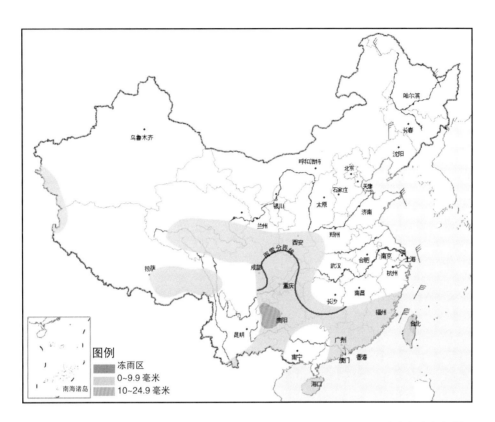

图 6.1.1　全国降水量预报图（2008 年 2 月 4 日 08 时 –2 月 5 日 08 时）（中央气象台提供）
Fig.6.1.1　Precipitation forecast map on Feb. 4, 2008
（provided by Central Meteorological Observatory）

6.1.2 开展针对性服务，完善应急联动机制

通过低温雨雪冰冻灾害气象服务，加强了军地和部门的联防互动，完善了与农业、水利、民政、交通运输、国土资源、卫生、林业、旅游、地震、电力、航空、部队等 20 多个部门的气象应急联动机制，还强化对国务院煤电油运和抢险抗灾应急指挥中心的决策气象服务，与国务院有关部委应急联动，齐心协力防灾抗灾，圆满完成了气象服务保障任务。

6.2 抗震救灾气象服务

5 月 12 日 14 时 28 分，四川汶川发生了震惊世界的特大地震。这是新中国成立以来破坏性最强、波及范围最广、救灾难度最大的一次地震灾害。灾区不利的天气气候不仅严重影响抗震救灾进度，而且可能引发严重的次生灾害。灾情就是命令，时间就是生命，责任重于泰山。面对突如其来的特大地震灾害，灾区基层气象台站和气象工作者把国家和人民的利益放在高于一切的首要位置，在极其困难的条件下恢复业务并全面开展气象保障服务，体现了伟大的抗震救灾精神。

YEARBOOK of Meteorological Disasters in China

6.2.1 第一时间启动地震灾害气象服务Ⅱ级应急响应

地震发生后仅两小时，中国气象局就启动了地震灾害气象服务Ⅱ级应急响应，把抗震救灾作为气象工作的重中之重，集中业务、服务、应急、保障等骨干力量组建抗震救灾指挥部。5月13日上午，中国气象局工作组赶到四川灾区。在抗震救灾期间，中国气象局先后召开15次抗震救灾专题会议，坚决按照中央政治局和国务院抗震救灾总指挥部会议的部署和要求，全力做好抗震救灾的各项气象服务保障，并主动参与国务院抗震救灾总指挥部及地震监测组和水利组救灾指挥。

6.2.2 紧急组织人员与设备支援

地震发生后，中国气象局紧急抽调中央气象台及有关省（直辖市）气象局的预报专家分批赴地震灾区指导和协助做好气象预报服务，协调中央有关部门、有关省（自治区、直辖市）气象局、军队向地震灾区调配了发电机、自动气象站、海事卫星电话、移动气象应急车、移动天气雷达等各类急需装备320台（套），为抗震救灾气象服务提供了一切必要的人力物力财力支持。灾区气象台站克服困难，新建14个临时自动气象站，组建8个应急气象观测小分队、7个军地混编联合气象小分队，组织66个应急观测站（队）开展加密气象监测。

6.2.3 填补观测空白，延伸预报内容，无微不至提供气象服务

气象部门打破常规，提前启动风云气象卫星加密观测业务，及时部署灾区周边地区加密高空探测、灾区帐篷和活动板房内外的气象观测和受灾群众集中安置点防避雷设施建设。主动开展航空气象预报、堰塞湖面雨量预报、全国救灾物资运输通道气象预报服务、卫生防疫气象预报服务等延伸性预报，为救灾工作及当地人员提供无微不至的气象服务信息。

6.2.4 地震灾区无一人因雷击死亡

地震发生及救灾工作最关键的时段正是强对流天气多发期。雷电、大风等强对流天气威胁着灾区人民及救灾人员的生命，影响着救灾工作。在气象台站基础设施遭到严重损坏、灾区气象干部职工工作生活秩序受到严重影响的情况下，抗震救灾各项气象保障服务没有停顿、没有失误。特别是唐家山堰塞湖泄流的保障、防雷避灾服务等方面效果显著，没有造成人员伤亡。其中，四川、陕西、甘肃省气象局对灾区1736个安置点进行了防雷检测，安装了1811套雷电防护设施。专门编印了4万份《抗震救灾期间防雷安全须知》，送达抗震救灾一线的部队官兵手中。组织了1300多名志愿者到地震重灾区发放了26万份防雷宣传资料。2008年地震灾区无一人因雷击死亡。

6.3 北京奥运会气象服务

北京奥运会气象服务保障是一次全方位的气象服务，气象部门针对不同地区、不同场馆、不同项目提供了精细化的预报、无微不至的服务（图6.3.1），体现了"以人为本"的服务理念。

举世瞩目的北京奥运会和残奥会期间，时值我国汛期，天气复杂多变，突发性降雨多，雷电也多，非常容易对赛程及成绩构成不利影响。有关气象部门依靠先进的卫星、雷达等监测观测手段、强烈的责任心、完善周密的部署圆满完成了预报服务工作。成功地为奥运火炬传递组织提供了参与人数最多、覆盖区域最广、持续时间最长的一次重大活动气象保障服务。中国气象局七年磨剑、三年演练，举全国之力，全力做好奥运气象预报服务，准确、精细地预报奥运赛事天气，及时将场馆实时气象监测资料和逐小时预报结果传送到奥组委主运行中心，派出气象服务专家组进驻奥组委竞赛指挥中心，为竞赛日程安排和比赛的顺利进行提供了准确的气象信息服务。

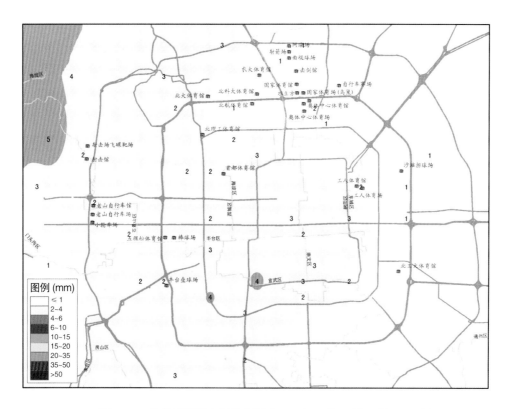

图 6.3.1　北京城区降水量分布图（2008 年 8 月 10 日 08 时 −11 时）
Fig.6.3.1　Distribution of precipitation amount in Beijing at 08:00−11:00 BT August 10,2008

6.3.1 奥运气象保障服务规模为有史以来之最

奥运会火炬自 2008 年 3 月 24 日在希腊奥林匹亚点燃后，北京奥运会火炬在五大洲 134 个城市传递，历时 134 天。中国气象部门承担了为"和谐之旅"的奥运火炬传递提供境内外传递城市的天气实况、天气预报和服务的重任。这样的天气预报覆盖区域之广、持续时间之长、参与预报服务人员之多，在气象史上是绝无仅有的，成为奥运会历史上提供气象预报和服务涉及城市和地区最多的气象预报服务。

6.3.2 圣火珠峰传递气象保障贡献重大

奥运圣火在珠穆朗玛峰的成功传递展示了中华民族对"更快、更高、更强"奥林匹克精神的追求，开创了奥运圣火传递的新历史。为了做好珠峰火炬传递的气象保障工作，中国气象人克服珠峰及周边地区气象资料缺乏、地形复杂、电力通信和生活条件相当差等困难和挑战，中央气象台圣火珠峰传递气象保障队在珠峰海拔 5000～8000 米之间不同高度上进行了针对性的气象观测，准确做出天气预报，保证了中国登山队珠峰传递奥运圣火取得圆满成功。国家体育总局副局长胡家燕称赞道："三分在人，七分在天，气象人把住了天。"

中国气象局派出了由 38 名科技人员组成的中央气象台珠峰气象保障队在海拔 5200 多米的珠峰大本营，克服各种困难，架设各种设备，建起珠峰气象台，连续工作 34 天，提前 7 天准确预报出 5 月 8 日适宜登顶的最佳时间，为实现火炬登顶和传递一次冲击、一次登顶、一次成功和绝对安全做出了重要贡献。

6.3.3 公众服务满意度高

中国气象局依靠高科技手段,在奥运会开(闭)幕式和残奥会闭幕式期间开展大规模的人工消减雨作业行动,确保了奥运会和残奥会开(闭)幕式在无雨状态下进行,这是奥运史上首次成功进行的人工消减雨作业的范例。我们累计发送奥运气象短信上亿条,气象网站点击率达到480万人次,免费发送奥运史上首份《奥运天气资讯》报纸,在奥运频道气象服务中增加了手语,中国天气网增加中、英、法、德、日、西班牙语音播报。社会调查表明,奥运期间公众对天气预报和气象服务的满意率达93.1%,残奥会期间气象服务满意度更是高达96.8%。

6.4 其他重大气象服务事例

6.4.1 登陆台风

2008年,全国24小时台风路径预报误差为114千米,与日本、美国等发达国家水平相当。台风登陆比例高,10个台风登陆时间集中,但是因为预报准确、政府措施得力,中国籍船舶连续五年零死亡。

中国气象局针对台风可能对我国沿海地区的影响先后9次启动了气象灾害应急响应预案,及时派出工作组赴现场指导防台工作,共发布台风消息87期、台风橙色警报36期、台风橙色紧急警报32期、台风红色警报4期和台风红色紧急警报3期。国家防汛抗旱总指挥部根据气象部门发布的气象灾害预警信息,及时启动防台应急预案,防台工作成效显著。各级地方政府根据气象部门发布的预警信息共紧急转移492万人,因台风死亡人数比常年减少8成,受灾人口减少1成,倒塌房屋减少5成。

6.4.2 神舟七号气象保障服务

神舟七号于2008年9月25日发射,中国气象局向有关部门提供发射及返回前后服务保障。因为影响发射的因素很多:要求没有降水,地面风速小于8米/秒,水平能见度大于20千米;发射前8小时至发射后1小时,场区30千米至40千米范围内没有雷电活动,不能有沙尘;飞船和火箭发射所经过的空域,3千米至18千米高空最大风速不超过70米/秒,所以中国气象局采取了趋势及定点精细化结合的预报服务。

附 录

附录1 气象灾情统计年表

附表 1.1　2008 年气象灾害总受灾情况统计表

Table A 1.1　Summary of total meteorological disasters over China in 2008

地区	农作物受灾情况（万公顷）		人口受灾情况		直接经济损失（亿元）
	受灾面积	绝收面积	受灾（万人次）	死亡(含失踪)人口（人）	
北京	3.3	0.3	42.2	0	7.4
天津	8.5	1.7	58.3	11	3.0
河北	115.2	14.8	996.5	35	45.4
山西	216.4	18.5	686.3	41	80.1
内蒙古	249.7	15.2	565.9	62	97.3
辽宁	53.9	6.0	381.1	29	8.3
吉林	58.0	5.1	277.5	17	12.5
黑龙江	236.7	10.2	961.9	9	94.5
上海	2.8	0.0	4.9	5	3.2
江苏	49.7	5.1	623.8	54	54.9
浙江	107.5	6.2	3148.7	36	240.6
安徽	127.7	10.2	2225.5	123	189.7
福建	23.1	0.9	406.3	23	62.8
江西	237.6	49.8	3476.0	55	329.7
山东	67.2	5.7	647.6	14	28.2
河南	96.7	5.0	603.4	62	32.8
湖北	403.3	40.1	4384.0	103	221.9
湖南	447.4	60.9	5074.3	103	413.4
广东	160.0	16.2	2536.7	118	240.1
广西	230.6	15.8	3494.5	126	356.5
海南	36.6	1.8	853.9	31	23.4
重庆	66.2	6.1	1154.1	50	30.4
四川	141.2	6.7	1633.8	137	110.7
贵州	176.0	26.4	3453.4	201	222.7
云南	146.0	18.9	2390.6	422	98.7
西藏	5.4	2.1	75.3	21	4.5
陕西	104.7	6.6	615.7	49	32.1
甘肃	133.4	14.5	1503.5	25	119.1
青海	12.2	1.7	159.5	9	14.6
宁夏	66.7	7.2	318.4	10	15.9
新疆(包含建设兵团)	217.2	23.9	435.4	37	50.1
合计	4000.4	403.3	43189.0	2018	3244.5

附表1.2　2008年暴雨洪涝（滑坡、泥石流）灾害情况统计表

Table A.1.2　Summary of rainstorm induced flood (landside and mud-rock flow) disasters over China in 2008

地区	农作物受灾情况（万公顷）		人口受灾情况		房屋受灾情况（万间）		直接经济损失（亿元）
	受灾面积	绝收面积	受灾（万人次）	死亡（含失踪）人口（人）	倒塌	损坏	
北京	0.2	0.0	2.4	0	0.0		0.3
天津	0.5	0.1	2.0	2	0.0		0.1
河北	5.5	1.1	78.0	15	0.1		4.9
山西	5.7	1.1	1.4	31	0.0	0.6	0.8
内蒙古	43.4	5.0	117.1	35	1.1		31.0
辽宁	17.3	1.1	33.4	0	0.3	2.0	4.0
吉林	5.2	0.5	13.3	0	0.0	2.7	2.2
黑龙江	16.0	0.7	40.0	2	0.1	2.0	4.3
上海	0.7	0.0	4.9	0	0.0		0.0
江苏	10.1	2.0	120.7	0	0.2	0.2	8.7
浙江	23.3	1.7	320.1	0	0.3	0.8	44.8
安徽	30.2	2.8	510.5	1	0.8		25.2
福建	5.8	0.3	37.4	0	0.0		9.8
江西	89.4	12.4	901.9	9	1.6	4.2	51.0
山东	12.1	2.8	122.3	3	0.5	3.4	8.5
河南	7.4	0.2	47.9	1	0.3	1.0	4.0
湖北	118.5	14.3	1635.1	38	2.0	10.0	70.5
湖南	67.2	9.0	1234.7	23	6.8	17.5	100.7
广东	41.5	4.7	745.5	17	0.3	2.6	46.6
广西	64.2	7.6	1382.8	80	7.4	17.8	95.4
海南	9.3	0.8	263.1	0	0.1	0.2	6.2
重庆	9.2	0.9	518.3	31	1.2	2.6	10.0
四川	26.3	2.0	767.0	106	4.6	7.5	43.7
贵州	18.8	2.2	547.1	136	1.2	3.1	18.8
云南	14.1	1.7	739.6	298	6.7	8.9	30.5
西藏	0.6	0.1	22.0	7	0.3	0.4	2.8
陕西	13.5	0.9	57.0	43	0.2	3.1	9.2
甘肃	7.8	0.9	71.4	12	0.7	1.7	10.3
青海	1.4	0.3	12.5	7	0.1	2.1	3.6
宁夏	0.5	0.1	10.6	4	0.0	0.2	0.5
新疆（包含建设兵团）	2.8	0.1	12.6	14	0.2	0.4	3.3
合计	668.2	77.2	10372.4	915	37.0	94.9	651.8

附表 1.3　2008 年干旱灾害情况统计表

Table A 1.3　Summary of drought disasters over China in 2008

地区	农作物受灾情况（万公顷）		人口受灾情况（万人）		直接经济损失（亿元）
	受灾面积	绝收面积	受灾	饮水困难	
北京	0.8		8.0		0.2
天津	2.4	0.1	35.0	35.0	
河北	62.9	5.3	379.6	37.0	6.2
山西	191.7	15.3	480.0	103.0	67.6
内蒙古	165.8	3.0	386.5	91.0	45.6
辽宁	32.1	4.5	272.9	84.0	1.4
吉林	46.6	3.9	2.0	2.0	9.6
黑龙江	159.7	5.3	736.2	57.0	78.0
上海					
江苏					
浙江	2.3	0.2			
安徽					
福建	0.4	0.1			
江西	12.8	0.7	20.5	1.0	0.4
山东	25.6	0.6	247.9	32.0	6.2
河南	58.4	3.5	300.9	15.0	7.6
湖北	2.0		1.0	1.0	
湖南	48.6	4.2	350.5	48.0	14.1
广东	7.1	0.7	3.0	3.0	
广西	22.4	1.7		36.3	
海南	8.1	0.2	118.8	10.0	4.4
重庆	15.6	0.4	8.0	40.7	
四川	10.7	0.3	46.0	46.0	0.0
贵州	3.0	0.1	101.5	2.8	0.5
云南	47.5	4.2	269.3	143.0	4.5
西藏			28.0	28.0	
陕西	47.8	2.5	209.2	77.0	7.1
甘肃	78.4	5.4	603.6	91.0	18.7
青海	6.6	0.6	58.6	18.0	6.7
宁夏	49.4	4.2	152.0	84.9	8.2
新疆（包含建设兵团）	105.0	14.3	263.4	59.0	29.9
合计	1213.7	81.2	5082.4	1145.8	316.9

附表 1.4 2008 年大风、冰雹及雷电灾害情况统计表

Table A 1.4 Summary of gale and hail disasters over China in 2008

地区	农作物受灾情况（万公顷）		人口受灾情况		倒塌房屋（万间）	损坏房屋（万间）	直接经济损失（亿元）
	受灾面积	绝收面积	受灾（万人）	死亡（含失踪）人口（人）			
北京	2.3	0.3	31.8	0		0.0	6.9
天津	5.6	1.5	21.3	0	0.0	0.1	2.9
河北	44.9	7.8	520.0	19	0.1	0.1	32.1
山西	10.9	1.6	154.9	10	0.1	1.0	9.6
内蒙古	32.4	6.3	39.3	23	0.3	0.6	17.6
辽宁	3.2	0.4	65.8	27	0.1	1.0	2.4
吉林	6.2	0.7	260.8	17	0.0	0.1	0.7
黑龙江	49.4	3.5	148.0	7	1.4	2.1	10.3
上海	0.1	0.0	0.0	3	0.1	0.2	1.6
江苏	7.8	1.8	178.4	23	0.5	2.4	11.4
浙江	6.7	0.1	43.2	14	0.1	2.9	3.0
安徽	5.7	0.5	91.3	20	0.4	1.8	2.7
福建	4.7	0.0	9.1	20		2.7	1.1
江西	7.2	0.6	209.7	28	1.1	3.3	5.3
山东	26.0	2.2	250.7	11	1.0	0.6	10.6
河南	17.1	1.0	199.6	23	0.2	2.6	10.4
湖北	33.8	4.4	468.1	51	1.8	11.4	37.2
湖南	13.2	1.7	101.6	22	1.3	5.9	24.9
广东	0.0	0.0	0.0	29		0.0	0.8
广西	4.2	0.5	27.0	23	0.1	2.5	0.4
海南	0.0	0.0	0.0	13		0.0	0.1
重庆	11.7	1.4	128.5	15	0.4	2.9	2.9
四川	39.8	0.6	20.8	26	0.3	1.1	3.8
贵州	5.2	0.9	150.0	35	0.1	2.1	5.1
云南	12.5	2.2	85.2	63	0.2	4.1	4.6
西藏	1.5	0.4	1.8	3		0.0	0.1
陕西	16.7	1.2	164.5	4	0.2	0.9	11.2
甘肃	16.1	2.3	265.6	12	0.1	2.4	33.4
青海	1.1	0.1	17.3	2	0.8	1.0	0.7
宁夏	10.2	2.6	39.2	3	0.2	2.1	2.5
新疆（包含建设兵团）	22.1	1.3	29.1	3	0.2	1.3	2.6
合计	418.0	47.5	3722.8	549	11.0	59.2	258.6

附表 1.5　2008 年热带气旋灾害情况统计表
Table A 1.5　Summary of tropical cyclone disasters over China in 2008

地区	农作物受灾情况（万公顷）		人口受灾情况			倒塌房屋（万间）	直接经济损失（亿元）
	受灾面积	绝收面积	受灾（万人）	死亡（含失踪）人口（人）	紧急转移安置（万人）		
北京							
天津							
河北							
山西							
内蒙古							
辽宁							
吉林							
黑龙江							
上海							
江苏	14.2	0.0	79.4	1	0.0	0.0	7.1
浙江	13.9	0.2	403.5	0	117.3	0.1	18.5
安徽	22.3	2.3	281.4	12	9.5	1.1	29.5
福建	8.9	0.4	192.2	3	110.3	0.3	21.1
江西	7.7	0.7	133.8	6	8.7	1.2	9.4
山东	0.3	0.0	1.6	0	1.3	0.1	0.1
河南							
湖北							
湖南	1.3	0.1	37.1	12	0.4	0.1	1.7
广东	68.0	8.7	1369.2	72	98.5	6.5	159.1
广西	69.7	1.9	870.4	21	112.8	2.3	60.7
海南	11.9	0.2	267.8	18	31.7	0.0	5.5
重庆							
四川							
贵州							
云南	12.8	0.1	155.1	34	1.7	1.0	8.3
西藏							
陕西							
甘肃							
青海							
宁夏							
新疆							
合计	231.0	14.5	3791.6	179	492.2	12.8	320.8

附表 1.6　2008年雪灾和低温冷冻灾害情况统计表

Table A 1.6　Summary of snow、low–temperature and frost disasters over China in 2008

地区	农作物受灾情况（万公顷）		人口受灾情况		倒塌房屋（万间）	损坏房屋（万间）	直接经济损失（亿元）
	受灾面积	绝收面积	受灾（万人）	死亡（人）			
北京	0.0	0.0		0	0.0	0.0	0.0
天津	0.0	0.0	0.0	0	0.0	0.0	0.0
河北	1.9	0.7	18.9	0	0.0	0.0	2.2
山西	8.1	0.5	50.0	0	0.0	0.0	2.1
内蒙古	8.1	0.9	23.0	4	0.0	0.0	3.1
辽宁	1.3	0.0	9.0	0	0.0	0.0	0.5
吉林	0.0	0.0	1.4	0	0.0	0.0	0.0
黑龙江	11.6	0.7	37.8	0	0.0	0.0	2.0
上海	2.0	0.0	0.0	2	0.0	0.0	1.6
江苏	17.7	1.2	245.3	7	0.9	1.7	27.8
浙江	61.3	4.1	2381.9	9	0.4	1.4	174.3
安徽	69.5	4.7	1342.3	13	9.1	17.3	132.3
福建	3.3	0.1	167.6	0	0.1	21.3	30.9
江西	120.5	35.3	2210.1	7	5.2	19.4	263.6
山东	3.2	0.1	25.1	0	0.0	0.0	2.8
河南	13.8	0.3	55.0	0	0.4	0.7	10.8
湖北	249.0	21.5	2279.8	13	9.8	17.0	114.2
湖南	317.1	45.9	3350.3	26	6.7	30.0	272.0
广东	43.3	2.1	419.0	0	0.2	0.1	33.6
广西	70.1	4.1	1214.3	2	5.9	7.2	200.0
海南	7.4	0.6	204.2	0	0.0	0.0	7.2
重庆	29.8	3.3	499.3	4	0.4	1.4	17.5
四川	64.4	3.8	800.0	5	2.2	11.5	63.1
贵州	149.0	23.3	2654.8	30	3.1	12.8	198.3
云南	59.1	10.7	1141.4	27	3.9	19.7	50.8
西藏	3.3	1.7	23.5	11	0.2	0.6	1.6
陕西	26.7	2.0	185.0	0	0.4	0.9	4.6
甘肃	31.2	6.0	562.9	1	0.2	3.0	56.8
青海	3.1	0.8	71.1	0	0.0	0.0	3.6
宁夏	6.6	0.4	116.6	3	0.3	0.9	4.8
新疆（包含建设兵团）	87.3	8.2	130.3	17	0.2	1.2	14.3
合计	1469.5	182.8	20219.9	181	49.6	168.1	1696.4

附录2　主要气象灾害分布示意图

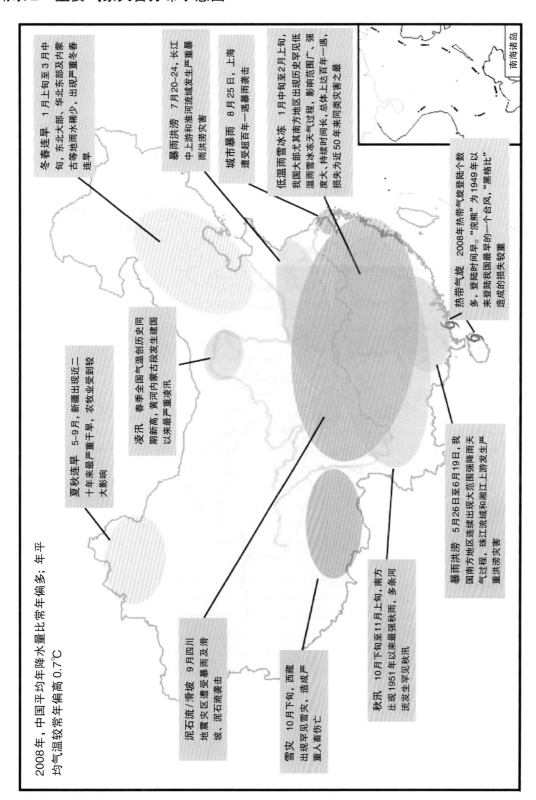

附图 2.1　2008年全国主要气象灾害分布示意图

Fig.A 2.1　Sketch of the major meteorological disasters over China in 2008

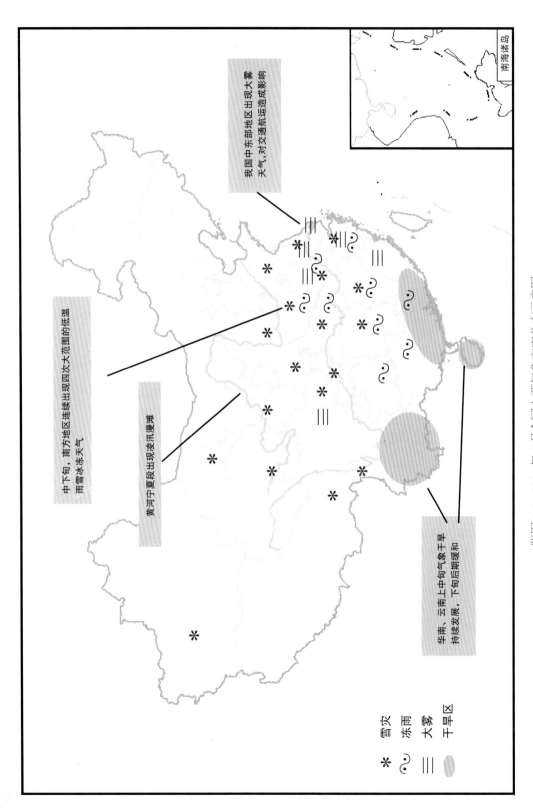

我国中东部地区出现大雾天气,对交通航运造成影响

中下旬,南方地区连续出现四次大范围的低温雨雪冰冻天气

黄河宁夏段出现凌汛漫滩

华南、云南上中旬气象干旱持续发展,下旬后期缓和

南海诸岛

雪灾	冻雨	大雾	干旱区
*	⌒	≡	⬭

附图 2.2 2008 年 1 月全国主要气象灾害分布示意图

Fig.A 2.2 Sketch of the major meteorological disasters over China in January 2008

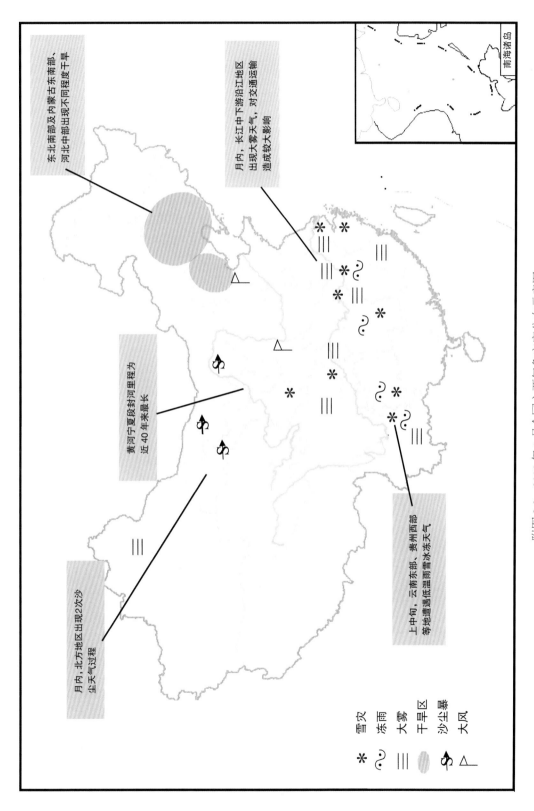

东北南部及内蒙古东南部、河北中部出现不同程度度干旱

月内，长江中下游沿江地区出现大雾天气，对交通运输造成较大影响

黄河宁夏段封河里程为近40年来最长

月内，北方地区出现2次沙尘天气过程

上中旬，云南东部、贵州西部等地遭遇低温雨雪冰冻天气

雪灾　＊
冻雨
大雾
干旱区
沙尘暴
大风

附图 2.3　2008 年 2 月全国主要气象灾害分布示意图

Fig.A 2.3　Sketch of the major meteorological disasters over China in February 2008

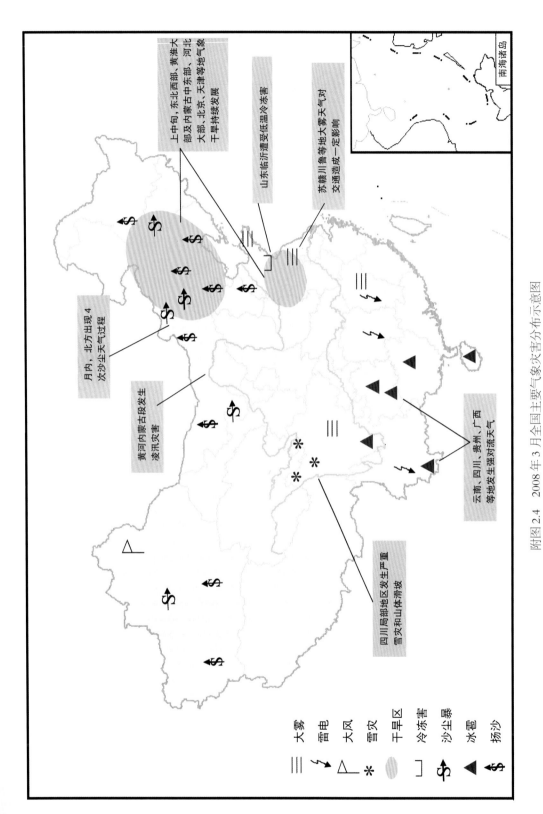

附图 2.4 2008 年 3 月全国主要气象灾害分布示意图

Fig.A 2.4 Sketch of the major meteorological disasters over China in March 2008

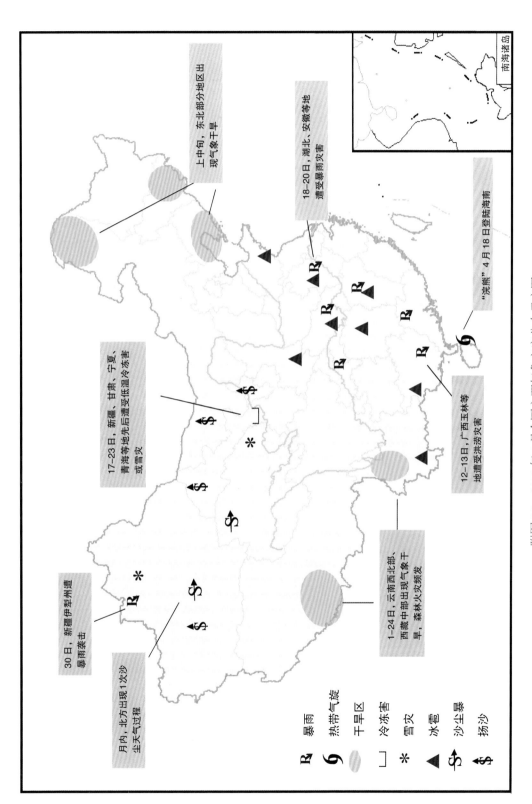

附图 2.5 2008 年 4 月全国主要气象灾害分布示意图

Fig.A 2.5 Sketch of the major meteorological disasters over China in April 2008

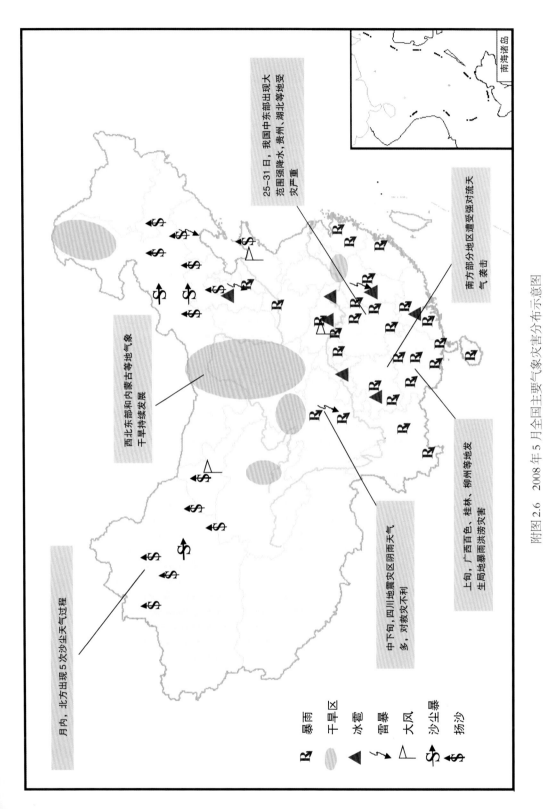

南海诸岛

25-31 日，我国中东部出现大范围强降水，贵州，湖北等地受灾严重

南方部分地区遭受强对流天气袭击

西北东部和内蒙古等地气象干旱持续发展

上旬，广西百色，桂林，柳州等地发生局地暴雨洪涝灾害

中下旬，四川地震灾区阴雨天气多，对救灾不利

月内，北方出现 5 次沙尘天气过程

暴雨　干旱区　冰雹　雷暴　大风　沙尘暴　扬沙

附图 2.6　2008 年 5 月全国主要气象灾害分布示意图

Fig.A 2.6　Sketch of the major meteorological disasters over China in May 2008

- 172 -

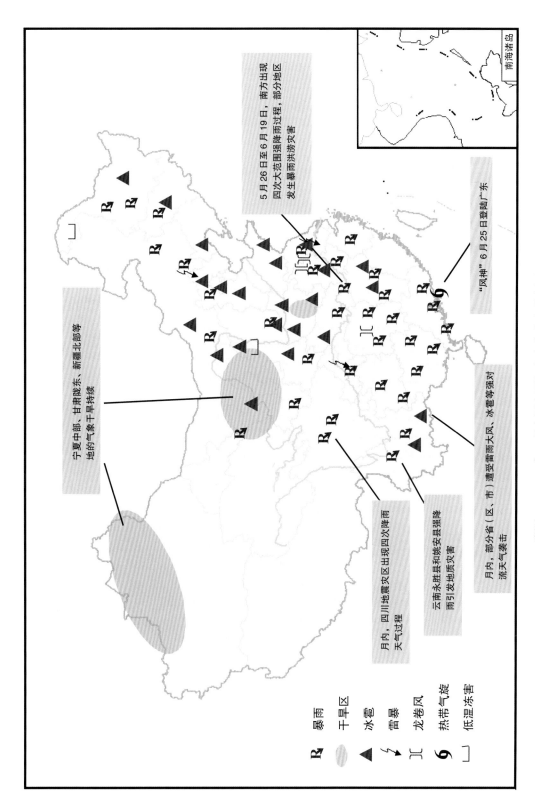

5月26日至6月19日,南方出现四次大范围强降雨过程,部分地区发生暴雨洪涝灾害

"风神" 6月25日登陆广东

宁夏中部、甘肃陇东、新疆北部等地的气象干旱持续

月内,四川地震灾区出现四次降雨天气过程

云南永胜县和姚安县强降雨引发地质灾害

月内,部分省(区、市)遭受雷雨大风、冰雹等强对流天气袭击

南海诸岛

R　暴雨
　　干旱区
▲　冰雹
𝄪　雷暴
丌　龙卷风
ϑ　热带气旋
凵　低温冻害

附图 2.7　2008 年 6 月全国主要气象灾害分布示意图
Fig.A 2.7　Sketch of the major meteorological disasters over China in June 2008

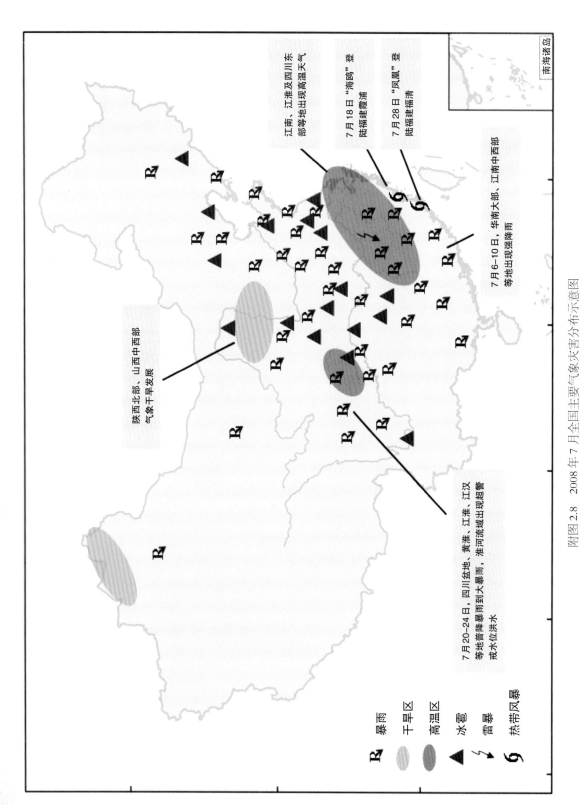

南海诸岛

江南、江淮及四川东部等地出现高温天气

7月18日"海鸥"登陆福建霞浦

7月28日"凤凰"登陆福建福清

7月6–10日，华南大部、江南中西部等地出现强降雨

陕西北部、山西中西部气象干旱发展

7月20–24日，四川盆地、黄淮、江淮、江汉等地普降暴雨到大暴雨，淮河流域出现超警戒水位洪水

暴雨
干旱区
高温区
冰雹
雷暴
热带风暴

附图2.8 2008年7月全国主要气象灾害分布示意图

Fig.A 2.8   Sketch of the major meteorological disasters over China in July 2008

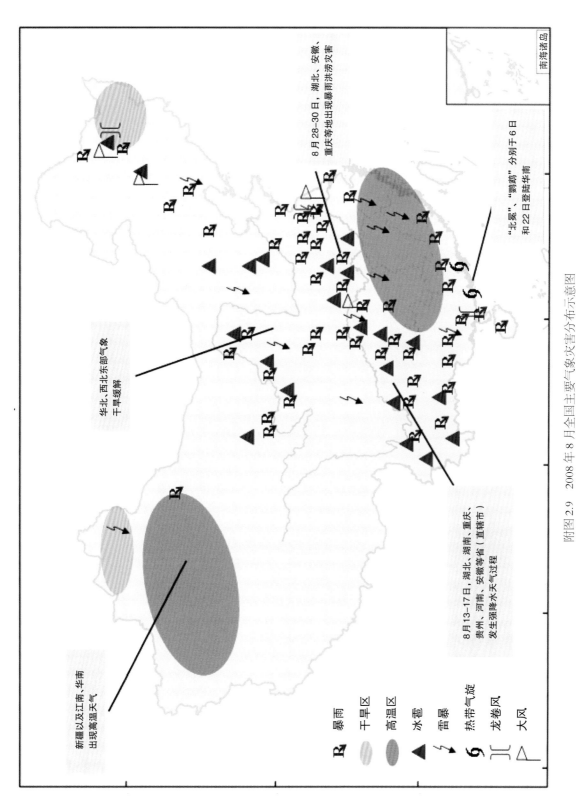

附图 2.9　2008 年 8 月全国主要气象灾害分布示意图

Fig.A 2.9　Sketch of the major meteorological disasters over China in August 2008

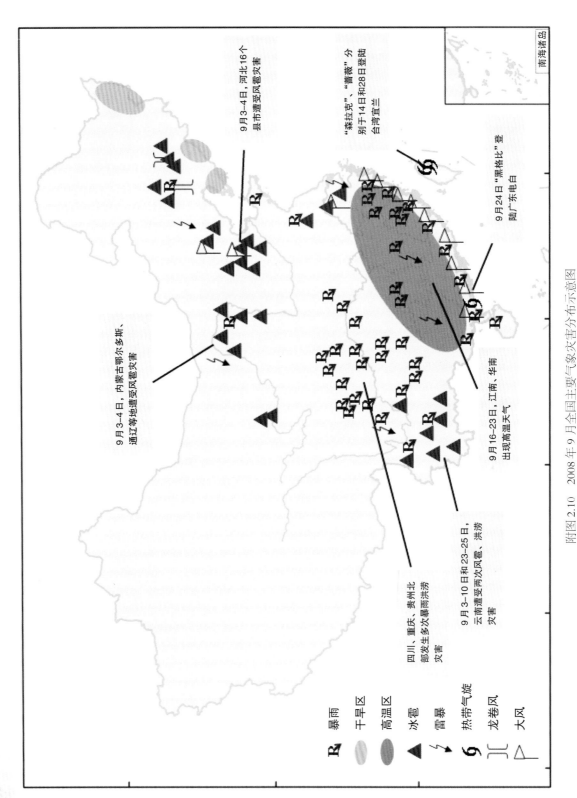

附图 2.10　2008 年 9 月全国主要气象灾害分布示意图

Fig.A 2.10　Sketch of the major meteorological disasters over China in September 2008

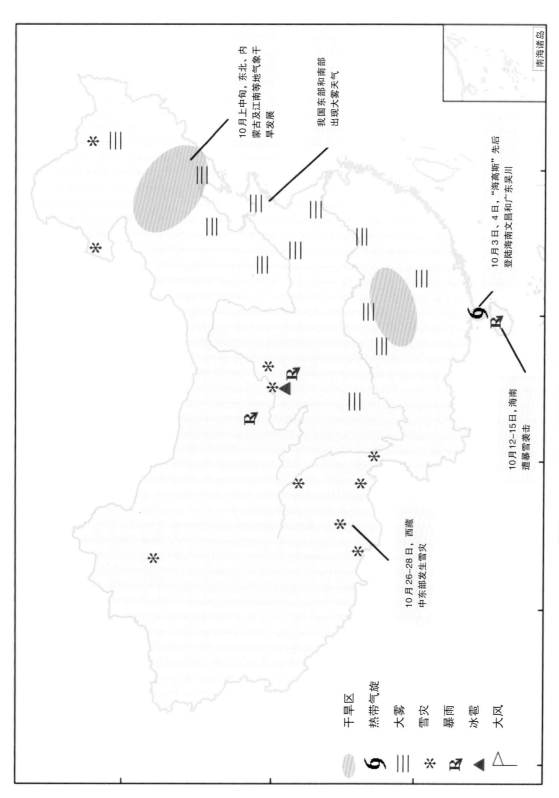

附图 2.11　2008 年 10 月全国主要气象灾害分布示意图

Fig.A 2.11　Sketch of the major meteorological disasters over China in October 2008

南海诸岛

10月上中旬，东北、内蒙古及江南等地气象干旱发展

我国东部和南部出现大雾天气

10月3日、4日，"海高斯"先后登陆海南文昌和广东吴川

10月12～15日，海南遭暴雪袭击

10月26～28日，西藏中东部发生雪灾

干旱区
热带气旋
大雾
雪灾
暴雨
冰雹
大风

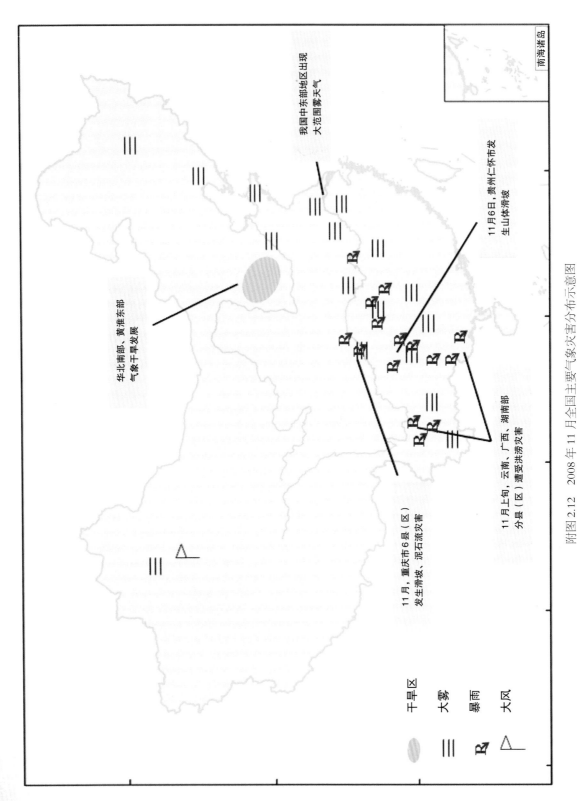

我国中东部地区出现
大范围雾天气

11月6日，贵州仁怀市发
生山体滑坡

华北南部、黄淮东部
气象干旱发展

11月，重庆市6县（区）
发生滑坡、泥石流灾害

11月上旬，云南、广西、湖南部
分县（区）遭受洪涝灾害

干旱区

大雾

暴雨

大风

南海诸岛

附图2.12　2008年11月全国主要气象灾害分布示意图

Fig.A 2.12　Sketch of the major meteorological disasters over China in November 2008

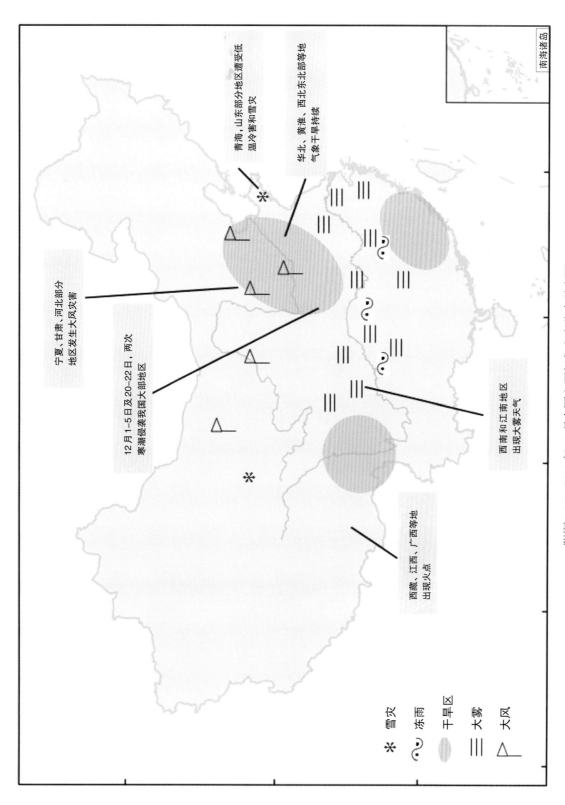

附图 2.13 2008 年 12 月全国主要气象灾害分布示意图

Fig.A 2.13 Sketch of the major meteorological disasters over China in December 2008

南海诸岛

青海、山东部分地区遭受低温冷害和雪灾

华北、黄淮、西北东北部等地气象干旱持续

宁夏、甘肃、河北部分地区发生大风灾害

12月1-5日及20-22日，两次寒潮侵袭我国大部地区

西南和江南地区出现大雾天气

西藏、江西、广西等地出现火点

* 雪灾
◦ 冻雨
▒ 干旱区
≡ 大雾
▷ 大风

附录 3 气温特征分布图

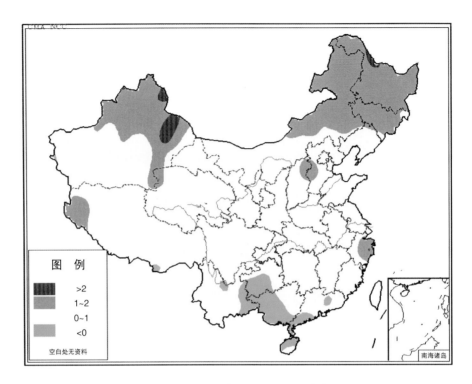

附图 3.1 2008 年全国年平均气温距平分布图(℃)

Fig.A 3.1 Distribution of annual mean temperature anomalies over China in 2008(℃)

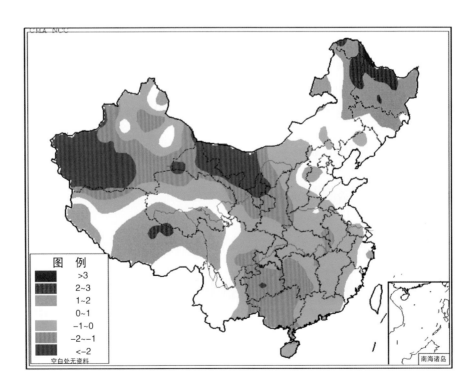

附图 3.2 2008 年全国冬季平均气温距平分布图(℃)

Fig.A 3.2 Distribution of winter mean temperature anomalies over China in 2008 (℃)

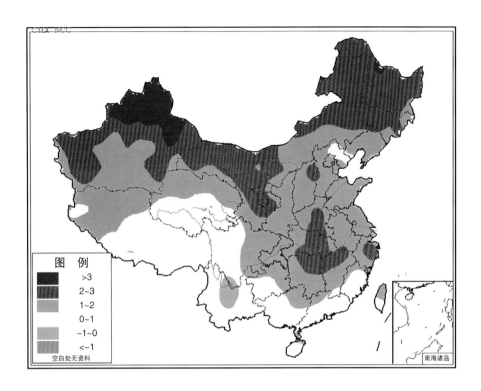

附图 3.3　2008 年全国春季平均气温距平分布图(℃)

Fig.A 3.3　Distribution of spring mean temperature anomalies over China in 2008 (℃)

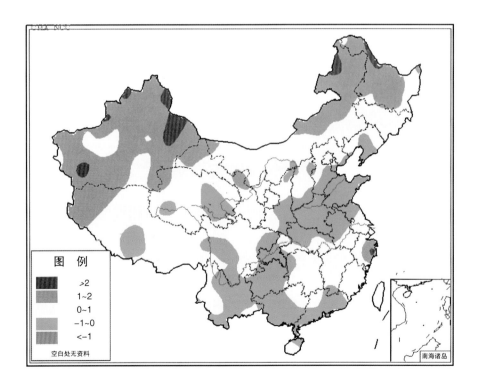

附图 3.4　2008 年全国夏季平均气温距平分布图(℃)

Fig.A 3.4　Distribution of summer mean temperature anomalies over China in 2008 (℃)

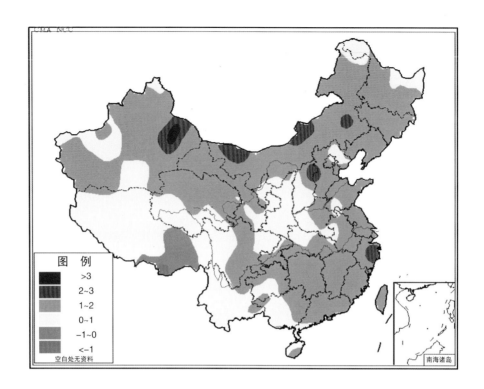

附图 3.5　2008 年全国秋季平均气温距平分布图(℃)

Fig.A 3.5　Distribution of autumn mean temperature anomalies over China in 2008 (℃)

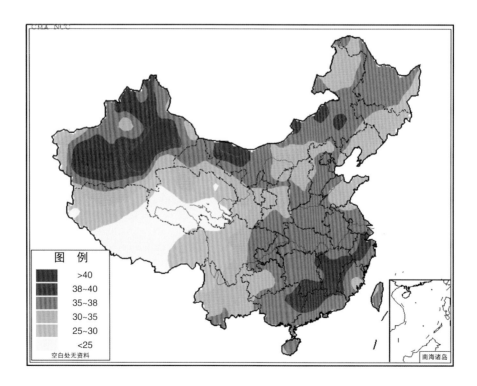

附图 3.6　2008 年全国年极端最高气温分布图(℃)

Fig.A 3.6　Distribution of annul extreme maximum temperature over China in 2008 (℃)

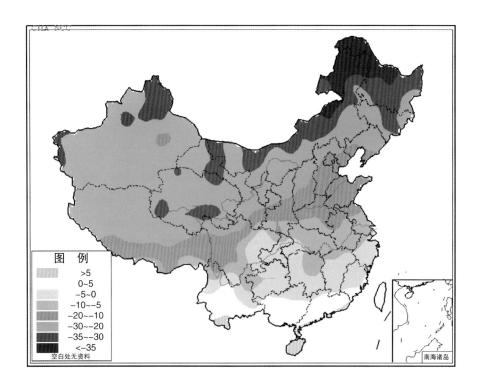

附图 3.7　2008 年全国年极端最低气温分布图(℃)

Fig.A 3.7　Distribution of annul extreme minimum temperature over China in 2008 (℃)

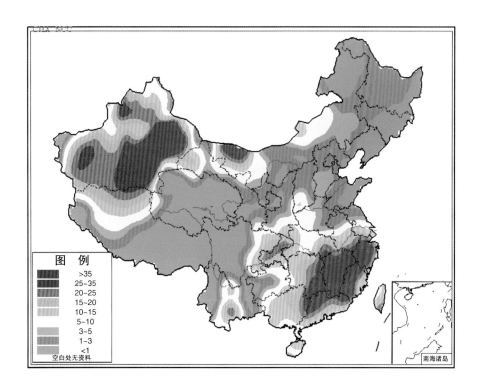

附图 3.8　2008 年全国高温(日最高气温 ≥ 35℃)日数分布图(天)

Fig.A 3.8　Distribution of the number of days with daily maximum temperature ≥ 35℃ over China in 2008 (d)

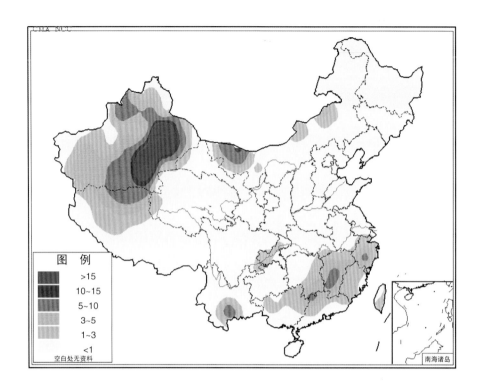

附图 3.9　2008 年全国酷热(日最高气温 ≥ 38℃)日数分布图(天)

Fig.A 3.9　Distribution of the number of days with daily maximum temperature ≥ 38℃ over China in 2008 (d)

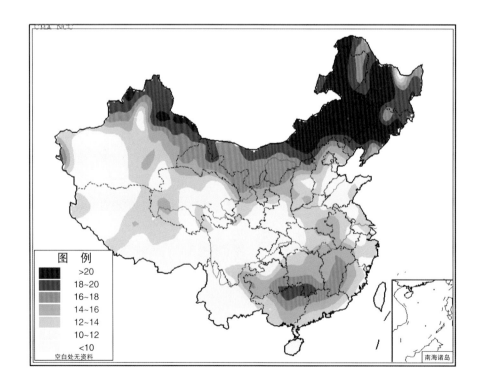

附图 3.10　2008 年全国最大过程降温幅度分布图(℃)

Fig.A 3.10　Distribution of the maximum temperature drop range over China in 2008(℃)

附录4 降水特征分布图

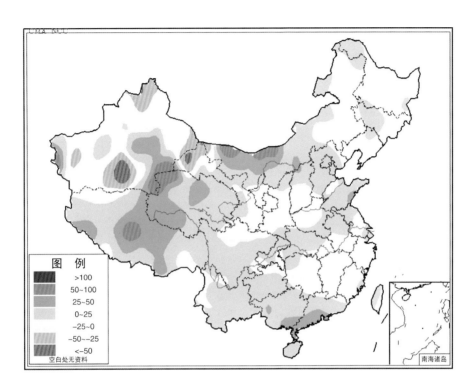

附图4.1 2008年全国年降水量距平百分率分布图(%)

Fig.A 4.1 Distribution of annual precipitation anomalies over China in 2008 (%)

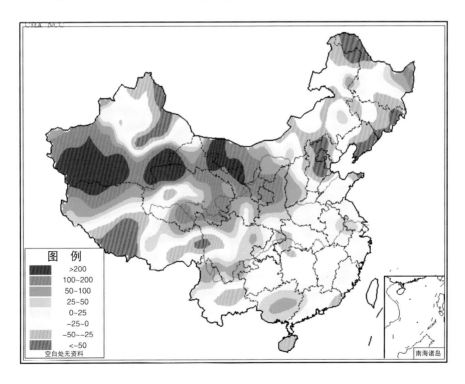

附图4.2 2008年全国冬季降水量距平百分率分布图(%)

Fig.A 4.2 Distribution of winter precipitation anomalies over China in 2008 (%)

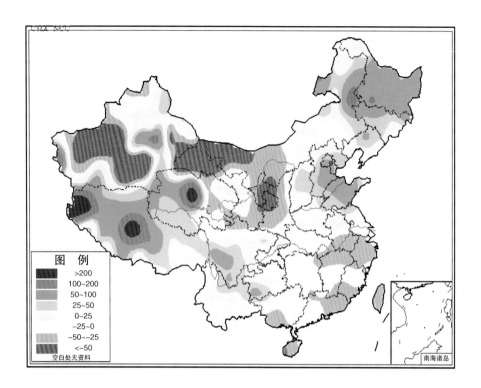

附图 4.3　2008 年全国春季降水量距平百分率分布图(%)

Fig.A 4.3　Distribution of spring precipitation anomalies over China in 2008(%)

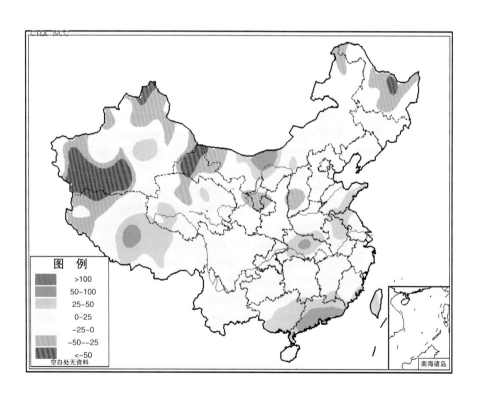

附图 4.4　2008 年全国夏季降水量距平百分率分布图(%)

Fig.A 4.4　Distribution of summer precipitation anomalies over China in 2008 (%)

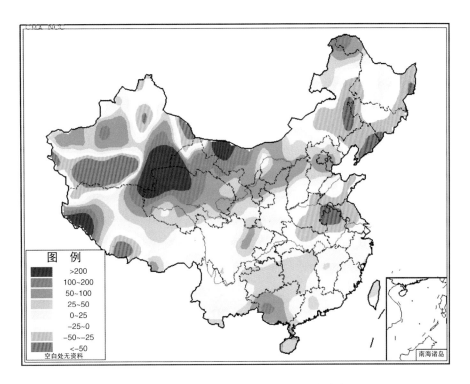

附图 4.5　2008 年全国秋季降水量距平百分率分布图(%)

Fig.A 4.5　Distribution of autumn precipitation anomalies over China in 2008 (%)

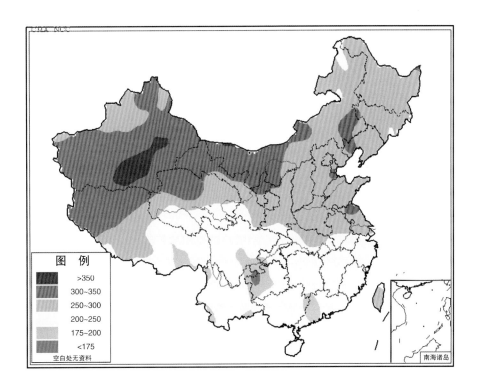

附图 4.6　2008 年全国无降水日数分布图(天)

Fig.A 4.6　Distribution of the number of non−precipitation days over China in 2008 (d)

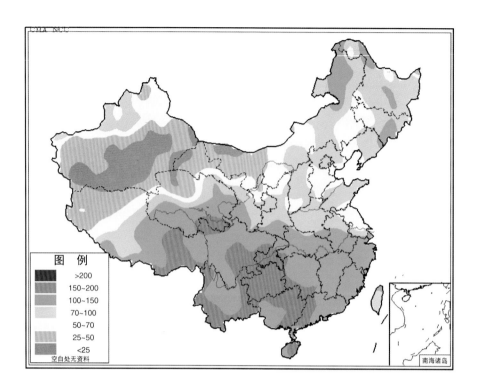

附图 4.7　2008 年全国降水(日降水量≥0.1毫米)日数分布图(天)

Fig.A 4.7　Distribution of the number of days with daily precipitation ≥ 0.1mm over China in 2008 (d)

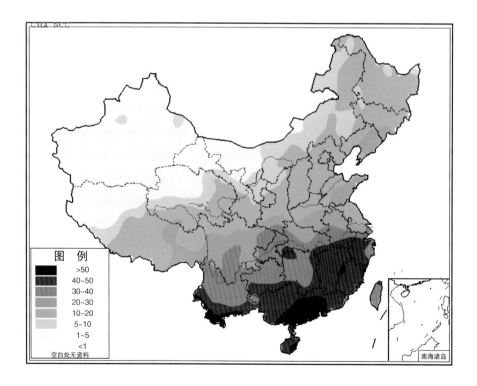

附图 4.8　2008 年全国中雨以上(日降水量≥10.0毫米) 日数分布图(天)

Fig.A 4.8　Distribution of the number of days with daily precipitation ≥ 10.0mm over China in 2008(d)

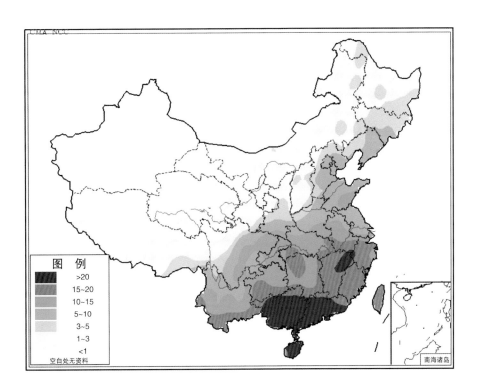

附图 4.9　2008 年全国大雨以上(日降水量≥25.0 毫米）日数分布图(天)

Fig.A 4.9　Distribution of the number of days with daily precipitation ≥ 25.0mm over China in 2008(d)

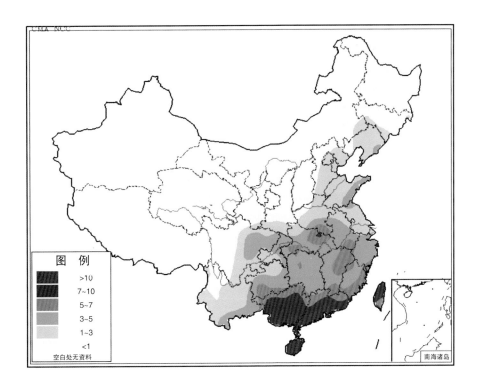

附图 4.10　2008 年全国暴雨以上(日降水量≥50.0 毫米）日数分布图(天)

Fig.A 4.10　Distribution of the number of days with daily precipitation ≥ 50.0mm over China in 2008(d)

Yearbook of Meteorological Disasters in China

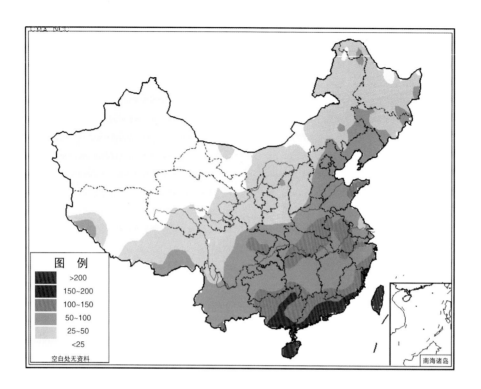

附图 4.11　2008 年全国日最大降水量分布图(毫米)

Fig.A 4.11　Distribution of maximum daily precipitation amount over China in 2008(mm)

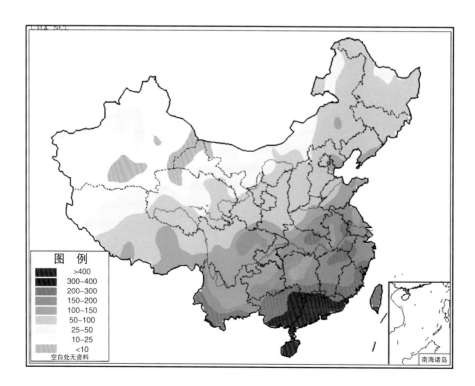

附图 4.12　2008 年全国最大连续降水量分布图(毫米)

Fig.A 4.12　Distribution of maximum consecutive precipitation amount over China in 2008(mm)

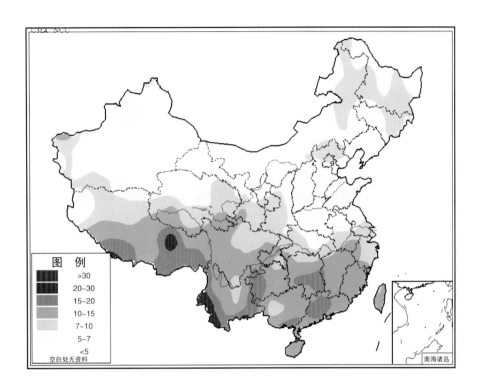

附图 4.13　2008 年全国最长连续降水日数分布图(天)

Fig.A 4.13　Distribution of the maximum number of consecutive precipitation days over China in 2008(d)

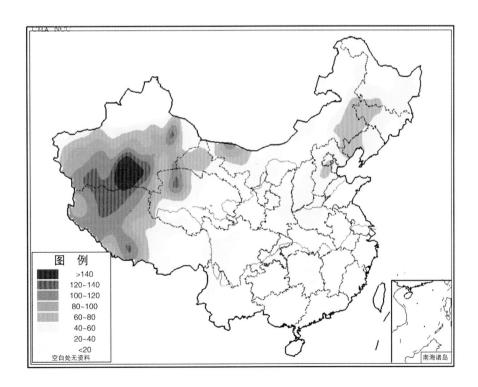

附图 4.14　2008 年全国最长连续无降水日数分布图(天)

Fig.A 4.14　Distribution of the maximum number of consecutive non-precipitation days over China in 2008 (d)

附录5　天气现象特征分布图

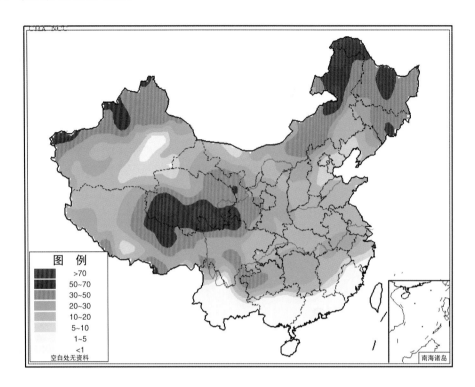

附图5.1　2008年全国降雪日数分布图(天)

Fig.A 5.1　Distribution of the number of snow days over China in 2008(d)

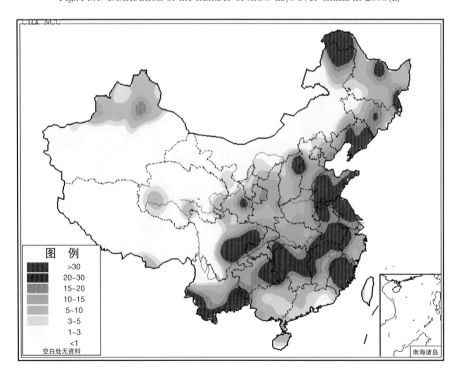

附图5.2　2008年全国雾日数分布图(天)

Fig.A 5.2　Distribution of the number of fog days over China in 2008 (d)

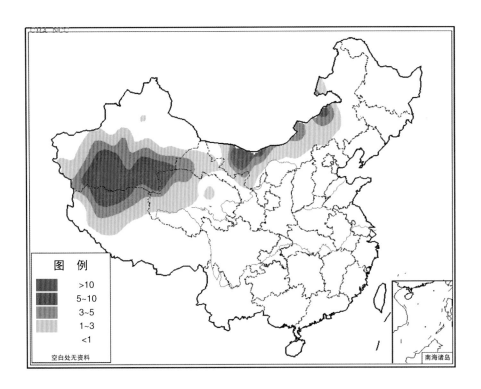

附图5.3 2008年全国沙尘暴日数分布图(天)

Fig.A 5.3 Distribution of the number of sand and dust storm days over China in 2008 (d)

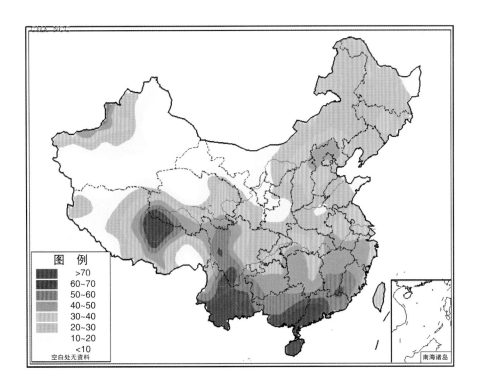

附图5.4 2008年全国雷暴日数分布图(天)

Fig.A 5.4 Distribution of the number of thunderstorm days over China in 2008 (d)

附录6 香港、澳门、台湾部分气象灾情选编

香港

● 2008年1月24日至2月16日，香港出现40年来持续时间最长的寒冷天气，其中2月3日的最低气温下降至7.9℃，是入冬后的最低记录。2月的平均气温破40年来同期的最低记录。

● 受热带气旋"浣熊"影响，4月19日香港出现237.4毫米的降雨，破有气象记录以来4月份的日最高雨量记录。航空运输、轮渡等受到一定影响。

● 受热带低压槽影响，6月6-8日，香港遭受特大暴雨袭击，总降雨量达499.9毫米。其中7日8-9时降雨量达145.5毫米，突破香港有气象记录以来1小时降雨量的最高纪录。由于暴雨强度强，致使街道积水严重，最深处积水超过2米；大屿山山洪暴发，造成大屿山通往机场的公路被淹，交通中断，逾400个航班延误；大澳超过6000人被困。港岛共发生水浸及山泥倾泻事件600多宗，2人死亡，至少20人受伤。

● 受热带气旋"风神"影响，香港昂坪6月25日晨7时出现16级阵风（风速52.5米/秒）。共发生27宗水浸、3宗山泥倾泻和41宗塌树事件；市区交通一度阻塞，缆车全日停驶；所有学校停课。灾害中有17人受伤，其中2人伤势严重。

● 受热带气旋"北冕"影响，香港出现大风，海陆空交通几近瘫痪，学校一度停课。截至8月6日21时，香港机场共有373个航班受影响。共发生3宗水淹、1宗山泥倾泻和9宗棚架倒塌窗门堕落事件。

● 8月22日，热带气旋"鹦鹉"在香港登陆。受其影响，特区机关、学校均停业停课。全港有70人受伤，1人失踪。机场共有480多个客运航班延误或取消，地铁和巴士也几乎全部停运。

● 受"黑格比"带来的风暴潮及涨潮的共同影响，香港海面出现1962年以来的最高水位记录，低洼地区发生大面积水浸。海陆空交通遭受影响，香港国际机场有85个航班取消，155个航班延迟。

● 受热带气旋"海高斯"影响，10月5日香港国际机场一度关闭，造成18架飞往香港的国际航班只能备降深圳机场。

澳门

● 受热带气旋"浣熊"影响，4月19日，澳门市内交通几乎全部停顿，并发生多宗林树、林棚架及房屋损毁报告。

● 6月6-8日，澳门遭遇狂风暴雨袭击，降雨量为400.6毫米。受特大暴雨影响，内港沙梨头一带出现水浸，部分路段水深约30厘米，一些店铺进水，部分加油油站暂停营业；澳门各幼儿教育、小学及中学一度停课，机场部分航班不能正常起飞和降落，外港码头部分时段实施海上交通管制措施。

● 受热带气旋"风神"影响，6月25日澳门多处出现树木倒断、棚架倒塌及路陷事故。中小学及幼儿园停课。部分航班不能正常起降，港澳之间的直升机停飞，澳门与香港间的客轮全面停航。

● 受热带气旋"黑格比"影响，澳门出现13级阵风。由于海水倒灌，加上倾盆暴雨，福隆新街水深达1米，一些商铺被淹；下环区水深逾米，停泊汽车被浸；友谊大马路白云花园至雷达站一段积水很深，多辆汽车熄火。澳门特区民防中心共接获218例事故报告。往返港澳的客轮停航，多个航班取消，对外海空交通瘫痪，小学及幼儿园停课，公务员一度停工。全澳有5人受伤。

● 受热带气旋"海高斯"影响，澳门半岛、凼仔及路环分别降雨109.2毫米、182.8毫米及

196.8毫米。暴风雨引发多处路段出现高空堕物、树枝及檐篷飞堕街上等事件。

台湾

● 2008年梅雨期间，台湾南部大雨暴雨不断，雨量明显偏多。5月至6月(截至6月26日)高雄累计雨量达1169.2毫米，比常年同期偏多近6倍，为历史同期第五多，其中6月累计雨量达1083.2毫米，超过1977年1082.4毫米的记录，为高雄近80年来6月雨量最大值。

由于暴雨频降，岛内部分地区农业遭受较重损失，西瓜、苦瓜、茄子、丝瓜、葱、洋香瓜、叶菜类等不同程度受淹，椪柑发生落果。截至6月19日下午，全台农作物受害面积1896公顷，损害程度25%，农业损失达7943万元新台币。其中，受害最严重的地区是屏东县，其次为苗栗县和台南市。

● 受热带气旋"海鸥"影响，7月17-18日台湾各地特别是中南部地区降雨骤增，且雨势非常集中。苗栗以南到屏东一带累计降雨量超过1000毫米，其中台南不到7小时降雨量超过600毫米。强降雨导致台湾中南部地区河溪暴涨，不少城市、乡镇的街道被淹，一些地方淹水有1层楼高，部分地方发生塌方、泥石流和山洪灾害，造成严重损失。全台共有67.3万户家庭停水，4万多户停电，47条(处)交通干线公路中断，台铁西部干线和高铁部分列车停驶，台中清泉岗机场部分航班暂停起降，马祖的对外海空交通中断。台中市、台中县、彰化县、南投县和嘉义县阿里山乡以及澎湖县所有机关、学校停止上班、上课。岛内农业遭受重创，大批西瓜、香瓜、叶菜类蔬菜等浸水，果树倒伏落果十分严重。截至7月20日，全台农作物受灾面积1.1万公顷；死亡猪775头、鸡75.7万只、鸭14.5万只、鹅8000只、火鸡9000只；农业损失达7.4亿元新台币，其中云林县损失2.1亿元，灾情最重。"海鸥"袭击台湾期间，台北批发市场菜价平均上涨两成。全台共计死亡18人，失踪7人，受伤8人，其中高雄县死亡9人。

● 受热带气旋"凤凰"影响，台湾兰屿最大阵风达14级，花莲阵风12级，台中梧栖和宜兰苏澳阵风11级。宜兰太平山累计降雨量超过800毫米，花莲秀林乡达758毫米；花莲龙涧1小时降雨量达128.5毫米。受其影响，花莲地区有4.3万余户家庭停电；宜兰县部分路段因落石塌方造成阻断。截至7月31日15时，岛内农作物受灾面积1.7万公顷；农业损失约11.2亿元新台币；因灾造成3人死亡，1人失踪，2人受伤。

● 受热带气旋"森拉克"影响，台湾各地大雨、暴雨不断，一些山区累计降雨量超过1000毫米。9月12日零时至15日02时，嘉义县石盘龙、苗栗县泰安、台中县雪岭、新竹县鸟嘴山、宜兰县池端、桃园县巴陵累计降雨量都超过1000毫米。城市许多行道树被吹断，一些商店广告招牌被吹落；列车停运，航班取消，股市休市，机关停业，学校停课。共有134处道路因洪水而阻断，19处河堤受损；逾24万户家庭停电，3.7万户停水，74所学校遭灾；1556人被迫撤离住处。此次灾害造成12人死亡，10人失踪，另有20人受伤，农业损失达7.4亿元新台币。

● 受热带气旋"蔷薇"影响，宜兰县太平山出现940毫米的特大暴雨；台湾海峡出现9~11级的大风，台北市最大阵风达13级，一些十几米高的树木被拦腰吹断。全台共撤离3492人，其中台北市最多达1002人；台铁部分列车停驶，高铁一度全面停驶；多家航空公司的航班被取消或延后，其中两岸周末包机首度因台风而取消；逾百万户家庭停电。此次灾害造成2人死亡，2人失踪，61人受伤，农业损失达3.2亿元新台币。

Summary

In 2008, the annual precipitation in China was 651.3mm, exceeding normal by 38.4mm, which was the largest in the past ten years（Fig.1）. The precipitation was characterized by being slightly more in winter and less in spring whereas obviously more than normal in summer and autumn. The annual mean temperature over China was 9.5℃, being 0.7℃ warmer than normal. The year 2008 was the seventh warmest year since 1951 as well as the twelfth consecutive year with higher temperature than normal（Fig.2）.

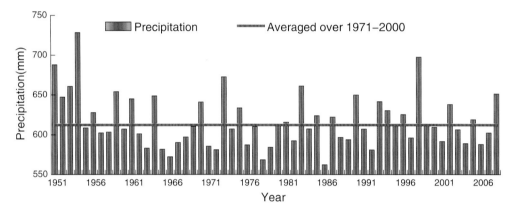

Fig. 1　Annual precipitation amounts over China during 1951－2008 (mm)

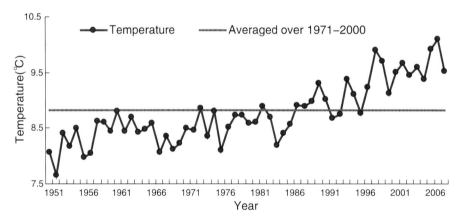

Fig. 2　Annual mean temperature over China during 1951－2008 (℃)

In 2008, meteorological disasters occurred frequently and caused great losses. At the beginning of the year, most parts of China, especially southern China, suffered from a historically infrequent weather disaster featured with extremely low temperature, ice-snow and frozen rain. In terms of the gross impact of economy losses and the total number of affected population, this disaster could be taken as the most serious in the analogy disasters since nearly the past 50 years. In summer, severe rainstorm and floods occurred in the Pearl River Basin, the upper reaches of Xiang River, the upper and middle reaches of Yangtze River as well as the Huaihe Valley. In Autumn, southern China experienced the most serious rain since 1951, which caused flood, mud-rock flow and landslide disasters in local areas. Severe winter-spring droughts occurred in Northeast China and North China. Whereafter, Northwest China and North China suffered from staggered serious droughts in summer. In addition, the earliest landing time of the first typhoon in 2008 as well as the higher landing proportion broke the historical record since 1951. Super typhoon Fung-Wong and Hagupit brought relatively more serious losses.

According to statistics, meteorological disasters and the related disasters in 2008 affected over 0.4 billion person-times, caused 2018 death (194 died from traffic accidents caused by heavy fogs) and struck 4.0×10^7 hm^2 crop lands, with 4.033×10^6 hm^2 lands without harvest. The direct economic losses (DEL) reached 324.45 billion Yuan (Fig.3). In general, the DEL caused by meteorological disasters in 2008 was far more than the average level during 1990-2007, being the most serious since 1990. The meteorological disasters in 2008 were relatively more serious than normal.

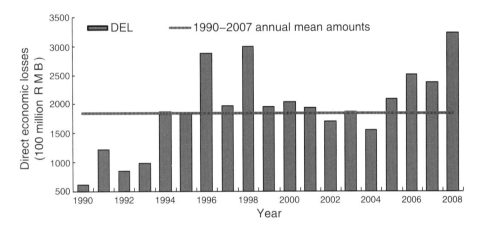

Fig. 3   Direct economic losses (DEL) caused by meteorological disasters over China during 1990−2008

Fig. 4 shows the relative proportions of 5 major meteorological disasters in various loss indexes over China in 2008. Except the death toll, the low-temperature, frost injury as well as snow disaster had the highest percentage in all the other loss indexes, including: 52.3% in "direct economic losses", 46.8% in "affected population", 36.7% in "affected area", 45.3% in "crop areas without harvest", and 44.9% in "collapsed houses". Rainstorm and flood were the major contributors to the death toll, with the percentage of 50.2%.

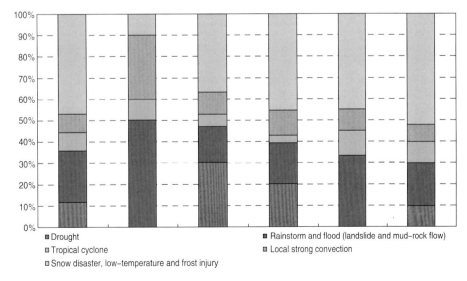

Fig. 4   The relative proportions of the major meteorological disasters in the total losses measured
by 5 categories of loss index over China in 2008

Overall, the meteorological disasters brought about more affected population and greater economic losses in 2008 than those in 2007, but with less death toll as well as smaller affected areas and crop areas without harvest. In 2008, drought and rainstorm floods caused smaller direct economic losses than those in 2007, whereas low-temperature, frost injury and snow disaster caused far more DEL than those in 2007. The losses by tropical cyclone and local strong convection were slightly higher (Fig. 5 up). Low-temperature,frost injury and snow disaster as well as tropical cyclone caused more death toll than those in 2007, while rainstorm flood and local strong convection caused relatively less deaths (Fig. 5 down).

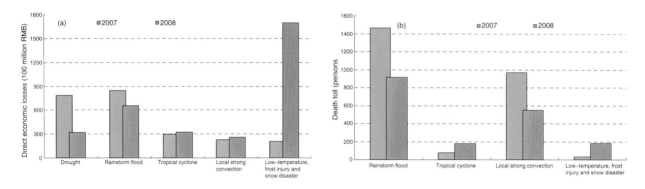

Fig. 5   Direct economic losses (a) and death toll (b) caused by main meteorological hazards over
China in 2007 and 2008

General Review of Main Meteorological Disasters in 2008

Drought   In 2008, the Northeast China and North China suffered from continuous drought lasting from winter to spring, and Northwest China and North China experienced periodical drought in summer. Generally speaking, except for some parts in northern China where suffered from periodical drought and severe local drought, most parts of China avoided severe and continuous drought, with smaller drought-affected areas and smaller losses. In 2008, the drought-affected crop areas over China covered 12.137 million hectares, which was obviously lower than that averaged during 1990-2007 and was 17.249 million hectares less than that in 2007, being the least since 1990 （Fig. 6）.

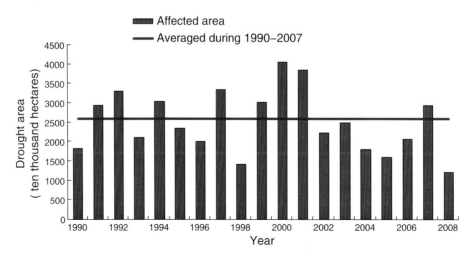

Fig. 6   Histogram of droughtaffected areas over China during 1990－2008

Rainstorm and Associated Flood, Mud-rock Flow and Landslide   In the summer of 2008, the Pearl River Basin and the upstream of Xiang River were struck by severe rainstorm flood. And, the heavy rain over the upper and middle reaches of Yangtze River as well as the Huaihe River caused local rainstorm hazards. In Autumn, southern China suffered from the strongest autumn rainfall ever since 1951 with flood and geological hazards as mud-rock flow and landslide occurred in some areas. For the whole country, the affected crop areas by rainstorm flood reached 6.682 million hectares, which reduced by 3.781 million hectares compared with 2007, being the smallest since 2002 (Fig.7). The death toll was 915, with a decreased number of 552 compared with 2007. The direct economic losses were 65.18 billion RMB, which was 19.35 billion less than 2007.

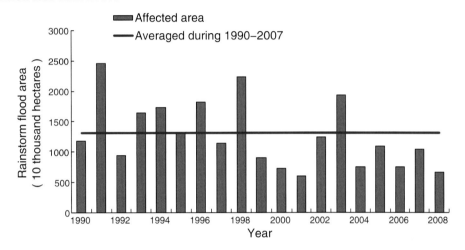

Fig. 7   Histogram of rainstorm flood affected areas over China during 1990–2008

Tropical Cyclone (Typhoon)   In 2008, 10 tropical cyclones landed on Chinese mainland, with 3 more than normal. The tropical cyclones of this year broke the historical records with the earliest landing time and the highest landing frequency. They also had the features of great intensity and high concentration time of landing. These tropical cyclones claimed the lives of 179 people and led to a direct economic loss of 32.08 billion RMB. The direct economic loss from tropical cyclones in 2008 was close to the average amount since 1990, while the death toll was smaller than the average since 1990 but more than that in 2007 (Fig.8).

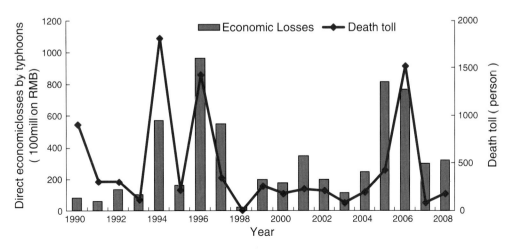

Fig. 8   Histogram of direct economic losses and death toll caused by tropical cyclones over China during 1990–2008

Local Strong Convection（gale, hail, tornado, lightning stroke, etc） In 2008, 30 provinces (municipalities and autonomous regions) over China were struck by local strong convention disasters, causing a death toll of 549, an affected crop areas of 4.18 million hectares and a direct economic loss of 25.86 billion RMB. Lightning stroke caused 446 death toll and a direct economic loss of 220 million RMB, and Hunan, Zhejiang, Hebei, Jiangsu and Guangdong provinces suffered more from lightning stroke hazards. Comparing with 2007, both the affected crop areas and the direct economic losses were greater while the death toll was smaller in 2008.

Low Temperature, Frost Injury and Snow Disaster The low temperature, frost injury and snow disaster were most serious in 2008, which caused a total affected population of more than 200 million and 181 death over the country. The affected crop area was 14.695 million hectares, with 1.828 hectares without harvest, having a direct economic loss of 169.64 billion RMB. Jiangxi, Guangxi, Guizhou, Zhejiang and Hunan suffered from relative greater losses among all the provinces. From mid-January to early February, China was struck by a historically infrequent low temperature, ice-snow and frozen rain disaster, with the features of vast affected area, long duration and strong intensity. It was the most serious disaster among the congeneric ones over the past 50 years in terms of direct economic losses and the number of affected population, and impacted various aspects in all works.

Sand Storm In 2008, 13 sandstorm weather processes occurred in China, 10 of which occurred in spring. In 2008, the sandstorm weather processes in spring were less than the average during 2000-2007 and reduced by 5 compared with the spring of 2007. And, the intensity was also weaker than the average (2000-2007) during the same season. The strongest process happened from May 26 to 28, 2008, with the widest scope of affected areas and strongest intensity.

Acid Rain In 2008, the affected scope of acid rain was almost the same as that of 2007, with Chongqing, Hunan, Guangdong and Jiangxi still as the most seriously affected provinces. The intensity of acid rain at some of the stations in most Hubei, eastern Hunan, central eastern Sichuan and northern Jiangsu was increased. The precipitation acidity, acid rain frequency as well as the frequency of strong acid rain at the station of Chengdu all reached the maximum in the past 16 years. In Beijing, Jilin and western Henan, etc, the rainfall was characterized with evident acidification while the precipitation acidity weakened in Tianjin, Liaoning and northern Anhui.

Contents